高职高专物联网技术与应用专业系列教材

物联网应用基础

主　编　关　雷
副主编　赵秀芝　罗　坚　徐群和
参　编　王孝尚　郑玉洁　章洋舟
　　　　李庆海　黎舒宏

西安电子科技大学出版社

内 容 简 介

本书是一本物联网入门教材，遵循学习者的认识规律设计教学内容，从物联网的概念出发，由浅入深，深入剖析物联网这一概念背景下所涵盖的技术知识、发展现状及其所面临的挑战和技术突破点，详细介绍物联网在各行业的应用状况，并依据物联网相关技术的最新标准，比较全面、通俗地介绍了物联网基础理论和应用实践的相关成果。

本书打破了传统的以物联网层次结构作为逻辑框架的编写形式，将物联网感知层、网络层、应用层的相关知识和技术进行深度融合，构建了“智能家居、智慧物流、智慧交通、智慧城市”4个载体案例，并按照“了解物联网、认知物联网、分析物联网”3个方面逐层递进，以案例分析的方式，激发读者发现和探索新知识的兴趣。

本书结构新颖，内容易懂，可作为电子与信息大类各专业的必修课教材，也可作为人工智能专业群、制造大类专业群群内共享课教材，还可作为物联网应用技术、电子信息工程技术、自动化、计算机等相关专业的必修课或选修课教材。

图书在版编目(CIP)数据

物联网应用基础 / 关雷主编. —西安：西安电子科技大学出版社，2022.12(2023.8 重印)
ISBN 978－7－5606－6706－5

Ⅰ. ①物…　Ⅱ. ①关…　Ⅲ. ①物联网—应用—教材　Ⅳ. ①TP393.4　②TP18

中国版本图书馆 CIP 数据核字(2022)第 225139 号

策　　划　高　樱
责任编辑　高　樱
出版发行　西安电子科技大学出版社（西安市太白南路 2 号）
电　　话　(029)88202421　88201467　邮　　编　710071
网　　址　www.xduph.com　电子邮箱　xdupfxb001@163.com
经　　销　新华书店
印刷单位　陕西日报印务有限公司
版　　次　2022 年 12 月第 1 版　2023 年 8 月第 2 次印刷
开　　本　787 毫米×1092 毫米　1/16　印张 12.75
字　　数　298 千字
印　　数　1001～4000 册
定　　价　36.00 元
ISBN 978－7－5606－6706－5 / TP
XDUP 7008001-2

前　言

Preface

物联网(Internet of Things，IoT)是继计算机、互联网和移动通信之后的又一次信息产业革命。近些年来，随着5G、大数据、人工智能等技术的快速发展，物联网被广泛应用到智慧家庭、智慧城市、智慧医疗、智慧工业以及智慧农业中。物联网实现了人们想要突破人与物品、物品与物品之间界限的设想，构建出了更为先进的现代化产业体系，为人们的生活带来了很大的便利，同时也为企业带来了巨大的经济效益。

本书作为一本物联网的入门教材，包含走进物联网、智能家居系统中的关键技术、智慧物流系统中的关键技术、智慧交通系统中的关键技术和智慧城市系统中的关键技术等5章。本书将二维码识别技术、传感器技术、RFID技术、ZigBee技术与网络、移动通信网络、云计算、大数据等物联网感知层、网络层、应用层的相关知识融入教学案例中，以案例单独成章，以期读者能够快速了解物联网的前沿技术、层次结构、发展现状和应用前景，从而培养读者的综合应用和创新能力。

关雷负责第一、三、四章的编写，赵秀芝、罗坚、徐群和共同负责第二、五章的编写，王孝尚、郑玉洁、章洋舟、李庆海、黎舒宏等负责图表绘制、统稿、校正等工作。在编写本书的过程中，编者参考了许多国内外专家的论文和著作等文献，在此向相关文献的作者表示感谢！同时，特别感谢李蔡静、陈诺同学在图文处理等方面给予的帮助。由于编者水平有限，书中内容难免有疏漏之处，还望广大读者批评指正。

本书编写期间正逢浙江工贸职业技术学院启动“一校两区”和组建“专业群”这两大办学里程碑事件。2020年9月，我由原材料工程系调到人工智能学院，开始在新校区新岗位工作。同年12月，由浙江工贸职业技术学院人工智能学院主持申报的“人工智能专业群”入选浙江省高水平职业院校和专业(群)建设(简称“省双高”)项目。入选“省双高”项目给人工智能学院带来了新的发展机遇，希望本书的出版能为“人工智能专业群”的建设贡献微薄之力。

关　雷

2022年9月

于浙江工贸职业技术学院瓯江口校区

目 录

Contents

第一章

走进物联网

近几年，随着物联网(Internet of Things，IoT)技术的发展和全球5G部署范围的扩大，物联网行业迎来蓬勃发展，相关技术逐步成熟，产业链日趋完善，其潜力快速显露，到2020年，物联网市场规模已达到1万亿元。随着科技的进步和人工智能的发展，物联网行业在未来将成为重要的行业。

物联网正在积极塑造工业生产和消费世界，从零售到医疗保健，从金融到物流，智能技术已遍及每个业务和消费者领域。据IoT Analytics于2022年5月发布的物联网现状报告报道，2021年全球物联网连接数量增长8%，达到122亿个活跃端点，受疫情和芯片短缺等不利因素影响，与往年相比增长显著降低；预计到2025年，随着不利因素的缓解和增长的进一步加速，将有大约270亿台联网的物联网设备。

“物联网”原本只是国际电信联盟(International Telecommunication Union，ITU)提出的一个鲜为人知的概念，但随着2009年年初美国在IBM的倡议下将物联网正式引入美国国家战略，全球掀起了一股物联网热潮。欧盟、日韩、中国等纷纷跟进，将物联网作为各自信息产业领域的国家级战略，物联网也被称为继计算机、互联网之后的世界信息产业第三次革命。那么，物联网到底是什么？它是怎么来的？其背后的技术原理又是什么？物联网将给人们的生产生活带来怎样的影响？本章将一一进行解答。

1.1　物联网的基本概念

2010年全国两会期间，物联网被写入政府工作报告，确立为五大新兴国家战略产业之一。在2010年10月出台的《国务院关于加快培育和发展战略性新兴产业的决定》中也将物联网等新一代信息技术产业列为战略性新兴产业。各级政府的物联网扶持政策密集出台，股市上物联网板块股票全线领跑，媒体上物联网项目报道热火朝天。仅仅几年的时间，物联网的春风已经吹遍大江南北，物联网已成为时下炙手可热的“高科技明星”。然而，对大多数公众而言，物联网的概念仍然比较陌生。

1.1.1　什么是物联网

“横看成岭侧成峰，远近高低各不同”，这句苏轼当年形容庐山的诗用来比喻物联网的概念再贴切不过。由于物联网概念出现不久，其内涵还在不断地发展和完善，并且学术界和工业界视角各异，至今都没有给出一个公认的统一定义。本书认为感知和识别是物联网的核心功能，是物联网区别于其他网络的显著特征。下面给出几个典型的物联网概念。

定义 1：物联网是指把所有物品通过射频识别(Radio Frequency Identification, RFID)和条码等信息传感设备与互联网连接起来，实现智能化识别和管理功能的网络。

以上概念最早于 1999 年由麻省理工学院的 Auto-ID 研究中心提出，实质上相当于 RFID 技术和互联网的结合应用。RFID 标签是早期物联网最为关键的技术和产品，当时认为物联网最大规模、最有前景的应用就是在零售和物流领域。利用 RFID 技术，通过计算机互联网可实现物品(商品)的自动识别和信息的互联与共享。

定义 2：物联网是由具有标识、虚拟个性的物体或对象所组成的网络，这些标识和个性信息在智能空间使用智能接口与用户、社会和环境进行通信。

以上定义出自欧洲智能系统集成技术平台在 2008 年 5 月 27 日发布的题为“Internet of things in 2020”的报告。该报告分析预测了未来物联网的发展，认为 RFID 和相关的识别技术是未来物联网的基石，因此它更加侧重于 RFID 的应用及物体的智能化。

定义 3：物联网是以感知为目的，实现人与人、人与物、物与物全面互联的网络。其突出特征是通过各种感知方式获取物理世界的各种信息，结合互联网、移动通信网等进行信息的传递与交互，再采用智能计算技术对信息进行分析处理，从而提升人们对物质世界的感知能力，实现智能化的决策和控制。

以上概念出自工业和信息化部及江苏省联合向国务院上报的《关于支持无锡建设国家传感网创新示范区(国家传感信息中心)情况的报告》。

定义 4：物联网是一个动态的全球网络基础设施，它具有基于标准和互操作通信协议的自组织能力，其中物理的和虚拟的“物”具有身份标识、物理属性、虚拟的特性和智能的接口，并与信息网络无缝整合。

以上概念来源于欧盟第 7 框架下 RFID 和物联网研究项目组在 2009 年 9 月 15 日发布的研究报告。该项目组的主要研究目的是便于欧洲内部不同 RFID 的物联网项目之间的组网；协调包括 RFID 的物联网研究活动；对专业技术进行平衡，以使得研究效果最大化；在项目之间建立协同机制。

定义 1 和定义 2 主要强调物联网对物体对象识别的特点，定义 3 强调物联网感知现实物理世界的特点，定义 4 则说明物联网本身是一个全球性的基础网络设施。

尽管关于物联网的定义众说纷纭，但人们对物联网应该具备的三大特征已达成了共识，即全面感知、可靠传送和智能处理。全面感知是指利用 RFID、传感器等手段随时随地获取物体的信息；可靠传送是指通过各种电信网络与互联网的融合，将物体的信息实时准确地传递出去；智能处理则是指利用云计算(Cloud Computing)、模糊识别等各种智能计算技术对海量的数据和信息进行分析和处理，对物体实施智能化的控制。

从产业角度看，物联网产业链可以细分为标识、感知、处理和信息传输 4 个环节，如图 1-1 所示。从图 1-1 中可以看到，标识的代表产业为 RFID，感知的代表产业为传感器，处理的代表产业为智能芯片，信息传输的代表产业为商用网络。

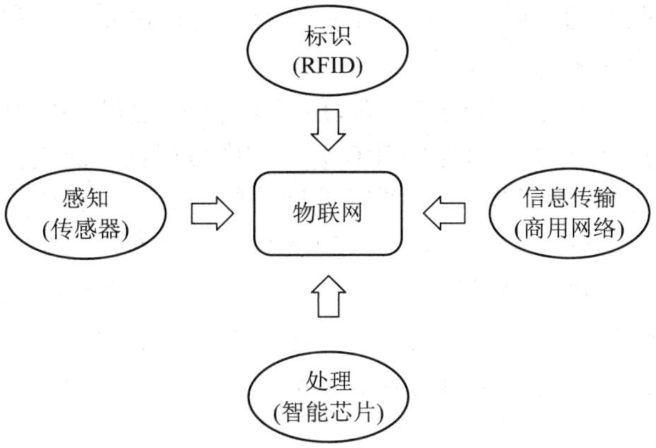

图 1-1　物联网产业链构成

1.1.2　物联网与传感网、互联网及泛在网之间的关系

随着物联网概念在媒体中的频繁出现，另外一批与物联网相关的概念也不断被提起，如传感网、互联网和泛在网(Ubiquitous Networks)。这些概念与物联网概念有着千丝万缕的关系，下面进行简单的比较。图 1-2 显示了物联网与传感网、互联网、泛在网之间的关系。

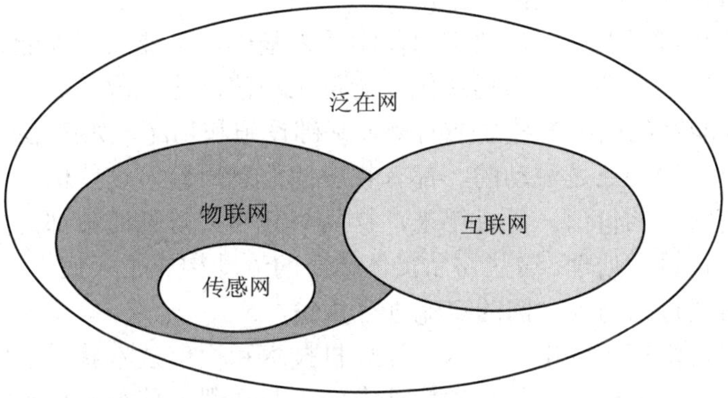

图 1-2　几个相关概念间的关系

传感网又称无线传感器网络(Wireless Sensor Networks，WSN)，它是由一组传感器以自组织方式构成的无线网络，其目的是协作地感知、采集和处理网络覆盖地理区域中感知对象的信息，并发布给观察者。传感网具有感知事物及其变化的功能，能将虚拟的信息技术与实体经济、社会活动过程结合起来，极大地提升了人类认知世界和处理复杂问题的能力。毫无疑问，物联网在感知、传输、计算模式等方面都具有比传感网更大的范畴，它不仅包括 RFID、二维码等标识技术，也可以使用除自组织组网之外的多种互联方式，而且也包括人与物、物与物之间感知、标识、测控的手段。

互联网是由多个网络遵循一定的通信协议(Protocol)互联而成的网络，现在特指由美国国防部高级研究计划署资助的 ARPANET 分组交换网演变而来的、采用 TCP/IP 协议的一种互联网络。从概念上来说，互联网主要实现人与人之间的通信，把人们吸引到信息空间(Cyber Space)中，主要依赖桌面型计算机获得服务和支持。物联网则主要实现人与物、物与物之间的通信。物联网的基础设施在一定程度上与互联网重合，但从应用角度看，物联网大大扩展了互联网的应用领域。

另一个经常与物联网同时提起的概念是泛在网，该概念最早是由施乐(Xerox)首席科学家 Mark Weiser 于 1991 年在《21 世纪的计算》一文中提出的。泛在网基于个人和社会的需求，实现人与人、人与物、物与物之间按需进行的信息获取、传递、存储、认知、决策、使用等服务，网络具有超强的环境感知、内容感知及智能性，为个人和社会提供泛在的、无所不包的信息服务和应用。物联网、泛在网的概念出发点和侧重点不完全一致，但其目标都是突破人与人通信的模式，建立物与物、物与人之间的通信。由于物联网着重连接物理世界的应用，因此其是走向泛在网的重要一步。

1.1.3 物联网与信息化革命

从 20 世纪 40 年代开始，科学界就开始普遍认同一个观点，即世界是由物质、能量、信息三大要素组成的，而不仅仅是由物质组成的，或者是由物质与能量两种要素组成的。一种富于诗意的说法是：没有物质的世界是虚无的世界，没有能量的世界是死寂的世界，没有信息的世界是混乱的世界。今天，人们已把信息看作一种重要的资源，甚至把当今时代视为信息革命的时代。因为如果没有信息和信息传递，就不会形成有组织的系统，也不会具备有序的能量转化和物质交换。

放眼人类文明史可以发现，农业文明以物质为基础，工业文明以能量为基础，信息文明以信息为基础，它们分别体现为物质化、能量化和信息化三次革命。经过农业文明和工业文明，人类已经能够创造出各种复杂的物理基础设施和物品，如汽车、公路、建筑物等。这些物品，无论是固定的还是流动的，都有相应的信息属性，这些信息对于企业、政府、社会、个人等都有特定的价值。千百年来，物品与其相关信息通常都是分离的，通过不同的渠道和方式进行传输和处理。这些物品实体本身的流动构成了人们生存所处的物理世界，而相关信息则常常通过人与人之间的交流进行传输。

在当前的信息化浪潮中，电子技术、计算机技术和通信技术获得了历史性的大发展，计算机、互联网、移动通信网等信息通信技术的不断涌现，使得对物品相关信息的处理和服务达到了前所未有的水平，并彻底改变了全世界人们的生活和工作方式。然而，现有的信息技术基本模拟了人类之间的信息交流方式，它是通过各种 IT 基础设施，如计算机、宽带网络等实现的，对于人们生活所处的物理世界的运行方式并没有太大影响。

物联网通过将各类信息感知设备嵌入物体中，实时获取物体状态信息，然后将这些物体传感器通过通信网络互联起来，并通过对获取的感知信息进行智能处理，实现对物体的管理和控制。物联网能够将现有的物理基础设施和 IT 基础设施，如钢筋混凝土、电缆，与芯片、宽带整合为统一的基础设施，从而使人类可以更加精细和智慧地控制物理世界的运行。

物联网被称为继计算机、互联网之后世界信息产业的第三次革命，它体现了信息通信技术在人类生活领域不断拓展和深化的需求。与前两次信息革命停留在信息世界不同，物联网强调建立依托物质的信息生命形态的信息虚拟世界，把虚拟世界和物理世界结合起来，并采用智能计算技术对信息进行分析和处理，通过对虚拟世界的管理来实现对物理世界的管理、协调和控制，从而实现人类社会与物理世界的有机结合。

1.2　物联网的发展过程

与其他技术的发展历程一样，物联网的概念也是在无数的探索和实践中孕育出来的。本节简单介绍物联网的起源、发展概况，以及物联网在中国的发展情况。

1.2.1　溯源物联网

感知是物联网的核心特征之一，传感器是感知物理世界的重要手段，人类社会使用传感器的历史可以追溯到很久以前。早在东汉时期，张衡就发明了地动仪，这是世界上可考证的最早利用惯性原理发明的地震传感器；而王充在《论衡》中所载的“司南勺”可能是最早的磁性方向指示器(方向传感器)。随着科学技术的发展，品类繁多的传感器被逐步发明出来，并应用到人们的生活中。例如：17 世纪初伽利略发明了温度计；1821 年德国物理学家赛贝发明了把温度变成电信号的温度传感器；1969 年美国贝尔实验室的博伊尔和史密斯发明了 CCD(Charge-Coupled Device，电器耦合元件)图像传感器，随后人们按此原理制造出了基于 CCD 传感器的数码照相机。

通信技术的发展使得人们逐渐开发出具有通信能力的传感器节点。1968 年的越南战场上，由于卫星与航空侦察手段在热带雨林效果很差，美国军方在胡志明小道上投放了数十万个具有音频和振动感知功能的无线传感器，并通过侦察机收集传感器信息，以建立电子屏障来切断越军的补给线。但是，这些传感器仍然是基于单一传感器节点的简单的信息传递方式，并没有形成网络化、智能化的应用。

随着通信和网络技术的发展，人们在生产生活实践过程中开始通过网络将传感器互联起来，实现了对物体的控制。例如，通过专用网络将遍布城市主要路口和高速公路的摄像头互联起来，监控交通流量和违章车辆；通过在运输车辆上安装 RFID 和 GPS(Global Positioning System，全球定位系统)，实现港口物流的货物调度和物流运输的实时追踪等。1995 年，比尔·盖茨就在其著作《未来之路》中设想了一部分物联网时代的生活场景，只是未明确表达或提出这一概念。1999 年，麻省理工学院研究 RFID 技术的 Auto-ID 中心主任 Ashton 教授提出了早期的物联网概念，定义它是依托 RFID 技术和互联网实现物品的识别、跟踪和管理的物流网络。然而，此时的物联网概念仅限于物流追踪和优化物流供应链。

2005 年的信息社会世界峰会上，国际电信联盟发表的年度报告中对物联网的内涵进行了扩展，指出信息与通信技术发展的目标已经从任何时间、任何地点连接任何人，发展到连接任何物品的阶段，人与物和物与物之间的连接形成了物联网，人类在信息与通信世界里将获得一个新的沟通维度。同时，该联盟还提出了任何时刻、任何地点、任意物体之间互联(Any Time，Any Place，Any Things Connection)的发展远景。

至此，物联网仍然是一个鲜为人知的名词，缺乏清晰的定义和可操作的计划。直到后来，金融危机时代的 2009 年 1 月，在美国总统与工商业领袖举行的圆桌会议上，IBM 总裁提出了“智慧地球”的构想，即把 IT 技术充分运用在各行各业之中，把传感器嵌入和装备到全球每一个角落的电网、铁路、桥梁、隧道、公路等各种基础设施中，并将它们连接成“物联网”。IBM 总裁指出，“物联网”与“互联网”的全面融合将把商业系统和社会系统与物理系统融合起来，形成一个新的智慧基础设施。

奥巴马对“智慧地球”构想做出了积极回应，认为智慧地球是继互联网之后国家发展的核心领域，并将物联网作为振兴经济、确立优势的关键战略。2009 年 8 月，时任总理温家宝在考察中科院无锡高新微纳传感网工程技术研发中心时提出，要尽快建立中国的“感知中国”中心，并明确指出要早一点谋划未来，早一点攻破核心技术。中美两国领导人相继对物联网的战略定位，使得物联网一举成为炙手可热的“高科技明星”。

1.2.2 物联网的发展概况

作为物联网技术的全球主要推动者，美国非常重视物联网的战略地位，其国家情报委员会发表的《2025 年对美国利益潜在影响的关键技术》报告中，把物联网列为 6 种关键技术之一，并将以物联网技术为核心的“智慧地球”计划上升至国家战略层面。《2009 年美国恢复和再投资法案》提出在智能电网、卫生医疗信息技术应用、教育信息技术等领域投入巨资，这都与物联网技术直接相关。全球几个重要国家和地区也将物联网的发展确定为国家战略重点，开展了物联网领域的规划布局。

2009 年 6 月，欧盟委员会发布的《欧盟物联网行动计划》(Internet of Things—an Action Plan for Europe)描绘了物联网技术应用的前景，并提出要加强欧盟政府对物联网的管理，消除物联网发展的障碍。该计划提出了物联网管理、安全性保证、标准化、研究开发等 14 点行动内容，以确保欧洲在构建基于互联网的智能基础设施发展上领先全球。同年 12 月，欧洲物联网项目总体协调组发布了欧盟 2010 年、2015 年、2020 年 3 个阶段的《物联网战略研究路线图》，并系统地提出了物联网在汽车、航空航天、医药、能源等 18 个主要应用领域以及识别、数据处理、物联网架构等 12 个方面需要突破的关键技术。

2004 年，日本政府提出了以发展泛在网络社会为目标的 U-Japan 计划，将传感网列为 4 项重点战略之一，并在 2009 年将该战略上升为 I-Japan 战略，强化了物联网在交通、医疗、教育、环境监测等领域的应用。

2004 年，韩国提出为期 10 年的 U-Korea 战略，目标是在全球最优的泛在基础设施上，将韩国建设成全球第一个泛在社会。2006 年韩国推出 U-IT839 计划，提出将泛在的传感器网(Universal Sensor Networks，USN)列入发展重点，并在此后推出一系列相关实施计划。2009 年 10 月，韩国颁布了《物联网基础设施构建基本规划》，将物联网市场确定为新增长动力。该规划提出，到 2012 年实现“通过构建世界最先进的物联网基础设施，打造未来广播通信融合领域超一流信息通信技术强国”的目标，并确定了构建物联网基础设施、发展物联网服务、研发物联网技术、营造物联网扩散环境等四大领域和 12 项详细课题。

1.2.3 物联网在中国——感知中国

2009 年是中国的“物联网元年”，温家宝总理首次提出要建立中国的传感信息中心，并在2010年3月的政府工作报告中再次明确提出将加快物联网的研发应用纳入重点产业振兴计划，将物联网的发展真正提升到了国家战略高度。此后，科技部将传感网以及传感技术的研发计划明确列入《国家“十二五”科学技术发展规划》的相关政策文件中。工业和信息化部于 2010 年 9 月 11 日成立了传感器网络标准化工作组，加快制定符合我国发展需求的传感网技术标准，并开始统筹部署宽带普及、三网融合、物联网及下一代互联网的发展，并将物联网列为我国信息产业三大发展目标之一。

来自高层的讲话和一系列利好政策的推动加速了物联网在我国的发展步伐。在随后的一段时间内，各级地方政府迅速开展物联网产业发展规划和试点项目建设，出台了大量扶持产业发展的优惠政策。无锡市规划设立了国家传感网创新示范区，上海在嘉定区建立了上海物联网中心，北京市也已启动物联网 5 年规划；大批企业、高校、科研院所积极开展物联网相关核心技术的研发和应用；各种产业联盟、企业联盟纷纷组建，在标准制定、技术研发、市场环境营造方面开展了大量工作。

只有工业界的跟进才能真正促使物联网产业在我国的成长和发展。以运营商为例，从2009 年开始，中国移动相继推出包括交通物流、电力抄表、智能楼宇、路灯监控、环境监控及电子支付等一系列物联网相关解决方案。以运营商为例，目前三大运营商均已成立物联网业务专业子公司，打造自有核心能力，并将物联网作为战略发展重点，持续加码物联网建设力度。据三大运营商发布的 2021 年业绩，中国电信 2021 年物联网收入为 28.59 亿元，同比增长 31.8%；中国联通物联网收入为 60 亿元，同比增长 43%；中国移动物联网业务营收则达到 114 亿元，同比增长 21.3%。运营商外的其他企业，包括国家电网、中兴、华为、海尔等相关企业也都布局了物联网项目。

“感知中国”成为国家的信息产业发展战略，这是因为：

(1) 国家希望在这一轮新的信息技术革命中，通过发展物联网产业跻身世界信息技术前列。

(2) 在这一轮物联网革命中，物联网连接的是实实在在的物理空间，涉及的是国家公共安全，关系到国家的经济命脉。

(3) 物联网包括物物连接、人与物连接，与现有人与人的通信业务比，预计会逐年增大，可能涉及几万亿元的产业。

1.3　物联网的层次结构

物联网应该具备 3 个特征，一是全面感知，即利用 RFID、传感器、二维码等随时随地获取物体的信息；二是可靠传递，通过各种电信网络与互联网的融合，将物体的信息实时准确地传递出去；三是智能处理，利用云计算、模糊识别等各种智能计算技术对海量数据信息进行分析和处理，对物体实施智能化的控制。

在业界，物联网大致被公认为有 3 个层次，底层是用来感知数据的感知层(感知互动层)，第二层是网络层(传输数据的网络传输层)，最上面则是应用层(应用服务层)。其体系架构如图 1-3 所示。

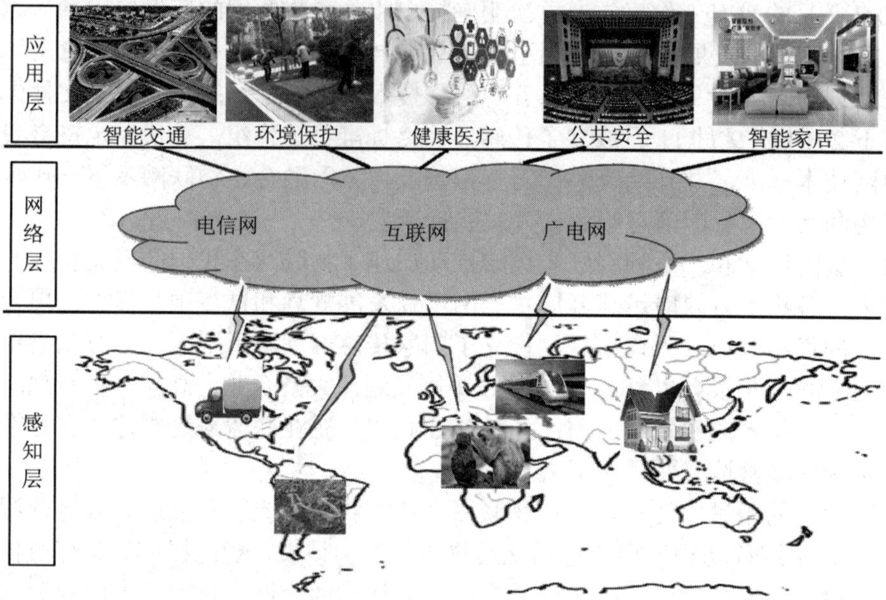

图 1-3　物联网体系架构

1.3.1　感知层

感知层包括传感器等数据采集设备，包括数据接入网关之前的传感器网络。它是物联网发展和应用的基础，RFID 技术、传感和控制技术、短距离无线通信技术是感知层涉及的主要技术。感知层又包括芯片研发、通信协议研究、RFID 材料、智能节点供电等细分技术。

对于目前关注和应用较多的 RFID 网络来说，张贴安装在设备上的 RFID 标签和用来识别 RFID 信息的扫描仪、感应器属于物联网的感知层。

RFID 系统由电子标签(Electronic Tag)、读写器(Reader)和天线(Antenna)　3 部分组成，具体的工作原理如图 1-4 所示。上位机发送指令使读写器工作；天线发送射频信号；电子标签接收到射频信号后将其转化为电流，供芯片工作，读出内部所储存的数据，经调制后发送出去；天线接收电子标签反馈的信息后送至读写器，经解调后还原出标签数据，发送给上位机进行处理。

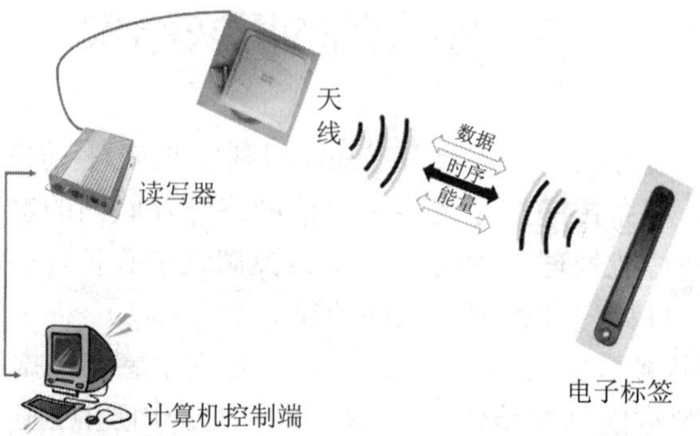

图 1-4　RFID 系统工作原理

因此，一套完整的 RFID 系统工作过程是读写器发射一特定频率的无线电波能量，用以驱动电路将内部的数据送出；同时读写器能依序接收解读数据，送给应用程序做相应的处理。

以 RFID 卡片读写器及电子标签之间的通信与能量感应方式来看，射频信号的耦合类型大致上可以分成感应耦合及反向散射耦合两种。一般低频的 RFID 大都采用第一种方式，而较高频的 RFID 大多采用第二种方式。

读写器根据使用的结构和技术不同可以是读或读/写装置，其是 RFID 系统信息控制和处理中心。读写器通常由耦合模块、收发模块、控制模块和接口单元组成。读写器和电子标签之间一般采用半双工通信方式进行信息交换，同时读写器通过耦合给电子标签提供能量和时序。在实际应用中，可进一步通过 Internet 或 WLAN(Wireless Local Area Network，无线局域网)等实现对物体识别信息的采集、处理及远程传送等管理功能。电子标签是 RFID 系统的信息载体，大多由耦合元件(线圈、微带天线等)和微芯片组成无源单元。

RFID 系统最重要的优点是非接触识别，它能穿透雪、雾、冰、涂料、尘垢和条形码无法使用的恶劣环境阅读标签，并且识别速度极快，识别时间大多数情况下不到 100 ms。有源式 RFID 系统的速写能力也是其重要的优点，可用于流程跟踪和维修跟踪等交互式业务。图 1-5 所示是 RFID 标签的应用。

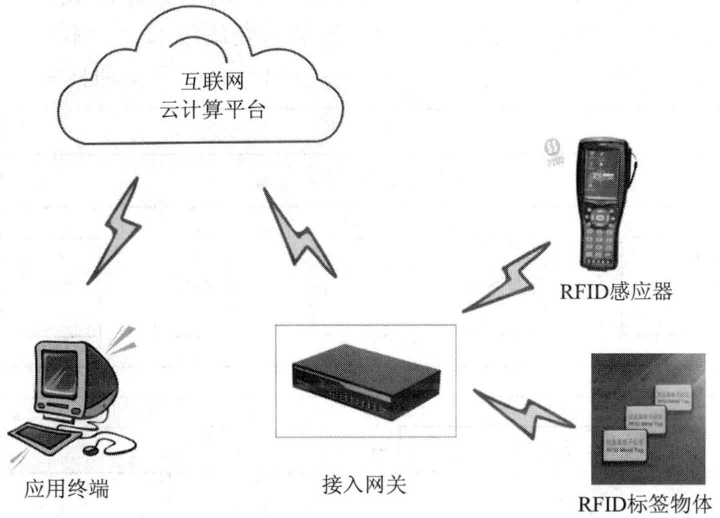

图 1-5　RFID 标签的应用

制约 RFID 系统发展的主要问题是不兼容的标准。RFID 系统的主要厂商提供的大都是专用系统，导致不同的应用和不同的行业采用不同厂商的频率和协议标准，这种混乱的状况已经制约了整个 RFID 行业的增长。

用于战场环境信息收集的智能微尘(Smart Dust)网络，其感知层由智能传感节点和接入网关组成，智能传感节点感知信息(温度、湿度、图像等)，并自行组网传递到上层网关接入点，由网关将收集到的感应信息通过网络层提交到后台处理，如图 1-6 所示。环境监控、污染监控等应用都是基于这一类结构的物联网。

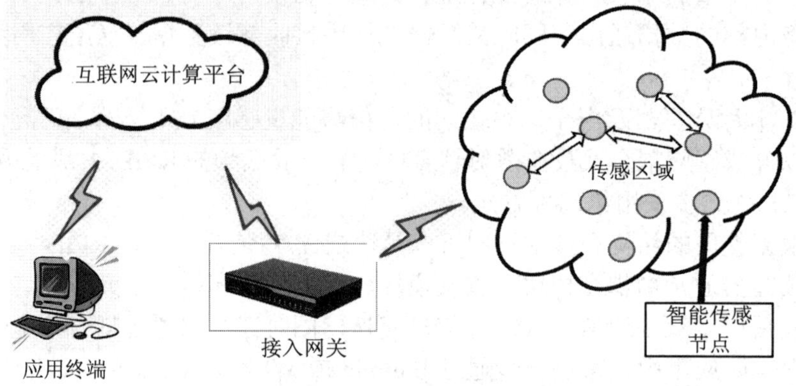

图 1-6　智能微尘网络的应用

1.3.2　网络层

物联网的网络层建立在现有的移动通信网和互联网基础上。物联网通过各种接入设备与移动通信网和互联网相连，如手机付费系统中，由刷卡设备对内置手机的 RFID 信息进行采集分析，传到互联网，网络层完成后台鉴权认证并从银行网络划账。

网络层中应有的功能包括信息存储查询、网络管理等。但是，数据感知与处理技术是实现以数据为中心的物联网的核心技术。数据感知与处理技术包括本网络层数据的存储、查询、分析、挖掘、理解以及基于感知数据的决策和行为的理论和技术，如图 1-7 所示。

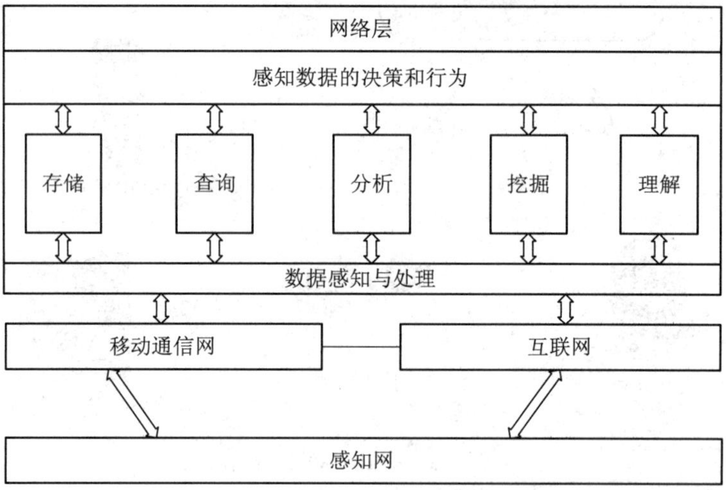

图 1-7　网络层

1.3.3　应用层

物联网应用层利用经过分析处理的感知数据为用户提供丰富的特定服务。物联网的应用可分为监控型(物流监控、污染监控)、查询型(智能检索、远程抄表)、控制型(智慧交通、智能家居、路灯控制)、扫描型(手机钱包、高速公路不停车收费)等。

应用层是物联网发展的目的，软件开发、智能控制技术将会为用户提供丰富多彩的物联网应用。各种行业和家庭应用的开发将会推动物联网的普及，也给整个物联网产业链带来利润。

目前已经有不少物联网范畴的应用，如通过一种感应器感应到某个物体触发信息，然后按设定通过网络完成一系列动作。例如，当你早上拿车钥匙出门上班时，在计算机旁待命的感应器检测到之后就会通过互联网络自动发起一系列事件：通过短信或者扬声器自动播报今天的天气，在计算机上显示快捷通畅的开车路径并估算路上所花时间，同时通过短信或者即时聊天工具告知你的同事你将马上到达(Violet公司的Mirror就是类似于上述应用的产品)；又如已经投入试点运营的高速公路不停车收费系统、基于二维码的手机钱包付费应用等。

1.4 物联网的关键技术

从系统角度看，物联网可划分为一个由感知互动层、网络传输层和应用服务层组成的三层体系，即1.3节提及的感知层、网络层和应用层，如图1-3所示。

感知层由大量具有感知和识别功能的设备组成，可以部署于世界上任何位置、任何环境之中，被感知和识别的对象也不受限制。感知层的主要作用是感知和识别物体，采集并捕获信息。

网络层包括各种通信网络与互联网形成的融合网络，既可以依托公众电信网和互联网，也可以依托行业专业通信网络。网络层是物联网成为普遍服务的基础设施。

应用层是指将物联网技术与行业专业技术相结合，实现广泛智能化应用的解决方案集。物联网通过应用层最终实现信息技术与行业的深度融合，对国民经济和社会发展具有广泛影响。应用层的关键问题在于信息的社会化共享及信息安全的保障。

全面感知、可靠传送、智能处理是物联网的核心能力，作为一个庞大、复杂的综合信息系统，物联网体系架构中的各个层面都涉及许多关键技术。从关键技术层面来看，物联网感知层和应用层相关的技术是物联网的特色，也是学术界和产业界关注的焦点。

1.4.1 感知与识别技术

感知与识别技术是实现对物理世界全面感知的基础。

1. 感知技术

感知技术主要是指传感器，它是摄取物理信息的关键器件，是构成物联网的基础单元。根据国家标准《传感器通用术语》(GB/T 7665—2005)的定义，传感器是能感受规定的被测量，并按照一定的规律将其转换成可用输出信号的器件或装置。传感器种类繁多，可按不同的标准分类。传感器按外界输入信号变换为电信号时采用的效应可分为物理传感器、化学传感器和生物传感器，按输入量可分为温度、湿度、压力、位移、速度、加速度、角速度、力、浓度、气体成分等传感器，按工作原理可分为电容式、电阻式、电感式、压电式、热电式、光敏、光电传感器等。该内容会在第二章中重点介绍。

传感器技术是半导体技术、测量技术、计算机技术、信息处理技术、微电子学、光学、声学、精密机械、仿生学和材料科学等众多学科相互交叉的综合性和高新技术密集型的前沿研究课题之一，是现代新技术革命和信息社会的重要基础，它与通信技术、计算机技术构成信息产业的三大支柱。

如果说计算机是人类大脑的扩展，那么传感器就是人类五官的延伸。当集成电路、计算机技术飞速发展时，人们才逐步认识到信息摄取装置——传感器没有跟上信息技术的发展，从而惊呼“大脑发达五官不灵”。从 20 世纪 80 年代起，在世界范围内逐步掀起了一股“传感器热”。美国早在 20 世纪 80 年代就声称世界已进入传感器时代；日本则把传感器技术列为十大技术之首，日本工商界人士声称“支配了传感器技术就能够支配新时代”。世界技术发达国家对开发传感器技术都十分重视。美、日、英、法、德和独联体等都把传感器技术列为国家重点开发关键技术之一。美国国家长期安全和经济繁荣至关重要的 22 项技术中有 6 项与传感器信息处理技术直接相关。关于保护美国武器系统质量优势至关重要的关键技术，其中 8 项为无源传感器。日本对开发和利用传感器技术相当重视，并将其列为国家重点发展的 6 大核心技术之一。

2．识别技术

识别技术涵盖物体识别、位置识别和地理识别。

物体识别技术以 RFID 技术为代表，RFID 集成了无线通信、芯片设计与制造、天线设计与制造、标签封装、系统集成、信息安全等技术。目前 RFID 应用以低频和高频标签技术为主，超高频技术具有可远距离识别和低成本的优势，有望成为未来主流。

位置识别技术比较成熟，它以 GPS 技术为代表。另外，北斗、伽利略以及基于蜂窝网基站的定位技术也逐步成熟并步入商用。同时，小范围或室内、复杂环境定位技术也在近几年获得了较大的发展，其典型代表是实时系统(Real-Time Service，RTS)，这些技术都将为物联网在不同环境条件下的位置识别提供支持。

地理识别技术以地理信息系统(Geographic Information System，GIS)为代表，以空间数据库为基础，运用系统工程信息科学理论对空间数据进行科学管理和综合分析。GIS 集合了测绘学、地理学、地图学、计算机科学、卫星遥感、管理信息系统、定位系统等学科和技术的发展。近年来，计算大容量存储介质、多媒体技术和可视化技术为 GIS 的发展提供了新的技术和方法。

1.4.2　节点软硬件设计技术

物联网中的处理节点主要包括两类，一类是感知节点，一类是网关节点。感知节点是感知层设备，负责采集物理信息并传输到应用层，不仅具有感知和识别能力，而且具有一定的通信和计算能力。网关节点是连接感知层和网络层的关键设备，负责实现异种异构网络的互联互通。网络层节点一般基于公共移动通信网或互联网，采用 TCP/IP；而感知层节点通常是利用短距离无线通信技术相互连接。物联网感知层在地址协议、移动性管理、远程维护与管理等方面都与互联网 TCP/IP 不同，这些需要网关节点进行有效转换从而实现互联。

物联网的节点在不同的应用场景下有着不同的产品形态和差异化的性能指标，主要包括硬件技术和软件技术。在硬件技术方面，主要包括面向物联网应用的各种通用和专用核心芯片及系统设备，以完成传感、处理与通信等工作。由于实现工艺的差异，芯片及系统设备主要包括嵌入式系统、片上系统(System-on-a-Chip，SoC)及微机电技术(Micro-Electro-Mechanical System，MEMS)等，这些芯片和设备充分体现了核心知识产权，是物联网产业发展的必争地。在软件技术方面，主要包括面向不同行业应用的操作系统、行业中间件、各种控制软件等，这些系统软件可以有效地完成多网融合，是物联网的重要组成部分。

1.4.3　组网与泛在接入技术

通信网络是支撑物联网信息传递和服务的基础设施。物联网的通信技术主要涵盖感知层的末梢网络和公共通信网络的接入网等技术。末梢网络主要以传感器网络为代表，它是一种典型的固定传感器节点自组网技术，利用传感器形成多跳自组织网络，协作地感知、采集网络覆盖区域中感知对象的信息。近几年，我国在传感网络结构与协议、覆盖控制、定位算法、操作系统和仿真工具等方面取得了阶段性成果。考虑到在物联网的应用中，传感器节点可能部署在移动对象上，因此末梢网络也包括移动自组织网络或移动机会网络。

物联网接入技术包括有线(双绞线、光纤、同轴电缆等)接入和无线(3G、4G、5G、卫星通信以及 WiMAX、WiFi、ZigBee、蓝牙等)接入两大类型。而接入网及其后的核心网与现有的末梢网络完全不同，它并不是为承载物联网应用设计的。为了实现异构信息之间的互联、互通与互操作，未来的物联网需要以一个开放的、分层的、可扩展的网络体系结构为框架，来实现异种异构网络与骨干网络的无缝连接，并提供相应的服务质量保证。

1.4.4　大规模的感知信息处理技术

物联网的应用服务建立在真实世界的数据采集之上，产生的数据量会比互联网的数据量提升几个量级。在这种情况下，海量信息的多粒度存储、数据挖掘、知识发现、并行处理技术就显得尤为重要。一方面，物联网海量的数据信息汇聚到应用业务平台后，需要对数据进行存储管理，以便为以后的应用服务提供更好的原始数据；另一方面，面对如此广泛的科学数据，需要根据物联网相关应用的特点对原始数据进行相应的建模、挖掘，以得到所需要的结果。

物联网是一个智能的网络，传感器仅仅提供了对物理变量、状态及其变化的探测和测量所必需的手段，对物理世界由“感”而“知”的过程则由智能分析和信息处理技术来实现。信息处理技术贯穿由“感”而“知”的全过程，它基于多个物联网感知层节点或设备所采集的传感数据，实现对物理世界及其变化的全面、透彻感知，以及智能反馈、决策的过程，是实现物联网应用系统物物互联、物人互联的关键技术之一。

大规模感知信息处理是物联网的核心支撑，是物联网计算环境的“心脏”，是物联网生态系统的重要组成部分，也是确保物联网在多应用领域安全可靠运行的神经中枢和运行中心。

1.5　物联网的应用前景

物联网能有效整合通信基础设施资源和行业基础设施资源，使信息通信基础设施资源服务于各个行业业务系统，提高各个行业业务系统信息化水平，改善行业业务系统基础设施的利用效率。

1.5.1 物联网的应用领域

目前物联网的应用集中于各个垂直产业链，主要是现有传感器技术所推动的一系列典型领域的应用，包括智能电网、智能交通、现代物流、智能农业、公共安全、智慧医疗、环境监测、智能家居等。未来的物联网将使现有各种产业应用聚集成为新型的跨领域产业。

1. 智能电网

电力工业是现代经济发展和社会进步的基础和重要保障，也是国家能源安全的基础组成，在国民经济的可持续发展中起着不可替代的支撑作用。传统电网面临诸多问题，如它是一个刚性系统，电源的接入与退出、电能的传输等缺乏弹性，系统自愈、自恢复能力完全依赖于实体冗余，且对客户的服务简单、信息单向传输等。进入 21 世纪以来，电力系统正面临全球变暖、能源压力和生态文明意识的提升等诸多挑战。

将物联网技术应用于智能电网是信息通信技术发展到一定阶段的必然结果，它将有效整合通信基础设施资源和电力系统基础设施资源，为电网发电、输电、变电、配电、用电等环节提供重要技术支撑，使信息通信基础设施资源服务于电力系统运行，提高电力系统信息化水平，改善现有电力系统基础设施的利用效率。电网智能化将成为拉动物联网产业，甚至整个信息通信产业发展的强大驱动力，并有力影响和推动其他行业的物联网应用和部署进度，进而提高我国工业生产、行业运作和公众生活等各个方面的信息化水平。

2. 智能交通

交通运输系统的发展水平是国家兴旺发达的重要标志之一。从 2010 年开始，我国的汽车保有量开始飞速增长。如今，国内每一年的汽车销量都稳居全球第一，成为名副其实的全球第一大汽车市场。据公安部统计，截至 2022 年 6 月底，全国机动车保有量达 4.06 亿辆，其中汽车 3.10 亿辆；全国机动车驾驶人达 4.92 亿，其中汽车驾驶人为 4.54 亿，占交通人总数的 92.38%。交通系统的高速发展一方面促进了物流和人际往来，缩短了出行时间，提高了工作效率；另一方面也带来了诸多问题，巨大的交通压力引起的交通拥堵、交通事故频发和大量的汽车尾气排放，已经成为今天中国经济实现可持续发展面临的重要难题。

智能交通是交通管理理念与物联网系统相结合的产物，它将先进的传感、通信和数据处理等物联网技术应用于交通运输领域，其中包括智能化交通管理、交通诱导和出行信息服务、智能道路收费、公共交通管理和智能汽车等多个方面的应用，以构建一个安全、畅通和环保的交通运输系统。我国政府已将智能交通系统作为中国未来交通发展的重要方向，加大了对智能交通系统的投资力度。数据显示，2016—2020 年中国高速公路智能化市场规模快速发展，从 361 亿元增长至 600 亿元，5 年间增长了 239 亿元。随着中国智能交通建设的进一步发展，高速公路智能化市场规模将逐渐攀升，中国产业研究院预测，到 2026 年我国高速公路智能化市场规模将突破 1200 亿元，年化增长率在 13%左右。

3. 现代物流

物联网技术最早应用于物流与供应链行业，使用 RFID 技术对仓储、物品运输管理和物流配送等物流核心环节进行实时跟踪，提高了供应链管理的效率，同时也降低了物流成本。例如，IBM公司和丹麦运输公司 Container Centralen 对园艺植物供应链进行跟踪，由于鲜花和盆栽植物对运输环境非常敏感，因此需要对整条运输链的运输条件和气候进行跟踪，从种植者到批发商，再到零售商，遍及欧洲40个国家，有效提升了鲜花等园艺品的配送效率。

由于物流管理的基础是物流信息，是用信息流来控制实物流的，这就使得物流信息化成为现代物流业的灵魂。物流企业纷纷将物流信息化作为提高物流效率的重要途径。物流领域越来越成为现代信息技术应用比较普遍和成熟的领域，物流企业正在转变为信息密集型企业。物联网技术是物流信息化最重要的技术手段，借助物联网的智能采集、传输与处理等技术手段，物流企业的信息化水平得以显著提升，实现了目达耳通的智慧物流管理，降低了物流成本，提升了物流效率。

4．智能农业

农业是人类历史上最古老的产业，也是人类社会的基础。时至今日，制约农业发展的两类问题——农业生产资源的紧缺与农业生产的资源消耗过大，已越来越显著。单纯的机械化农业并不能解决产量提高和资源浪费之间的矛盾。智能农业通过对农业生产环境信息和农作物生长信息的全面感知、可靠传递和对所提取信息的智能处理与判断，可以实现农业生产方式由依靠经验定性判断、粗放型到依靠传感器定量判断、精细化的转变。通过准确及时地判断问题和精确量化的资源投放，可以有效地提高产量并降低消耗和污染。

智能农业在农业环境监测、农业生产、农产品流通等领域有大量的应用空间，如快速气象监测、智能大田温室种植、工业化养殖、生鲜农产品运输等。借助“绿色农业”的提倡与政府对农业科技的扶持投入，大力推广智能农业有着良好的经济效益和社会效益，市场前景广阔。

5．公共安全

当前我国正处在城市化高速发展的阶段，城市人口的大量聚集带来了众多公共安全问题。公共安全防护泛指对人们日常生活中的食品安全、生产安全、重大灾害及疫情、社会安全方面进行的全方位防护。视频监控系统是最为常见的一类安防系统，用于区域监视并将监视画面呈现给安防监护人员。智能安防系统则尝试使现有安防系统具备更多更复杂的功能，其将多种功能互异的安防检测设备连接在一起，使它们各自独立地捕获危险信号与异常信号，并基于物联网平台进行交互，从而实现局部智能决策，判断与定位危险源，并实施初级救援工作。

近年来，冬奥会、广州亚运会、博鳌亚洲论坛年会、中国国际进口博览会等大型盛会相继在我国举办，这为安防产业的发展带来了重大利好。根据中国安防协会发布的《中国安防行业“十四五”发展规划》，到2020年底我国安防企业达到3万余家，从业人员170多万人；2020年安防行业总产值约达到7950亿元，实现增加值约为2650亿元，“十三五”期间年均增长率达到了10%以上。此外，国家拉动内需政策和战略性新兴产业的发展都将为安防行业带来发展契机。

6．智慧医疗

医疗卫生体系的发展水平关系到人民群众的身心健康和社会和谐，是社会关注的热点。

我国原有的医疗卫生体制已经不能满足当前社会发展的需要，这主要表现在以下三个方面：

(1) 医疗卫生资源匮乏。医疗卫生资源在全世界范围内都仍属于稀缺资源，这种供求关系在一定程度上决定了病患看病难的问题。我国医疗长期存在“重医疗，轻预防；重城市，轻农村；重大型医院，轻社区卫生”的倾向，居民又过多依赖大型医院，这就更加加重了就医矛盾，一号难求现象频发。

(2) 医疗信息化水平低，导致医疗资源利用率不高。

(3) 人口结构老龄化导致疾病谱发生变化，由传染病为主发展成为非传染病为主，导致医学模式也随之变化，由此带来的数字卫生工程技术向基层社区和个人参与方向发展。

智慧医疗利用物联网技术实时感知各种医疗信息，实现全面互联互通的信息化医疗系统。此系统可以方便医生准确地掌握病人病情，提高诊断的准确性；可以方便医生对病人的情况进行有效跟踪，提升医疗服务质量；可以有效提高医院包括药品和医疗器械在内的医疗资源管理，通过传感器终端的延伸，加强医院服务的效能，从而达到有效整合资源的目的。

中国是医疗大国，医疗健康支出规模庞大且稳步增长。2020 年中国的医疗健康支出总额排名位居全球第二位，达到人民币 7.32 万亿元。根据中投顾问测算，2025 年我国医疗健康支出总额将达到 13.38 万亿元。智慧医疗的发展、应用和推广，将进一步提升我国的医疗卫生水平。预计在未来几年内，我国智慧医疗市场的规模将进一步扩大，并且涉及的周边产业范围更广，设备和产品种类繁多。

7．环境监测

我国在经济高速发展的同时，也付出了巨大的资源和环境代价，经济发展与资源环境的矛盾日趋尖锐。我国环境污染事件不断出现，20 世纪 70 年代出现局部污染，80 年代城市河段和大气污染加重，90 年代后呈扩大态势。伴随着新一轮的经济增长，污染物排放总量居高不下，环境质量整体下降，一些新的或隐性的环境问题逐步显现，如危险废物、持久性有机污染物、土壤污染等。环境污染除了给生态系统造成直接的破坏和影响外，污染物的积累和迁移转化还会引起多种衍生的环境效应，对人类的生存与发展、生态系统的平衡造成极其严重的影响。地震、泥石流、海啸、洪涝灾害等多数地质灾害与自然环境恶化有直接的关系。

环境监测是环境保护和预防控制灾害的基础性工作之一。传统的监测手段只能解决局部监测问题，及时准确全面的监测结果则必须依赖现代信息网络技术。物联网技术凭借其低成本、低能耗、适合快速灵活大规模部署及自动智能化处理等方面的优势，应用于环境监测将大大提升环境保护和灾害预防的监控能力。

我国对环保产业的支持力度逐年增大，并将其作为新的经济增长点，根据生态环境部发布的《2020 年中国生态环境统计年报》，2020 年全国环境污染治理投资总额为 10 638.9 亿元，占国内生产总值(Gross Domestic Product，GDP)的 1.0 %，占全社会固定资产投资总额的 2%。其中，城市环境基础设施建设投资为 6842.2 亿元，老工业污染源治理投资为 454.33 亿元，建设项目竣工验收环保投资为 3342.5 亿元，分别占环境污染治理投资总额的 64.3%、4.3%和 31.4%。

8. 智能家居

不断改善居住条件，创建宜居生活环境是人类对美好生活的坚韧追求。智能家居将物联网技术应用于家居环境之中，为住户提供以住宅为平台，融消防报警、智能家电和综合布线等系统为一体的，高效、舒适、安全、环保的居住环境。智能家居概念的起源很早，由于技术和成本问题，直到1984年美国联合科技公司将建筑设备信息化、整合化概念应用于美国哈特福德(Hartford)的城市建筑时，才出现了首栋智能建筑；直到比尔·盖茨花7年时间建成智能家居豪宅后，智能家居的概念才流行起来。

随着微型设备成本的下降和无线通信技术的成熟，智能家居的生活设想越来越接近现实生活。物联网技术将众多家居设施连接在一起，并集成了方便、先进、丰富的控制方式，人们可以远程控制家电、照明和暖通设施，能够及时收到小区物业发送过来的公告信息，能远程了解家庭能源消耗。如果家中出现燃气泄漏或者小偷潜入，安防设备会自动报警和抓拍小偷图像信息，通知小区物业和发送信息。据CSHIA、中商产业研究院数据显示，2016—2020年我国智能家居市场规模由2608.5亿元增至5144.7亿元，年均复合增长率为18.51%。中商产业研究院预测，2022年我国智能家居市场规模可达6515.6亿元。

1.5.2 物联网的产业规模

物联网技术是支撑“网络强国”和“中国制造2025”等国家战略的重要基础，在推动国家产业结构升级和优化过程中发挥重要作用。物联网是新一代信息技术的高度集成和综合运用，对新一轮产业变革和经济社会绿色、智能、可持续发展具有重要意义。全球各国尤其是美国、欧盟、日韩等发达国家高度重视物联网的发展，积极进行战略布局，以期把握未来国际经济科技竞争主动权。据IoT Analytics发布的《2021年夏季物联网状况》报道，2020年全球联网的物联网设备总数达到113亿个，预计到2025年，可能会达到271亿个。

物联网行业与全球经济的发展相辅相成。一方面，物联网促进全球经济发展；另一方面，全球经济的发展也会反过来推动物联网行业的进步。根据麦肯锡全球研究院的最新研究报告显示，物联网可以释放的潜在经济价值巨大，而且还在不断增长。到2030年，预计物联网可以在全球创造5.5～12.6万亿美元的价值，其中包括消费者和客户通过物联网产品和服务获取的价值。

近几年来，物联网概念加快与产业应用融合，成为智慧城市和信息化整体方案的主导性技术思维。当前，物联网已由概念炒作、碎片化应用、闭环式发展进入跨界融合、集成创新和规模化发展的新阶段，与中国新型工业化、城镇化、信息化、农业现代化建设深度交汇，在传统产业转型升级、新型城镇化和智慧城市建设、人民生活质量不断改善方面发挥了重要作用，取得了明显的成果。

如图1-8所示，从产业链来看，中国已形成包括芯片、元器件、设备、软件、系统集成、运营、应用服务在内的较为完整的物联网产业链，各关键环节的发展也取得重大进展。M2M(Machine to Machine)服务、中高频RFID、二维码等环节产业链业已成熟，国内市场份额不断扩大，具备一定领先优势；基础芯片设计、高端传感器制造、智能信息处理等相对薄弱环节与国外差距不断缩小，尤其光纤传感器在高温传感器和光纤光栅传感器方面取得重大突破；物联网第三方运营平台不断整合各种要素，形成有序发展局面，平台化、服务化的发展模式逐渐明朗，成为中国物联网产业发展的一大亮点。

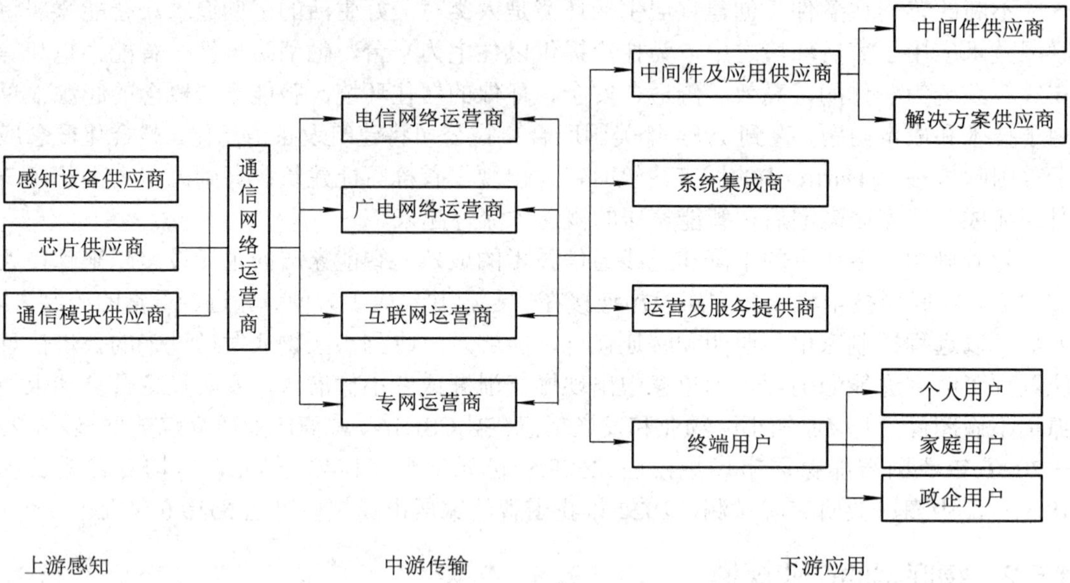

图 1-8　物联网产业链全景图

“十三五”以来，我国物联网市场规模稳步增长，据《2021—2022 中国物联网发展年度报告》显示，2021 年中国物联网市场规模约达到 2.63 万亿元，相关专利累计申请数量突破万件，基本形成覆盖智能感知、信息传输处理、应用服务的完整产业链。国家“十四五”规划和 2035 年远景目标纲要将物联网纳为七大数字经济重点产业，提出推动物联网全面发展，推进基础设施物联网应用与智能化改造，未来物联网市场上涨空间可观。

第二章

智能家居系统中的关键技术

2.1 背景概述

创造健康舒适的家居环境源于人们对幸福生活的追求。近年来经济高速发展，我国人民的生活水平和居住环境有了质的飞跃，生活设施日渐齐全，家居设备种类也愈加丰富。然而，家居能耗过大、安全系数低、家电操作不便等问题在低碳环保理念普及和人们追求高品质生活的今天愈发凸显。基于物联网技术的智能家居系统能够利用传感器、无线通信和智能控制技术为人们提供舒适、便捷、安全、环保的家居生活环境，对于构建环境友好型、资源节约型的和谐社会具有重要意义。

不断改善居住条件、创建宜居生活环境是人们对美好生活的坚韧追求。早在石器时代人类祖先便开始使用石头和泥土堆砌房屋遮风避雨，并用泥土烧制陶器制作各类生活用品；进入农业文明后，人们又发明了砖瓦结构的房屋，并学会制作青铜制品作为家用器皿；工业文明的发展和电气技术的出现带来了诸如微波炉、冰箱、空调等各类家用电器和自动化生活设施。家居设施的更新一直追随着科学技术的发展，永远跟随人类文明的进步。

2.1.1 当前家居环境亟待改善

未来学家沃尔夫曾经说过：“人类在经过农耕、工业、电气化等时代后，将进入关注梦想、精神和生活情趣的新社会。”随着我国经济的持续发展，居民生活水平的不断提高，居民的家居设施有了很大的改善，家庭消费正在由生存型消费向健康型、便利型、享受型消费转变。

居民收入的提升和房地产业的快速发展，使我国居民家庭的人均住房使用面积逐步增加。国家统计局在《中国人口普查年鉴—2020》中披露，2020 年，全国共有家庭户 4.65 亿户，平均每户居住面积达到 111.18 m^2，人均居住面积达到 41.76 m^2。住房条件的改善带动了家居设施的消费，各种高科技电子家居消费品，如数字化大屏幕液晶彩电、大容量冰箱、全自动洗衣机等，正逐步占领家庭消费市场。统计数据表明，数字家电产品在城镇的平均普及率已经超过了 90%。居民住宅已由原来遮风挡雨、吃饭睡觉的生存场所，演变成生活、学习、娱乐甚至居家网上办公的多功能活动场所。

然而，随着环保意识的增强和可持续发展理念的深入，发展“低碳经济”正在成为世界各国迈向生态文明的必由之路。另外，人们对家居环境的追求，也从早期的环境、位置、户型等方面上升到了对整个家居安全、智能、健康、舒适等更高层面，这使得当前家居环境中存在的一些问题逐渐凸显出来。

1．家居能耗过高

根据西门子公司的研究报告，欧美等国家的能源消耗有相当大一部分来自建筑物本身。在英国，高达 6 成以上的 CO_2 排放量来自建筑物的耗电与热排放；即便是在老旧建筑较少的美国，其建筑物能源消耗比例也高达 4 成。这是因为，一方面，人均收入的增加和用户本身的能源使用习惯会导致能耗增加；另一方面，建筑物本身对能源的消耗缺乏有效率的主动管控措施，这也是造成这种结果的因素之一。有关统计数据显示，我国建筑能耗已经占到国家每年总能耗的 30%以上，且每年平均以 1%的速度递增。

2．家庭安防手段落后

家居安全问题主要分为两类，一类是由于意外或疏忽导致的家居设施事故，包括煤气泄漏、水管破裂、火灾等。据智研咨询报道，2021 年共发生居住场所火灾 25.9 万起，造成 1460 人遇难、1172 人受伤，直接财产损失 13.9 亿元。另一类是非法闯入，包括入室抢劫和盗窃等。

传统的家居安防系统通常也会提供一部分火灾报警、燃气泄漏报警等功能，但由于采集的信息有限，误报率较高，而且只能实现就地报警，因此不能实现实时远程报警以减少损失和抢救生命。对于防卫非法闯入，传统的家庭防卫装置，如普通的防盗窗、防盗网等在实际使用中存在很多问题，包括影响城市市容、影响火灾时的逃生以及为犯罪分子提供攀爬条件等。此外，这些简单的防盗系统不能记录犯罪证据以协助公安部门迅速捕捉犯罪嫌疑人。

3．家用电器使用不便

近年来，各种不同用途的电子电气产品陆续进入了普通百姓家，成为人们生活中的日常家居设施。洗衣机、电视机、电冰箱、热水器等在家庭中已日益普及。这些电气或电子产品的开关和运行控制，或依赖于手工机械按键(如照明灯具或微波炉等)，或依赖于独立的无线电遥控器。这些设施虽然给人们的生活带来了方便，但随着家用电器及遥控器的增加，以及对生活舒适度的进一步追求，这种控制方式仍然显得不够便利。

2.1.2　物联网技术与智能家居

20 世纪 80 年代初，随着家用电器进入千家万户，开始出现了住宅电子化的概念。首座举世公认的智能建筑是 1984 年在美国康狄格州由美国联合科技集团建筑完成的 City Place 大楼。20 世纪 80 年代末，随着通信技术的快速发展，在美国出现了利用总线技术对住宅中各种通信设备、家电、安防设备进行监视、控制与管理的商用系统，这就是“智能家居”概念的原型。随后，欧洲发达国家及韩国、日本、新加坡等国家的住宅智能化也得到了飞速的发展。

物联网的发展为早期的智能家居概念注入了新的内涵，作为物联网应用的一个领域，智能家居利用先进的计算机技术、网络通信技术、综合布线技术、智能控制技术将与家居生活有关的各种设施有机地结合在一起。具体来说，就是利用信息传感设备将与家居生活有关的家电、安防和水电气等设施集成，并通过公众通信网络(互联网)互联起来进行监控、管理、信息交换和通信，以构建高效的住宅设施与家居管理系统，提供安全、舒适和环保的居住环境。

智能家居的发展还处于物联网应用的雏形阶段，目前已经出现了部分智能的家居设备，如远程抄表系统、自动窗帘等，实现了初步的家庭自动化，但其离真正的智能家居还有不少距离。建造全球首栋智能家居的比尔·盖茨说，独立的智能家居设备和软件早晚会被取代，未来的智能家居最大的特色是整合：将各种家居设施包括灯光、安防、多媒体、采暖等通过网络和服务整合在一起，这正是物联网技术应用在智能家居中需要解决的问题。

可以大胆畅想一下未来使用物联网技术的智能家居将呈现的面貌。每天回家时，它会打开灯光并将其调到合适亮度，并打开空调。它能自动感知气候变化、主人情绪和喜好，判断人的意图并调整家居设施，以帮助人们提高工作和生活质量。一旦发生非法入侵、失火、水淹等意外情况，它会实时拍照和录像，并在现场鸣笛警告，同时将警告信息发送到主人的电子邮箱或手机上，并报告小区的保安或警察采取必要的措施。

使用物联网技术连接与管理家居设施，在易用性与智能化等方面，对于现有的家居系统有着革命性的意义。具体来说，它包括如下优势：

(1) 高效节能。各种家用电器、照明灯具等能源消耗设施可以在不需要时自动关闭，或以最低能耗运行。

(2) 使用方便。智能家居将所有家居设施通过公众通信网络互联，用户可以通过远程和更加灵活的交互方式控制家居设施的运行，既可以通过广泛普及的移动手机，也可以直接在互联网上操作。

(3) 安全性高。智能家居中的安防系统可以有效防范非法入侵，或在意外事故等紧急情况下报警，而且用户可以随时随地监控家庭安全状况。

我国近年来对于智慧家居设备行业的扶持政策层出不穷，随着物联网技术的发展与5G产业的普及，万物联网智能生态的行业态势蔓延至整个智能家居设备行业。2017年12月，工业和信息化部印发的《促进新一代人工智能产业发展三年行动计划(2018—2020)》中提出，要加大培育智能产品的力度，优先推动智能家居等产品的突破。进入2021年，我国在“十四五”规划纲要中对发展智能家电、智能照明、智能安防等一系列智能家居设备给出了指导性意见。据中商产业研究院预测，2022年我国智能家居市场规模可达6515.6亿元。

2.2　生物识别技术

2.2.1　概述

生物识别技术是通过计算机与光学、声学、生物传感器和生物统计学原理等高科技手段密切结合，利用人体固有的生理特性(如指纹、人脸、虹膜等)和行为特征(如笔迹、声音、步态等)来进行个人身份鉴定的技术。

通过生物特征的比较来识别不同生物个体的方法，从某种意义上说，也是一种自动识别技术，如近年来发展迅猛的语音识别和指纹识别。这种识别技术通常被称为生物计量学(Biometrics)，所研究的生物特征包括人脸、指纹、手掌纹、虹膜、视网膜、语音、体形、个人习惯等，相应的识别技术有人脸识别、指纹识别、虹膜识别、视网膜识别、语音识别、体形识别、签字识别等。

生物识别技术是目前最为方便与安全的识别技术，根据美国咨询机构 Transparency Market Research 的预计，全球生物识别技术市场规模将从 2015 年的 112.4 亿美元，增长至 2020 年的 233 亿美元，复合年均增速为 15.7%。生物识别市场正处在快速增长当中。

全球生物识别市场结构中，指纹识别份额达到 58%，人脸识别份额为 18%，紧随其后的是新兴的虹膜识别(份额为 7%)，此外还有与指纹识别类似的掌纹识别，以及声纹识别和静脉识别等，如图 2-1 所示。

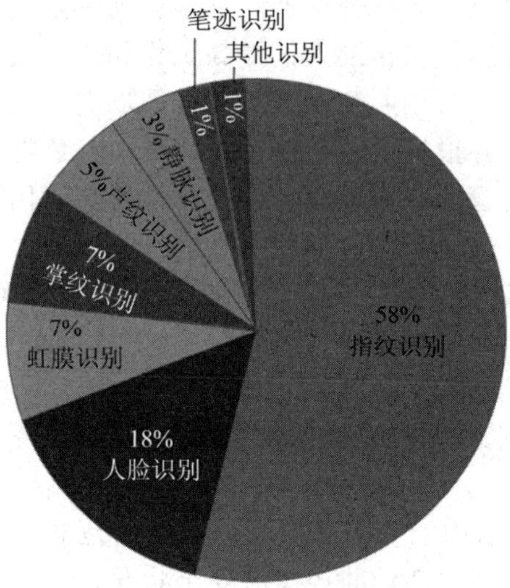

图 2-1　全球生物识别市场结构

2.2.2 人脸识别

人脸与人体的其他生物特征(指纹、虹膜等)一样与生俱来，它的唯一性和不易被复制的良好特性为身份鉴别提供了必要的前提。与其他类型的生物识别比较，人脸识别具有如下特点：

(1) 非强制性。用户不需要专门配合人脸采集设备，采集设备几乎可以在人们无意识的状态下获取人脸图像，这样的取样方式没有“强制性”。

(2) 非接触性。设备不需要和用户直接接触就能获取人脸图像。

(3) 并发性。在实际应用场景下可以进行多个人脸的分拣、判断及识别。

(4) 符合视觉特性。人脸识别“以貌识人”，具有操作简单、结果直观、隐蔽性好等特点。

当下，人脸识别技术已经非常成熟，国内产业链也趋于完善，当下绝大多数的计算机视觉企业在研发人脸识别产品，如旷视科技(Face^{++})、格灵深瞳、商汤科技、中科视拓等。

人脸识别在具备较高便利性的同时，其安全性也相对较弱，识别准确率会受到环境的光线、识别距离等多方面因素影响；另外，当用户通过化妆、整容对面部进行一些改变时，也会影响人脸识别的准确性。这些都是企业亟待突破的技术难题。

2.2.3 指纹识别

指纹是指人的手指末端正面皮肤上凹凸不平的纹线，纹线有规律地排列成不同的形状。由于每个人的指纹不尽相同，即使同一个人的10个手指，其指纹也存在明显的区别，因此可以将指纹作为识别生物的技术之一。随着计算机技术和信息技术的发展，指纹自动识别系统在20世纪60年代就已经开始被美国联邦调查局和法国巴黎警察局用于刑事侦破。如今，指纹识别技术已经更广泛地融入日常生活，很多品牌的笔记本电脑就将指纹识别用于用户登录的身份鉴定。指纹识别系统是一个典型的模式识别系统，包括图像采集、处理、特征提取和特征比较等模块。

我国第二代身份证便实现了指纹采集，且各大智能手机都纷纷实现了指纹解锁功能。与其他生物识别技术相比，指纹识别早已经在消费、电子、安防等产业中广泛应用，通过时间和实践的检验，其技术也在不断革新。

目前国内早已形成了完整的指纹识别产业链，如从事指纹芯片设计的上市企业汇顶科技，以及思立微、费恩格尔、迈瑞微等一众国产指纹识别芯片厂商。

虽然每个人的指纹识别都是独一无二的，但其并不适用于每一个行业、每一个人。例如，长期徒手工作业的人们便会为指纹识别而烦恼，他们的手指若有破损或沾有异物，则指纹识别功能会失效。另外，在严寒区域或者严寒气候下的人们需要长时间戴手套，这也将使得指纹识别变得不那么便利。

2.2.4 虹膜识别

虹膜是位于眼睛的白色巩膜和黑色瞳孔之间的圆环状部分，总体上呈现一种由内向外的放射状结构，由相当复杂的纤维组织构成。虹膜包含非常丰富的纹理信息，包括很多类似于冠状、水晶体、细丝、斑点、凹点、射线、皱纹和条纹等细节特征结构，这些特征由遗传基因决定，在出生之前就已确定下来，并且终生不变。虹膜的高度独特性和稳定性是其用于身份鉴别的基础。在所有生物识别技术中，虹膜识别是当前应用最为方便和精确的。

根据富士通方面的数据，虹膜识别的错误识别可能为1/1 500 000，而苹果 Touch ID 的错误识别可能为1/50 000，虹膜识别的准确率为Touch ID指纹方案的30倍。虹膜识别又属于非接触式的识别，识别非常方便高效。此外，虹膜识别还具有唯一性、稳定性、不可复制性、活体检测等特点，在综合安全性能上占据绝对优势，其安全等级在目前来说是最高的。

目前，虹膜识别凭借其超高的精确性和使用的便捷性，已经广泛应用于金融、医疗、安检、安防、特种行业考勤与门禁、工业控制等领域。国内在虹膜识别领域的代表厂商有中科虹霸、虹星科技、聚虹光电、武汉虹识、释码大华等。

2.2.5 静脉识别

静脉识别系统首先通过静脉识别仪取得个人掌静脉分布图，依据专用比对算法从掌静脉分布图中提取特征值，通过红外线 CCD 摄像头获取手指、手掌、手背静脉的图像，将静脉的数字图像存储在计算机系统中，并存储特征值。

静脉识别具有高度防伪、简便易用、快速识别及高度准确四大特点。最为重要的一点是，静脉识别的特征已被国际公认具有唯一性，且和视网膜相当，在其拒真率(相同结构图，而被算法识别为不同)低于万分之一的情况下，其识假率(不同结构图，而被算法识别为相同)可低于 10 万分之一。

然而，目前静脉识别功能在市场的运用并不高，其同样有着难以规避的缺点：

(1) 手背静脉仍可能随着年龄和生理的变化而发生变化，永久性尚未得到证实。

(2) 仍然存在无法成功注册登记的可能。

(3) 由于采集方式受自身特点的限制，因此产品难以小型化。

(4) 采集设备有特殊要求，设计相对复杂，制造成本高。

当下国内在掌握静脉识别领域知名的企业为智冠股份、通元微智能科技、智脉科技。

2.2.6　声纹识别

与其他生物特征相比，声纹识别的优势在于：

(1) 声纹提取方便，可在不知不觉中完成，因此使用者的接受程度也高。

(2) 语音的获取成本低廉，操作简单，一个麦克风即可，在使用通信设备时更无需额外的录音设备。

(3) 适合远程身份确认，只需要一个麦克风或电话、手机就可以通过网络(通信网络或互联网络)实现远程登录。

(4) 声纹辨认和确认的算法复杂度低。

(5) 配合一些其他措施，如通过语音识别进行内容鉴别等，可以提高准确率。

以上优势使得声纹识别的应用越来越受到系统开发者和用户的青睐。

当然，声纹识别的应用也有一些缺点：

(1) 同一个人的声音具有易变性，易受身体状况、年龄、情绪等的影响。

(2) 不同的麦克风和信道对识别性能有影响。

(3) 环境噪声对识别有干扰。

(4) 混合说话的情形下人的声纹特征不易提取。

所以，声纹识别目前主要还是被用于一些对身份安全性要求并不太高的场景当中，如现在比较热门的智能音箱。目前国内的科大讯飞、思必驰、SpeakIn、云之声都推出了相应的声纹识别技术。

2.2.7　步态识别

步态识别是近年来越来越多的研究者所关注的一种较新的生物认证技术，它是通过人的走路方式来识别人的身份的方法。

步态识别是一种非接触的生物特征识别技术。因为它不需要人的行为配合，所以特别适合于远距离的身份识别。这是任何生物特征识别所无法比拟的，且不容易伪装。步态识别是让犯罪分子防不胜防的追捕手段，它不仅可以分析闭路电视捕捉到的嫌犯的行动情况，还能把它们同嫌犯走路的姿态进行比较。步态识别系统的采集装置简单、经济，只需要一个监控摄像头即可。当前国内步态识别领域较出名的企业为银河水滴。

生物识别技术也将迎来新的变化和需求，生物识别技术与互联网、物联网的交集将成为各行业的着力点。当前单一的生物识别技术各有优缺点，在应用上难免会出现一些问题。所以，在一些安全等级要求较高的应用场景当中，往往会采用两种甚至两种以上的生物识别技术进行验证。随着物联网时代的到来，生物识别将拥有更为广阔的市场前景。

2.3 传感器技术

2.3.1 概述

传感器是一种检测装置，能感受到被测量的信息，并能将检测感受到的信息按一定规律变换成为电信号或其他所需形式的信息输出，以满足信息的传输、处理、存储、显示、记录和控制等要求。它是实现自动检测和自动控制的首要环节。传感器的输出信号多为易于处理的电量，如电压、电流和频率等。

传感器应用领域广泛，覆盖了工业、农业、交通、科技、环保、国防、文教卫生和人民生活等各方面，在国民经济建设各行各业的运行过程中承担着把关者和指导者的任务。传感器由于地位特殊、作用大，对国民经济有巨大倍增和拉动作用，因此有着良好的市场需求和巨大的发展潜力。

2.3.2 传感器的定义

国家标准《传感器通用术语》(GB 7665—2005)对传感器的定义是：能感受被测量并按照一定的规律转换成可用输出信号的器件或装置，通常由敏感元件和转换元件组成。

传感器的定义包含以下几方面的含义：① 传感器是测量装置，能完成检测任务；② 它的输入量是某一被测量，可能是物理量，也可能是化学量或生物量等；③ 它的输出量是某种物理量，这种量要便于传输、转换、处理和显示等，可以是气、光、电量，但主要是电量；④ 输出/输入有对应关系，且应有一定的精确程度。

关于传感器，我国曾出现过多种名称，如发送器、传送器、变送器等，它们的内涵相同或相似，所以近年来已逐渐趋向统一，大都使用“传感器”这一名称。但是，由于行业的习惯问题，有些传感器还是被称为变送器。

综上，传感器从字面上可以做如下解释：传感器的功用是一感二传，即感受被测信息，并传送出去。传感器的组成框图如图 2-2 所示。

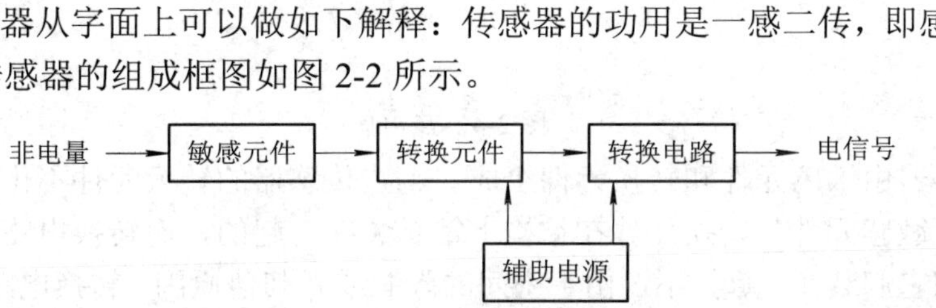

图 2-2 传感器的组成框图

图 2-2 中，敏感元件是在传感器中直接感受被测量的元件，即被测量通过传感器的敏感元件转换成一个与之有确定关系、更易于转换的非电量。这一非电量通过转换元件被转换成电参量。转换电路的作用是将转换元件输出的电参量转换成易于处理的电压、电流或频率量。应该指出，有些传感器已将敏感元件与转换元件合二为一。

图 2-3 是一种气体压力传感器，膜盒 2 的下半部与壳体 1 固接，上半部通连杆与磁心 4 相连，磁心 4 置于两个电感线圈 3 中，后者接入转换电路 5。

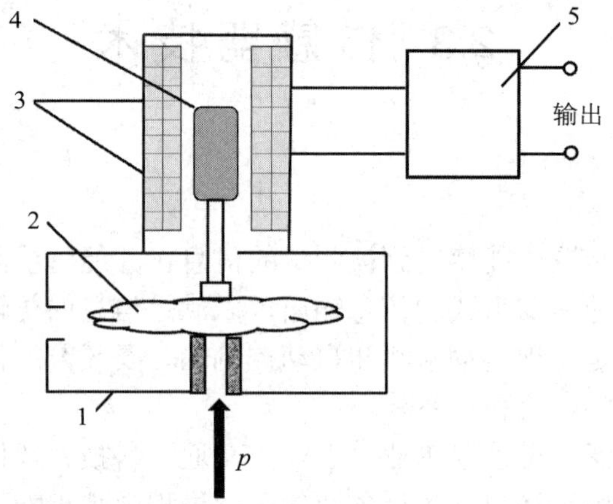

1—壳体；2—膜盒；3—电感线圈；4—磁心；5—转换电路

图 2-3　气体压力传感器

这里的膜盒就是敏感元件，其外部与大气相通，当内部感受被测压力变化时，引起膜盒上半部移动，即输出相应的位移量。敏感元件的输出就是转换元件的输入，转换元件把输入转换成电路参量。在图 2-3 中，转换元件是可变电感线圈 3，它把输入的位移量转换成电感的变化。

实际上，有些传感器很简单，有些则较复杂，大多数是开环系统，也有些是带反馈的闭环系统。最简单的传感器由一个敏感元件(兼转换元件)组成，其在感受被测量时直接输出电量，如热电偶，如图 2-4 所示。

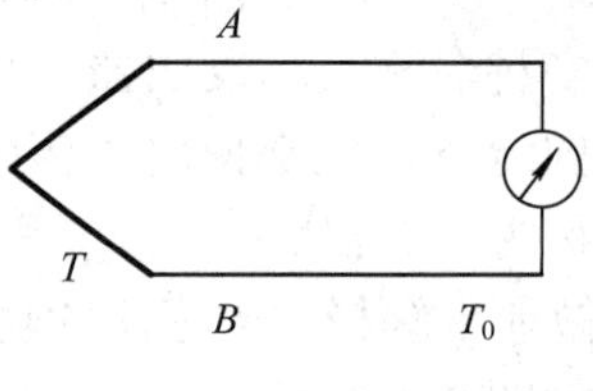

图 2-4　热电偶

有些传感器由敏感元件和转换元件组成。有些传感器的转换元件不止一个，需要经过若干次转换。敏感元件与转换元件在结构上常是装在一起的，而转换电路为了减小外界的影响也希望和它们装在一起，不过由于空间的限制或者其他原因，转换电路常装入电箱中。尽管如此，因为不少传感器要在通过转换电路后才能输出电量信号，从而决定了转换电路是传感器的组成环节之一。

2.3.3 传感器的作用

人们为了从外界获取信息，必须借助于感觉器官。而在研究自然现象、规律以及生产生活中，单靠人们自身的感觉器官就远远不够了。为适应这种情况，就需要使用传感器。因此可以说，传感器是人类五官的延长，又称之为“电五官”。

随着新技术革命的到来，世界开始进入信息时代。在利用信息的过程中，首先要解决的就是如何获取准确可靠的信息，而传感器是获取自然和生产领域中信息的主要途径与手段。

在现代工业生产尤其是自动化生产过程中，要用各种传感器来监视和控制生产过程中的各个参数，使设备工作在正常状态或最佳状态，并使产品达到最好的质量。图 2-5 所示为用于食品包装传输线上的食品到位检测的光电传感器。因此可以说，没有众多的优良的传感器，现代化生产也就失去了基础。

图 2-5 食品包装传输线上的食品到位检测用光电传感器

在基础学科研究中，传感器具有更突出的地位。现代科学技术进入了许多新领域，如在宏观上要观察上千光年的茫茫宇宙，微观上要观察小到纳米量级的粒子世界；纵向上要观察长达数十万年的天体演化，以及短到时间为微秒级的瞬间反应。此外，还出现了对深化物质认识、开拓新能源和新材料等具有重要作用的各种极端技术研究，如超高温、超低温、超高压、超高真空、超强磁场和超弱磁场等。显然，要获取大量人类感官无法直接获取的信息，没有相适应的传感器是不可能的。许多基础科学研究的障碍，首先就在于对象信息的获取存在困难，而一些新机理和高灵敏度的检测传感器的出现，往往会导致该领域内的突破。因此，一些传感器的发展往往是一些边缘学科开发的先驱。

传感器早已渗透到工业生产、宇宙开发、海洋探测、环境保护、资源调查、医学诊断、生物工程甚至文物保护等极其广泛的领域。可以毫不夸张地说，从茫茫的太空到浩瀚的海洋，以至各种复杂的工程系统，几乎每一个现代化项目都离不开各种各样的传感器。图 2-6 所示为遥感卫星 CCD 视觉传感器的外观。

图 2-6　遥感卫星 CCD 视觉传感器的外观

由此可见，传感器技术在发展经济、推动社会进步方面具有十分重要的作用，世界各国都非常重视这一领域的发展。相信不久的将来，传感器技术将会出现一个飞跃，达到与其重要地位相称的新水平。

2.3.4　传感器的分类

根据某种原理设计的传感器可以同时检测多种物理量，而有时一种物理量又可以用几种传感器测量。目前对传感器尚无一个统一的分类方法，其中比较常用的有如下 4 种：

(1) 按传感器的物理量分类，可分为位移、力、速度、温度、湿度、流量和气体成分等传感器。

(2) 按传感器的工作原理分类，可分为电阻、电容、电感、电压、霍尔、光电、光栅和热电偶等传感器。

(3) 按传感器输出信号的性质分类，可分为输出为开关量(“1”和“0”或“开”和“关”)的开关型传感器、模拟型传感器、输出为脉冲或代码的数字型传感器。

(4) 根据传感器的能量转换情况，可分为能量控制型传感器和能量转换型传感器。其中，能量控制型传感器在信息变化过程中，其能量需要由外电源供给，如电阻、电感、电容等电路参量传感器都属于这一类传感器，基于应变电阻效应、磁阻效应、热阻效应、光电效应和霍尔效应等的传感器也属于此类传感器；能量转换型传感器主要由能量变换元件构成，它不需要外电源，如基于压电效应、热电效应、光电动势效应等的传感器都属于此类传感器。

2.3.5　传感器的数学模型与静态特性

传感器检测被测量，应该按照规律输出有用信号，因此需要研究其输出-输入之间的关系及特性。理论上用数学模型来表示输出-输入之间的关系和特性。

传感器可以检测静态量和动态量，输入的信号不同，传感器表现出来的关系和特性也不尽相同。传感器的数学模型分为动态和静态两种，这里介绍静态数学模型。

静态数学模型是指在静态信号作用下，传感器输出量与输入量之间的一种函数关系，表示为

$$y = a_0 + a_1x + a_2x^2 + \cdots + a_nx^n$$

式中：x 为输入量；y 为输出量；a_0 为零输入时的输出，也称零位误差；a_1 为传感器的线性灵敏度，用 K 表示；a_2、…、a_n 为非线性项系数。

根据传感器的数学模型，一般把传感器分为 3 种：

(1) 理想传感器，静态数学模型表示为 $y = a_1x$。

(2) 线性传感器，静态数学模型表示为 $y = a_0 + a_1x$。

(3) 非线性传感器，静态数学模型表示为 $y = a_0 + a_1x + a_2x^2 + \cdots + a_nx^n$($a_2$、…、$a_n$ 中至少有一个不为零)。

传感器的静态特性是指对静态的输入信号，传感器的输出量与输入量之间的关系。因为输入量和输出量都和时间无关，所以它们之间的关系，即传感器的静态特性可用一个不含时间变量的代数方程，或以输入量作横坐标、把与其对应的输出量作纵坐标而画出的特性曲线来描述。表征传感器静态特性的主要参数有灵敏度、线性度、分辨力、迟滞现象等，传感器的参数指标决定了传感器的性能以及选用传感器的原则。

1. 灵敏度

灵敏度是指传感器在稳态工作情况下输出量变化 Δy 与输入量变化 Δx 的比值。它是输出-输入特性曲线的斜率：

$$K = \frac{\mathrm{d}y}{\mathrm{d}x}$$

如果传感器的输出和输入之间为线性关系，则灵敏度 K 是一个常数，即特性曲线的斜率；否则，它将随输入量的变化而变化。

灵敏度的量纲是输出量、输入量的量纲之比。例如，某位移传感器在位移变化 1 mm 时，输出电压变化为 200 mV，则其灵敏度应表示为 200 mV/mm。当传感器的输出量、输入量的量纲相同时，灵敏度可理解为放大倍数。

提高灵敏度，可得到较高的测量精度。但灵敏度越高，测量范围越窄，稳定性也往往越差。

2. 线性度

通常情况下，传感器的实际静态特性输出是一条曲线而非直线。在实际工作中，为使仪表具有均匀刻度的读数，常用一条拟合直线近似地代表实际的特性曲线，线性度(非线性误差)就是该近似程度的一个性能指标。拟合直线的选取有多种方法，如将零输入和满量程输出点相连的理论直线作为拟合直线，或将与特性曲线上各点偏差的平方和为最小的理论直线作为拟合直线，此拟合直线称为最小二乘法拟合直线。

传感器校准曲线与拟合直线间的最大偏差($\varDelta_{\max}$)与满量程输出(Y_{m})的百分比称为线性度(又称为非线性误差)，该值越小，表明线性特性越好。其表示公式如下：

$$E = \frac{\varDelta_{\max}}{Y_{\mathrm{m}}} \times 100\%$$

式中：$\varDelta_{\max}$ 为实际曲线和拟合直线之间的最大差值；Y_{m} 为量程。

3. 分辨力

分辨力是指传感器可能感受到的被测量的最小变化的能力。也就是说，如果输入量从某一非零值缓慢地变化，当输入变化值未超过某一数值时，传感器的输出不会发生变化，即传感器对此输入量的变化是分辨不出来的；只有当输入量的变化超过最小变化时，其输出才会发生变化。

通常传感器在满量程范围内各点的分辨力并不相同，因此常用满量程中能使输出量产生阶跃变化的输入量中的最大变化值作为衡量传感器分辨力的指标。上述指标若用满量程的百分比表示，则称为分辨力。

4．重复性

重复性是指传感器在输入量按同一方向做全量程多次测试时，所得特性曲线不一致的程度。

5．迟滞现象

迟滞现象是指传感器正向行程(输入量增大)和反向行程(输入量减小)期间，特性曲线不一致的程度。

6．稳定性与漂移

传感器的稳定性有长期和短期之分。稳定性一般指一段时间以后，传感器的输出和初始设定时的输出之间的差值。通常用不稳定度来表征其输出稳定的程度。

传感器的漂移是指在外界干扰下，输出量出现与输入量无关的变化。漂移有很多种，如时间漂移和温度漂移等。时间漂移指在规定的条件下，零点或灵敏度随时间发生变化；温度漂移指由环境温度变化而引起的零点或灵数度的变化。

2.3.6 温度传感器

常用的各种材料和元器件的性能大都会随着温度的变化而变化，具有一定的温度效应。其中，一些稳定性好、温度灵敏度高、能批量生产的材料就可以作为温度传感器。

温度传感器的分类方法有很多，按照用途可分为基准温度计和工业温度计，按照测量方法可分为接触式和非接触式，按工作原理可分为膨胀式、电阻式、热电式、辐射式等，按输出方式可分为自发电型、非电测型等。总之，温度测量的方法有很多，而且直到今天，人们仍在不断地研究性能更好的温度传感器。用户可以根据成本精度、测温范围及被测对象的不同选择不同的温度传感器。表 2-1 列出了一些常用温度传感器。

表 2-1　常用温度传感器

所利用的物理现象	传感器类型	测温范围/℃	特　点
体积热膨胀	气体温度计	−250～1000	不需要电源，耐用；但感温部位体积较大
	液体压力温度计	−200～350	
	玻璃水银温度计	−50～350	
	双金属片温度计	−50～350	
接触热电势	钨铼热电偶	1000～2100	自发电型，标准化程度高，品种多，可根据需要选择；须注意冷端温度补偿
	铂铑热电偶	200～1800	
	其他热电偶	−200～1200	

续表

所利用的物理现象	传感器类型	测温范围/℃	特　点
电阻的变化	铂热电阻	−200～900	标准化程度高，但需要接入桥路才能得到电压输出
	热敏电阻	−50～300	
PN 结结电压	硅半导体二极管(半导体集成电路温度传感器)	−50～150	体积小，线性好；但测温范围小
温度-颜色	示温涂料	−50～1300	面积大，可得到温度图像；但易衰老，精度低
	液晶	0～100	
光辐射热辐射	红外辐射温度计	−50～1500	非接触式测量，反应快；但易受环境及被测体表面状态的影响，标定困难
	光学高温温度计	500～3000	
	热释电温度计	0～1000	
	光子探测器	0～3500	

一般把由金属导体(如铂、铜、银等)制成的测温元件称为热电阻，把由半导体材料制成的测温元件称为热敏电阻。

热敏电阻是利用半导体材料电阻率随温度变化而变化的性质制成的，按其温度特性可分成 3 类，适用于不同的使用场合。电阻值随温度升高而升高的热敏电阻称为正温度系数热敏电阻(Positive Temperature Coefficient，PTC)；电阻值随温度升高而降低的热敏电阻称为负温度系数热敏电阻(Negative Temperature Coefficient，NTC)；具有正或负温度系数特性，但在某一温度范围内电阻值发生巨大变化的热敏电阻称为突变型温度系数热敏电阻(Critical Temperature Resistor，CTR)。3 类热敏电阻的温度特性曲线如图 2-7 所示。

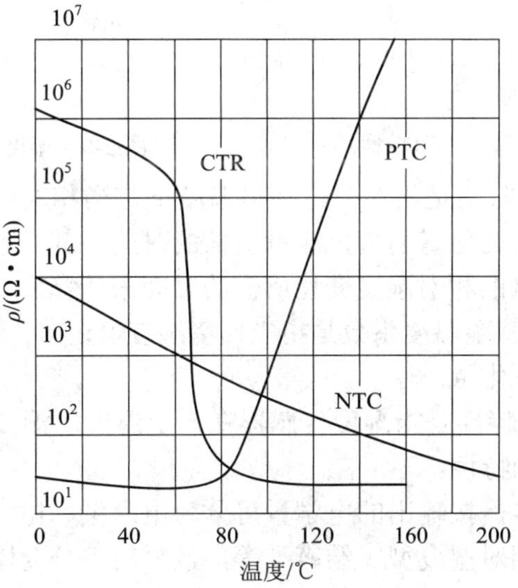

图 2-7　3 类热敏电阻的温度特性曲线

2.3.7 湿度传感器

湿敏元件是指对环境湿度具有响应或将湿度转换成相应可测信号的元件。湿度传感器即由湿敏元件及转换电路组成，具有把环境湿度转变为电信号的能力。湿度传感器的主要特性有以下几点：

(1) 感湿特性。感湿特性为湿度传感器的特征量(如电阻、电容、频率等)随环境湿度变化的规律，常用感湿特征量和相对湿度的关系曲线来表示(图 2-8)。

(2) 湿度量程。湿度量程表示湿度传感器技术规范规定的感湿范围。全量程相对湿度为 0～100%。

(3) 灵敏度。灵敏度表示湿度传感器的感湿特征量(如电阻、电容等)随环境湿度变化的程度，也是湿度传感器感湿特性曲线的斜率。由于大多数湿度传感器的感湿特性曲线是非线性的，因此常用不同环境下的感湿特征量之比来表示其灵敏度的大小。

(4) 湿滞特性。湿度传感器在吸湿过程和脱湿过程中吸湿与脱湿曲线不重合，而是形成一个环形回线，这一特性就是湿滞特性(图 2-9)。

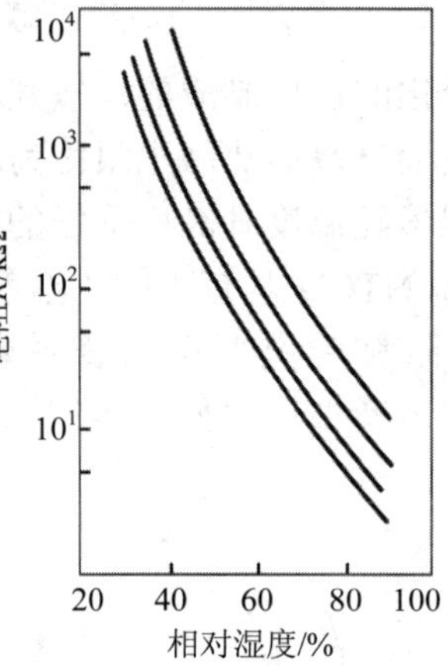

图 2-8 湿度传感器的感湿特性

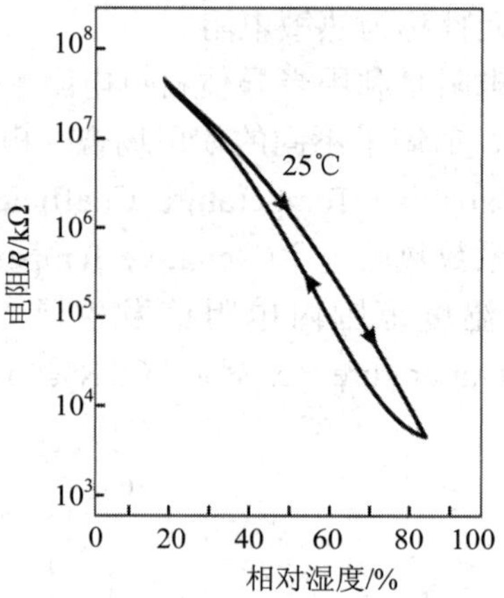

图 2-9 湿度传感器的湿滞特性

(5) 响应时间。响应时间是指在一定环境温度下，当相对湿度发生跃变时，湿度传感器的感湿特征量达到稳定变化量的规定比例所需的时间。其一般以相应的起始湿度和终止湿度这一变化区间的 90%的相对湿度变化所需的时间来计算。

(6) 感湿温度系数。感湿温度系数是指当环境湿度恒定时，温度每变化 1℃所引起的湿度传感器感湿特征量的变化量。

(7) 老化特性。老化特性是指湿度传感器在一定温度、湿度气氛下存放一定时间后，其感湿特性将发生变化的特性。

湿度传感器种类繁多，按输出的电学量可分为电阻型、电容型、频率型等，按探测功能可分为绝对湿度型、相对湿度型、结露型等，按材料可分为陶瓷型、有机高分子型、半导体型、电解质型等。

这里主要介绍应用最广泛的陶瓷型湿度传感器。陶瓷型湿度传感器利用其表面多孔性吸湿进行导电，从而改变元件的阻值。这种湿敏元件随外界湿度变化而使电阻值变化的特性便是制造湿度传感器的依据。陶瓷型湿度传感器较成熟的产品有 $MgCr_2O_4$-TiO_2 系、ZnO-Cr_2O_3 系、ZrO_2 系厚膜型、Al_2O_3 薄膜型、TiO_2-V_2O_5 薄膜型等，下面仅介绍 $MgCr_2O_4$-TiO_2 系和 ZrO_2 系两种。

1. $MgCr_2O_4$-TiO_2 系湿度传感器

$MgCr_2O_4$-TiO_2 系湿度传感器是一种典型的多孔陶瓷湿度测量器件。它具有灵敏度高、响应特性好、测湿范围宽和高温清洗后性能稳定等优点，目前已商品化，并得到广泛应用。$MgCr_2O_4$-TiO_2 系湿度传感器的结构如图 2-10 所示。

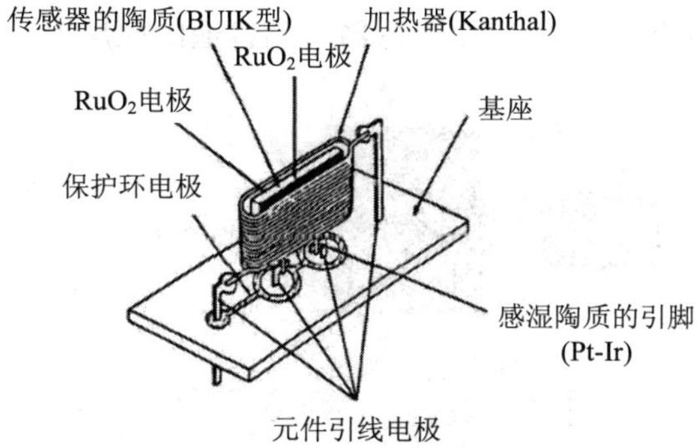

图 2-10　$MgCr_2O_4$-TiO_2 系湿度传感器的结构

$MgCr_2O_4$-TiO_2 系湿度传感器是以 $MgCr_2O_4$ 为基础材料，加入一定比例的 TiO_2 (20～35 mol/L)制成的。感湿材料被压制成 4 mm × 4 mm × 0.5 mm 的薄片，在 1300℃左右烧制；在感湿片两面涂布氧化钌(RuO_2)多孔电极，并于 800℃下烧结。在感湿片外附设有加热清洗线圈，此清洗线圈主要是通过加热排除附着在感湿片上的有害气氛及油雾、灰尘，恢复对水汽的吸附能力。

2. ZrO_2 系厚膜型湿度传感器

由于烧结法制成的体型陶瓷湿度传感器结构复杂，工艺上一致性差，特性分散，因此近年来国外开发了厚膜陶瓷型湿度传感器，这不仅降低了成本，也提高了传感器的一致性。

ZrO_2 系厚膜型湿度传感器的感湿层用一种多孔 ZrO_2 系厚膜材料制成，它可用碱金属调节阻值的大小并提高其长期稳定性。其结构如图 2-11 所示。

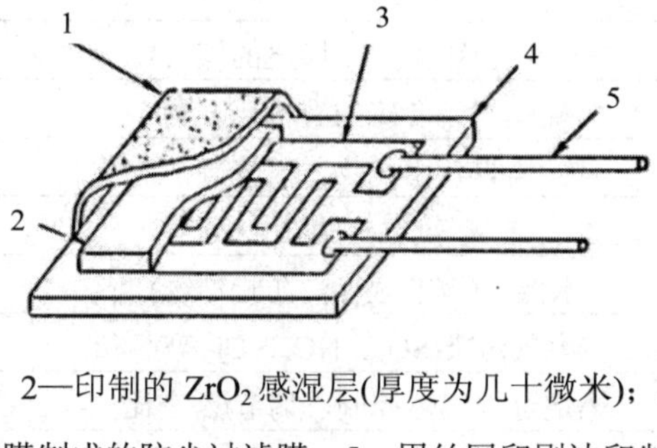

1—电极引线；2—印制的 ZrO_2 感湿层(厚度为几十微米)；3—瓷衬底；

4—由多孔高分子膜制成的防尘过滤膜；5—用丝网印刷法印制的 Au 梳状电极

图 2-11　ZrO_2 系湿度传感器的结构

2.3.8 气体传感器

气体传感器是一种把气体(多数为空气)中的特定成分检测出来，并将其转换为电信号的器件，以便提供有关待测气体的存在及浓度大小的信息。

气体传感器最早用于可燃性气体及瓦斯泄漏报警，用于防灾，保证生产安全，之后逐渐推广应用，用于有毒气体的检测(图 2-12)、容器或管道的检漏、环境监测(防止公害)、锅炉及汽车的燃烧检测与控制(可以节省燃料，并且可以减少有害气体的排放)、工业过程的检测与自动控制(测量分析生产过程中某一种气体的含量或浓度)。近年来，在医疗、空气净化、家用燃气灶和热水器等方面气体传感器得到普遍的应用。

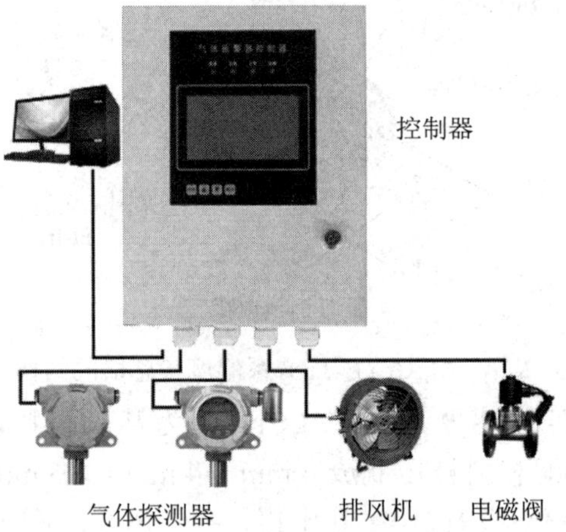

图 2-12　有毒气体报警系统

表 2-2 为气体传感器的主要检测对象及应用场所。

表 2-2　气体传感器的主要检测对象及应用场所

分　类	检 测 对 象	应 用 场 所
易燃易爆气体	液化石油气、焦炉煤气、发生炉煤气、天然气	家庭
	甲烷	煤矿
	氢气	冶金、实验室
有毒气体	一氧化碳(不完全燃烧的煤气)	煤气灶等
	硫化氢、含硫的有机化合物	石油工业、制药厂
	卤素、卤化物、氨气等	冶炼厂、化肥厂
环境气体	氧气(缺氧)	地下工程、家庭
	水蒸气(调节湿度，防止结露)	电子设备、汽车、温室
	大气污染(SO_x、NO_x、Cl_2 等)	工业区
工业气体	燃烧过程气体控制，调节燃/空比	内燃机、锅炉
	一氧化碳(防止不完全燃烧)	内燃机、冶炼厂
	水蒸气(食品加工)	电子灶
其他灾害	烟雾、司机呼出酒精	火灾预报、事故预报

气体传感器的性能必须满足下列条件：

(1) 能够检测易爆气体的允许浓度、有害气体的允许浓度和其他基准设定浓度，并能及时给出报警、显示与控制信号；

(2) 对被测气体以外的共存气体或物质不敏感；

(3) 性能长期稳定性、重复性好；

(4) 动态特性好、响应迅速；

(5) 使用、维护方便，价格便宜等。

气体传感器种类较多，主要分为以下几种。

1. 半导体型气体传感器

半导体型气体传感器是利用半导体气敏器件同气体接触造成半导体性质变化来检测气体的成分或浓度的气体传感器。半导体型气体传感器大体可分为电阻式和非电阻式两大类，如表 2-3 所示。电阻式半导体型气体传感器用氧化锡、氧化锌等金属氧化物材料制作敏感元件，利用其阻值的变化来检测气体的浓度。

表 2-3　半导体型气体传感器的分类

类型	主要的物理特性	传感器举例	工作温度	代表性被测气体
电阻式	表面控制型	氧化锡、氧化锌	室温至 450℃	可燃性气体
	体控制型	LaI_x-Sr_xCoO_3、FeO 氧化钛、氧化钴、氧化镁、氧化锡	300～450℃ 700℃以上	酒精、可燃性气体、氧气
非电阻式	表面点位	氧化银	室温	乙醇
	二极管整流特性	铂/硫化镉、铂/氧化钛	室温至 200℃	氢气、一氧化碳、酒精
	晶体管特性	铂栅 MOS 场效应晶体管	150℃	氨气、硫化氢

1) 表面控制型气体传感器

这类器件的表面电阻变化取决于表面原来吸附气体与半导体材料之间的电子交换。器件一般工作在空气中，空气中的 O_2 接受来自半导体材料的电子而吸附负电荷，其结果表现为 N 型半导体材料的表面空间电荷区域的传导电子减少，使表面电导率减少，从而使器件处于高阻状态。一旦器件与被测体接触，就会与吸附的氧起反应，将被氧束缚的电子释放出来，使敏感膜表面电导增加，使器件电阻减少。这种类型的传感器多数以可燃性气体为检测对象，但如果吸附能力强，即使是非可燃性气体也能作为检测对象。

这类器件具有检测灵敏度高、响应速度快、实用价值大等优点，目前常用的材料为氧化锡和氧化锌等较难还原的氧化物，也有研究用有机半导体材料的。这类传感器中一般均有少量贵金属(如 Pt 等)作为激活剂。这类器件目前已商品化的有 SnO_2、ZnO 等气体传感器。

2) 体控制型气体传感器

体控制型气体传感器是利用体电阻的变化来检测气体的半导体器件。很多氧化物半导体会出现化学计量比偏离的情况，即组成原子数偏离整数比的情况，如 $Fe_{1-x}O$、$Cu_{2-x}O$ 等，或 SnO_{2-x}、ZnO_{1-x}、TiO_{2-x} 等。前者为缺金属型氧化物，后者为缺氧型氧化物，统称为非化学计量化合物，它们是不同价态金属的氧化物构成的固溶体，其中 x 值由温度和气相氧分压决定。由于氧的进出使晶体中的晶格缺陷(结构组成)发生变化，因此电导率随之发生变化。缺金属型氧化物为生成阳离子空位的 P 型半导体，氧分压越高，电导率越大；与此相反，缺氧型氧化物为生成晶格间隙阳离子或生成氧离子缺位的 N 型半导体，氧分压越高，电导率越小。

这类器件因需与外界氧分压保持平衡，或受还原性气氛的还原作用，致使晶体中的结构缺陷发生变化，随之体电阻变化。这种变化也是可逆的，当待测气体脱离后气敏器件又恢复原状。这类传感器以 a-Fe_2O、γ-Fe_2O_3、TiO_2 传感器为代表。其检测对象主要有液化石油气(主要是丙烷)、煤气(主要是 CO、H_2)和天然气(主要是甲烷)。

上述两种电阻式半导体型气体传感器的优点是价格便宜、使用方便，对气体浓度变化响应快、灵敏度高；其缺点是稳定性差、老化快，对气体识别能力不强，特性的分散性大等。为了解决这些问题，目前正从提高识别能力、提高稳定性、开发新材料、改进工艺及器件结构等方面对其进行研究。

3) 非电阻式气体传感器

这类传感器目前尚无商品，仅从这方面也可看出科技人员正为发展气体传感器所做的努力。目前这类传感器的成果主要有二极管、FET 及电容型几种。

二极管型气体传感器是利用一些气体被金属与半导体的界面吸收，对半导体禁带宽度或金属的功函数的影响，而使二极管整流特性发生性质变化而制成的，如 Pd/Ti、Pd/ZnO 等二极管可用于对 H_2 的检测。

FET 型气体传感器是将金属-氧化物半导体场效应晶体管(MOSFET)或金属-半导体场效应晶体管(MESFET)中的金属栅采用 Pd 等金属膜，根据栅压阈值的变化来检测未知气体。初期的 FET 型气体传感器以检测 H_2 为主，近年来已制成 H_2S、NH_3、CO、乙醇等 FET 型气体传感器，最近又发展了 ZrO_2、LaF 固体电解质膜及锑酸质子导电体厚膜型的 FET 气体传感器。

人们发现，随 CO_2 浓度变化 CaO-$BaTiO_3$ 等复合氧化物的静电容量有很大变化。当该复合氧化物加热到 419℃时，可测定 CO_2 的浓度范围(0.05%～2%)。其优点是选择性好，很少受 CO、CH_4、H_2 等气体干扰，不受湿度干扰，有良好的前景。

2. 固体电解质式气体传感器

这类传感器内部不是依赖电子传导，而是靠阴离子或阳离子进行传导，因此把利用这种传导性能好的材料制成的传感器称为固体电解质式气体传感器。

3. 接触燃烧式气体传感器

一般将在空气中达到一定浓度、触及火种可引起燃烧的气体称为可燃性气体，如甲烷、乙炔、甲醇、乙醇、乙醚、CO 和 H_2 等均为可燃性气体。

接触燃烧式气体传感器将白金等金属线圈埋设在氧化催化剂中，使用时对金属线圈通以电流，使之保持在 300～600℃的高温状态，同时将气体传感器接入电桥电路中的一个桥臂，调节桥路使其平衡。一旦有可燃性气体与传感器表面接触，燃烧热进一步使金属丝升温，造成元件阻值增大，从而破坏电桥的平衡。气体传感器输出的不平衡电流或电压与可燃烧气体浓度成比例，检测出这种电流或电压就可测得可燃性气体的浓度。

接触燃烧式气体传感器敏感元件的结构主要有烧结型、厚膜型、薄膜型和旁热式，如图 2-13 所示。

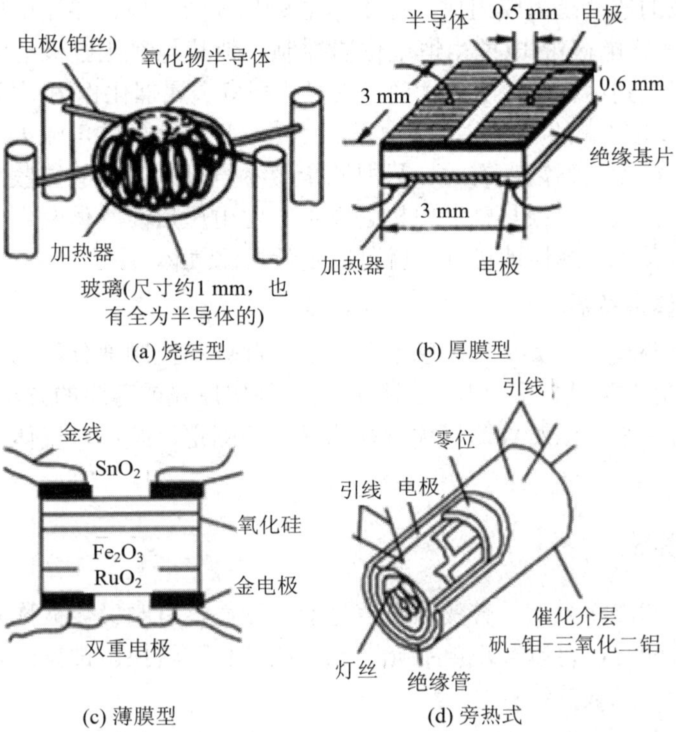

图 2-13　接触燃烧式气体传感器敏感元件的结构

4．电化学式气体传感器

电化学式气体传感器包括离子电极型气体传感器、伽伐尼电池型气体传感器、定位电解法气体传感器等类型。

1) 离子电极型气体传感器

这种传感器由电解液、固定参照电极和 pH 电极组成，通过透气膜使被测气体和外界达到平衡，在电解液中达到如下化学平衡(以被测气体 CO_2 为例)：

$$CO_2 + H_2O = H^+ + HCO_3^-$$

根据质量作用法则，HCO_3^- 的浓度一定与设定范围内的 H^+ 浓度和 CO_2 分压成比例，根据 pH 就能知道 CO_2 的浓度。适当地组合电解液和电极可以检测多种气体，如 NH_3、SO_2、NO_2(pH 电极)、HCN(Ag 电极)、卤素(卤化物电极)等传感器已实用化。

2) 伽伐尼电池型气体传感器

这种传感器中，由隔离膜、铅电极(阳)、电解液、白金电极(阴)组成一个伽伐尼电池，当被测气体通过聚四氟乙烯隔膜扩散到达负极表面时，即可发生还原反应，在白金电极上被还原成 OH^-，阳极上铅被氧化成氢氧化铅，溶液中产生电流。这时流过外电路的电流和透过聚四氟乙烯隔膜的氧的速度成比例，阴极上氧分压几乎为零，氧透过的速度和外部的氧分压成比例。

3) 定位电解法气体传感器

这种传感器又称控制电位电解法气体传感器，其由工作电极、辅助电极、参比电极以及聚四氟乙烯制成的透气隔离膜组成。在工作电极与辅助电极、参比电极间充以电解液，传感器工作电极(敏感电极)的电位由恒电位器控制，使其与参比电极电位保持恒定，待测气体分子通过透气膜到达敏感电极表面时，在多孔型贵金属催化作用下发生电化学反应(氧化反应)，同时辅助电极上的氧气发生还原反应。这种反应产生的电流大小受扩散过程的控制，而扩散过程与待测气体浓度有关，只要测量敏感电极上产生的扩散电流，就可以确定待测气体的浓度。在敏感电极与辅助电极之间加一定电压后，气体发生电解，如果改变所加电压，氧化还原反应选择性地进行，就可以定量检测气体。

5．集成型气体传感器

这种传感器有两类：一类是把敏感部分、加热部分和控制部分集成在同一基底上，以提高器件的性能；另一类是把多个具有选择性的元件用厚膜或薄膜的方法制在一个衬底上，用微机处理和信号识别方法对被测气体进行选择性的测定，既可对气体进行识别，又可提高检测灵敏度。

2.3.9 光电传感器

光敏元器件是指能将光信号转变为电信号的元器件，有时又会被称为光电传感器。光敏元器件与发光管配合，可以实现电→光、光→电的相互转换。常见的光敏元器件有光敏电阻、光敏二极管、光敏晶体管等。

1．光敏电阻

光敏电阻是在陶瓷基片上沉积一层光敏半导体，再接上两根引线做电极制成的。常用的碳膜电阻和金属膜电阻受到光照射后阻值不会发生变化；而光敏电阻的阻值对光的变化非常敏感，原因在于光敏电阻的材料和结构。它的外壳上有玻璃窗口或透镜，使光线能够入射到光敏半导体薄层上，随着入射光的增强或减弱，半导体的特征激发强度也不一样，使半导体内部的载流子数量发生变化，从而使光敏电阻的阻值跟着改变。常见的光敏电阻有紫外光敏电阻、可见光敏电阻、红外光敏电阻几种，其对应的波长不同，使用时不能混淆。光敏电阻的外形及电路符号如图 2-14 所示。

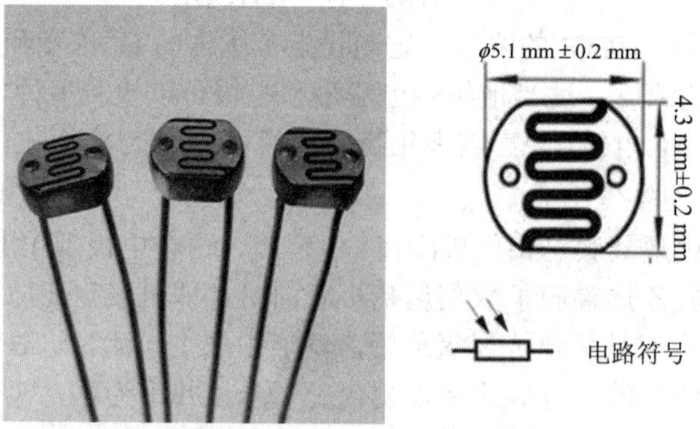

图 2-14　光敏电阻的外形及电路符号

光敏电阻的主要参数如下：

(1) 暗电阻(R_D)：光敏电阻在无光照射时的电阻值。

(2) 亮电阻(R_L)：光敏电阻在受到光照射时所具有的阻值。

(3) 峰值波长：光敏特性响应最佳时所对应的波长。

2．光敏二极管

光敏二极管是由一 PN 结构成的半导体器件。光敏二极管不用作整流器件，而是通过它把光信号转换为电信号，即它是一种光电转换器件。如图 2-15 所示，光敏二极管的两引脚有正、负极之分：靠近管键和色点的是正极，另一引脚为负极；较长的一脚为正极，较短的一脚为负极。

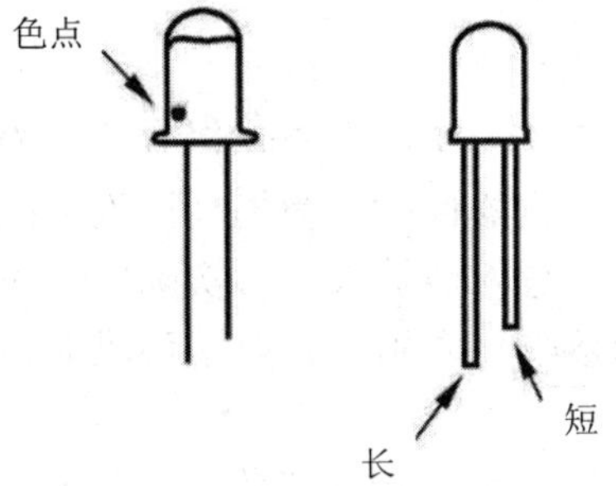

图 2-15　光敏二极管的结构与外形

光敏二极管是在反向电压下工作的，在黑暗状态下，由于本征激发微弱，因此反向电流(此时电流称为暗电流)很小。当有光照时，随着本征激发的增强，少数载流子浓度增加，使得反向电流迅速增大到几十微安，此时的电流称为光电流。光照的强弱变化引起了光敏二极管光电流大小的变化，这样就可以很容易地实现光/电信号的转换。在入射光照强度一定时，光敏二极管的反向电流为恒值，与所加反向电压大小基本无关。

光敏二极管的检测方法如下：

(1) 用万用表 $R \times 100\ \Omega$ 或 $R \times 1\ \text{k}\Omega$ 挡，与测普通二极管一样，其正向电阻应为 $10\ \text{k}\Omega$ 左右。

(2) 对调两表笔，使光敏二极管工作在反向状态。用一物体遮住光敏二极管的透明窗口，测得的电阻值应接近无穷大。

(3) 去掉遮光物，表笔指针应向右偏转至几千欧处，光线越强，电阻值越小。若测得的正反向电阻都是无穷大或零，说明光电二极管已损坏。

3．光敏晶体管

光敏二极管能实现光电转换，但灵敏度低，而使用光敏晶体管就可以大大提高光电转换的灵敏度。光敏晶体管为 NPN 型结构，基极即为光射窗口，因此大多数光敏晶体管只有集电极和发射极两个引脚，也有基极有引出脚的，作为温度补偿用，不用时剪去。光敏晶体管的电路符号与外观如图 2-16 所示，靠近色点标志的是发射极，较远的是集电极，引线较长的是基极。

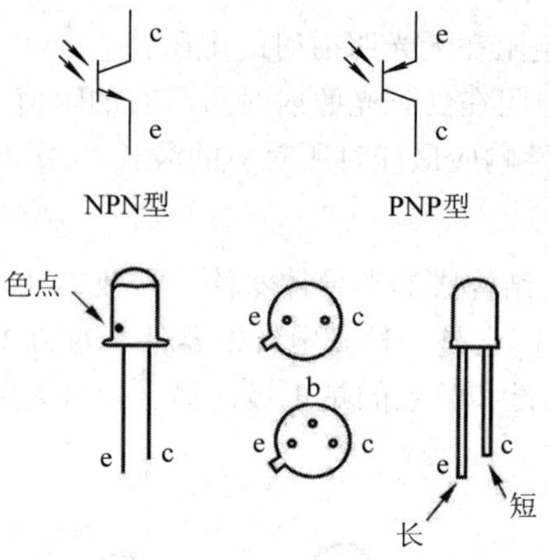

图 2-16　光敏晶体管的电路符号与外观

实际应用光敏晶体管作为接收器件时，为提高接收灵敏度，可给其一个适当的偏置电流，即施加一个附加光照，使其进入浅放大区。实际安装时发光二极管不要挡住晶体管的受光面，以免影响遥控信号的接收。采用这种办法可以非常有效地提高接收灵敏度，增大遥控距离。

光敏晶体管的检测如图 2-17 所示，用遮光物遮住光敏晶体管的窗口，没有光照，光敏晶体管没有电流，测得的阻值应为无穷大；去掉遮光物，使光敏晶体管的窗口朝向光源，晶体管导通，万用表的指针向右偏转至 1 kΩ 左右，指针偏转角的大小反映了光敏晶体管的灵敏度。

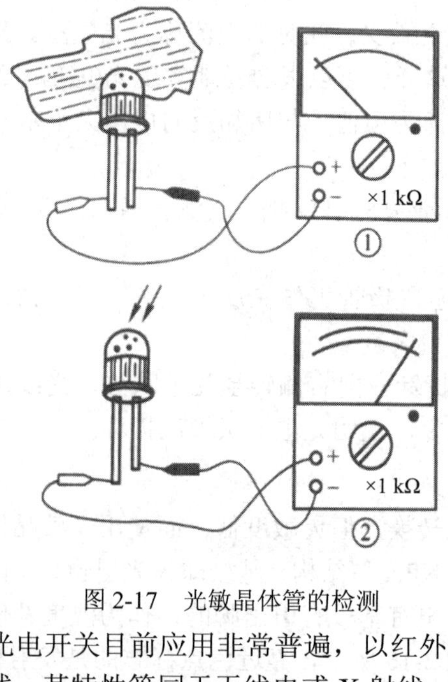

图 2-17　光敏晶体管的检测

由光敏晶体管做成的光电开关目前应用非常普遍，以红外线光电开关为例，其所发射的红外线属于一种电磁射线，其特性等同于无线电或 X 射线。人眼可见的光波长是 380～

780 nm，发射波长为 780 nm～1 mm 的长射线称为红外线，一般红外线光电开关优先使用的是接近可见光波长的近红外线。图 2-18 所示为各种不同频率与波长的电磁射线。

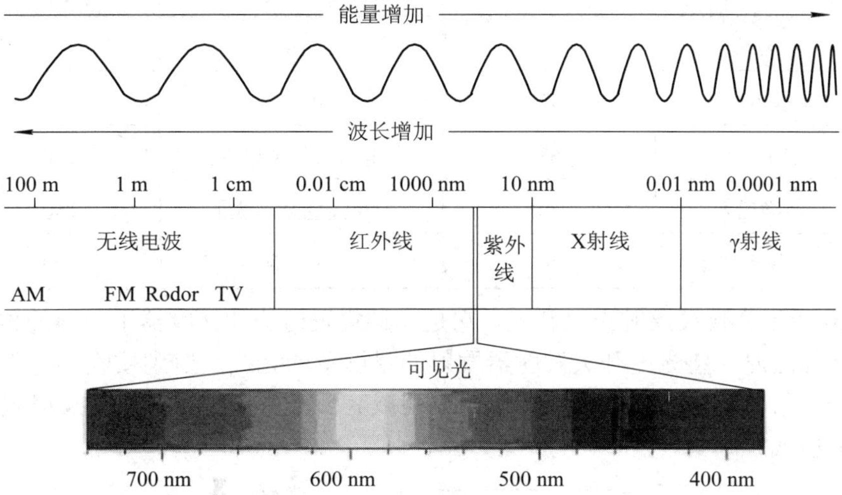

图 2-18　电磁射线

图 2-19 为光电开关的工作原理，由光电开关内部振荡回路产生的调制脉冲先经反射电路后，由发射管辐射出光脉冲；当被测物体进入受光器作用范围时，被反射回来的光脉冲进入光敏晶体管，并在接收电路中将光脉冲解调为电脉冲信号，再经放大器放大和同步选通整形，然后用数字积分或 *RC* 积分方式排除干扰，最后经延时(或不延时)触发驱动器输出光电开关控制信号。

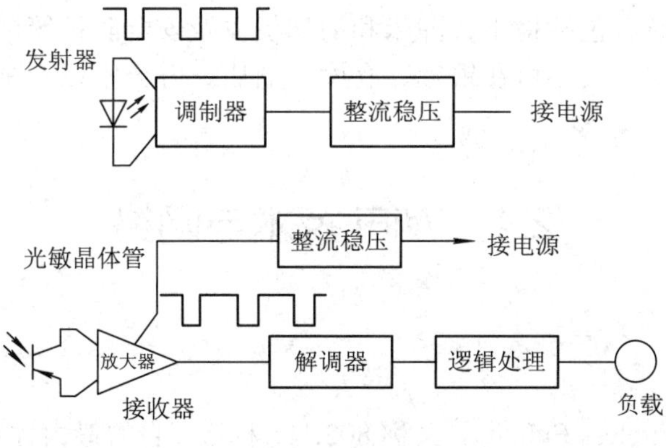

图 2-19　光电开关的工作原理

常用光电开关的种类是按检测方式来划分的，其可分为反射式、对射式和面反射式等几种类型。对射式光电开关检测距离远，可检测半透明物体的密度(透光度)；反射式光电开关的工作距离被限定在光束的交点附近，以避免背景影响。镜面反射式光电开关的反射距离较远，适宜作远距离检测，也可检测透明或半透明物体，其具体反射率如表 2-4 所示。

表 2-4 镜面反射式光电开关的具体反射率

材料	反射率/%	材料	反射率/%
白画纸	90	不透明黑色塑料	14
报纸	55	黑色橡胶	4
餐巾纸	47	黑色布料	3
包装箱硬纸板	68	未抛光白色金属表面	130
洁净松木	70	光泽浅色金属表面	150
干净粗木板	20	不锈钢	200

图 2-20 所示为直接反射光电开关，它是一种集发射器和接收器于一体的传感器，当有被检测物体经过时，将光电开关发射器发射的足够量的光线反射到接收器，于是光电开关就产生了开关信号。当被检测物体的表面光亮或其反光率极高时，直接反射式光电开关是首选的检测模式。

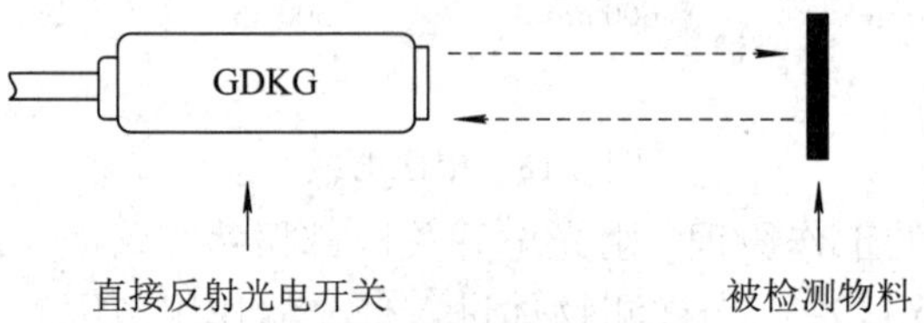

图 2-20 直接反射光电开关

由于光电开关输出回路和输入回路是电隔离的(电绝缘)，因此它可以在许多场合得到应用，如物位检测、液位控制、产品计数、宽度判别、速度检测、定长剪切、孔洞识别、信号延时、自动门传感、色标检出、冲床和剪切机以及安全防护等诸多领域。此外，利用红外线的隐蔽性，光电开关还可在银行、仓库、商店、办公室以及其他需要的场合作为防盗警戒之用。

2.4 WiFi 技术与网络

2.4.1 概述

WiFi 的全称是 Wireless Fidelity，又称 802.11b 标准。它的最大优点就是传输速度较高，可以达到 11 Mb/s。另外，WiFi 的有效距离也很长，同时可与已有的各种 802.11 DSSS 设备兼容。

WiFi 是一种可以将个人计算机、手持设备(如 PAD、手机)等终端以无线方式互相连接的技术。无线保真是一个无线网络通信技术的品牌，由 WiFi 联盟所持有，目的是改善基于 IEEE 802.11 标准的无线网络产品之间的互通性。有人把使用 IEEE 802.11 系列协议的局域网(Local Area Network，LAN)就称为无线保真，甚至把无线保真等同于无线网际网络(WiFi

是 WLAN 的重要组成部分)。

无线网络在无线局域网的范畴是指“无线相容性认证”，实质上是一种商业认证，同时也是一种无线联网技术，以前通过网线连接计算机，而无线保真则是通过无线电波联网。其常见的应用如无线路由器，在无线路由器的电波覆盖的有效范围内都可以采用无线保真连接方式进行联网。如果无线路由器连接了一条 ADSL(Asymmetric Digital Subscriber Line，非对称数字用户环路)线路或者其他上网线路，则其又被称为热点。

2.4.2　WiFi 协议的基本内容

WiFi 第一个版本发表于 1997 年，其中定义了介质访问控制(Media Access Control，MAC)层和物理层。物理层定义了工作在 2.4 GHz 的 ISM(Industrial Scientific Medical，工业、科学和医学)频段上的两种无线调频方式和一种红外传输方式，总数据传输速率设计为 2 Mb/s。两个设备之间的通信可以自由直接的方式进行，也可以在基站(Base Station，B)或者访问点(Access Point，AP)的协调下进行。

1999 年 WiFi 加上了两个补充版本：802.11a 定义了一个在 5 GHz 的 ISM 频段上的数据传输速率可达 54 Mb/s 的物理层，802.11b 定义了一个在 2.4 GHz 的 ISM 频段上但数据传输速率高达 11 Mb/s 的物理层。2.4 GHz 的 ISM 频段为世界上绝大多数国家通用，因此 802.11b 得到了最为广泛的应用。苹果公司把自己开发的 802.1 标准命名为 Airport。1999 年工业界成立了 WiFi 联盟，致力于解决符合 802.11 标准的产品的生产和设备兼容性问题。802.11 标准和补充版本的具体细节说明如下：

802.11：1997 年，原始标准(2 Mb/s，工作在 2.4 GHz)。

802.11a：1999 年，物理层补充(54 Mb/s，工作在 5 GHz)。

802.11b：1999 年，物理层补充(1 Mb/s，工作在 2.4 GHz)。

802.11c：符合 802.1D 的媒体接入控制层桥接(MAC Layer Bridging)。

802.11d：根据各国无线电规定做的调整。

802.1le：对服务等级(Quality of Service，QoS)的支持。

802.11f：定义了基站的互连性(Interoperability)。

802.1g：物理层补充(54 Mb/s，工作在 2.4 GHz)。

802.1h：无线覆盖半径、室内(Indoor)和室外(Outdoor)信道(5 GHz 频段)的调整。

802.11i：安全和鉴权(Security and Authentication)方面的补充。

802.11n：导入多重输入输出(Multi Input Multi Output，MIMO)技术，基本上是 802.1a 的延伸版。

除了上面的 IEEE 标准外，还有一个被称为 IEEE 82.11b+的技术，该技术通过 PBCC(Packet Binary Convolutional Code，分组二进制卷积码)在 IEEE 802.11(2.4 GHz 频段)的基础上提供 22 Mb/s 的数据传输速率。但事实上，这并不是一个 IEEE 的公开标准，而是一项产权私有技术[产权属于美国德州仪器(Texas Instruments)]。也有一些被称为 802.11g+的技术，其在 IEEE 802.11g 基础上提供 108 Mb/s 的传输速率，与 802.11b+一样，该技术也是非标准技术。无线网络芯片生产商 Atheros 所提倡的则为 Super G。

图 2-21 所示为 WiFi 网络的协议栈，图 2-22 所示为 WiFi 网络的结构。

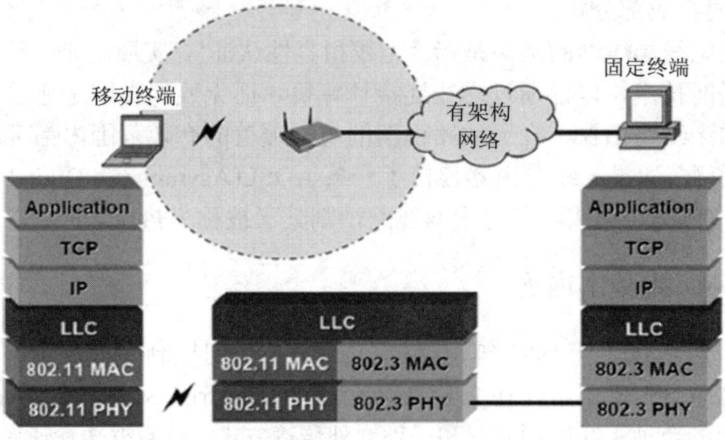

图 2-21　WiFi 网络的协议栈

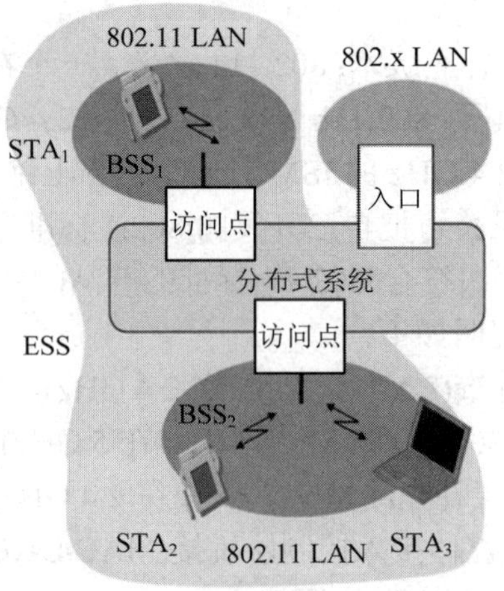

图 2-22　WiFi 网络的结构

2.4.3　WiFi 网络的组成元件

WiFi 网络的组成元件如图 2-23 所示。

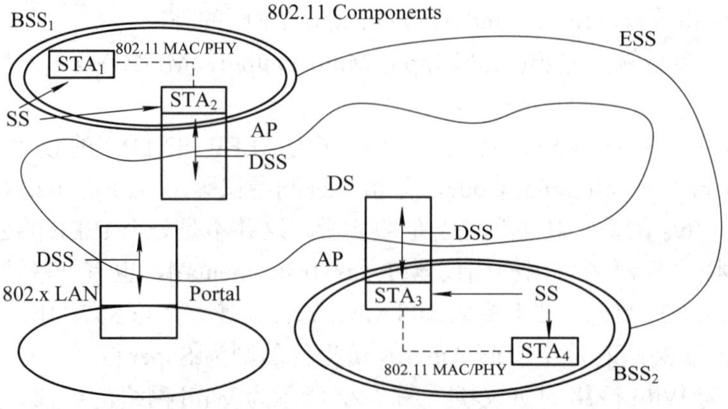

图 2-23　WiFi 网络的组成元件

(1) STA(Station，站点)。STA 是指具有 WiFi 通信功能的，并且连接到无线网络中的终端设备，如手机、平板电脑、笔记本计算机等。

(2) AP(Access Point，接入点)。AP 也可称为基站，就是我们平常所说的 WIFI 热点，更通俗一点，就是无线路由器。那么它的作用是什么呢？当我们需要从互联网上获取数据到手机上显示时，AP 就相当于一个转发器，将互联网上其他服务器上的数据转发到我们的手机上，当然这只是一个粗略的说法。同时，AP 也属于 STA 的一种。

(3) BSS(Basic Service Set，基本服务集)。BSS 的组成情况有两种：① 由一个 AP 和若干个 STA 组成；② 由若干个 STA 组成，最少两个。这种分类主要和 802.11 网络类型有关。有 AP 的 BSS 称为基础结构型基本服务集(Infrastructure BSS)，无 AP 的 BSS 称为独立型基本服务集(Independent BSS，IBSS)。

(4) SSID(Service Set Identifier，服务集识别码)。当我们到一个新地方时，开口第一句就是"请问 WiFi 账号和密码是多少?"这里的 WiFi 账号就是 SSID。SSID 通过 AP 广播出来。同时，我们在设置无线路由器时可修改 SSID 的名称。

(5) DS(Distribution System，分布式系统)。DS 也称为传输系统，通过基站将多个 BSS 连接起来。DS 属于 802.11 的逻辑元件，当帧(Frame)传送至分布式系统时，随即会被送至正确的基站，而后由基站转送至目的站点 STA。DS 必须负责追踪 STA 实际的位置以及帧的传送。若要传送帧给某部移动式 STA，DS 必须负责将之传递给服务该移动式 STA 的基站。DS 是基站间传送帧的骨干网络，因此通常被称为骨干网络(Backbone Network)。

(6) ESS(Extended Service Set，扩展服务集)。ESS 由一个或者多个 BSS 通过 DS 串联在一起。通过 ESS，我们可以扩展无线网络的覆盖范围。

(7) Portal(门桥)。门桥是 802.11 定义的新名词，作用相当于网桥，用于将无线局域网、有线局域网或者其他网络联系起来。所有来自非 802.11 局域网的数据都要通过门桥才能进入 IEEE 802.11 的网络结构。门桥可以使这两种类型的网络实现逻辑上的综合。

(8) 网络服务。在 IEEE 802.11 中定义了两种服务：SS(Station Service)和 DSS(Distribution System Service)，这两种服务都是 IEEE 802.11 MAC 层所使用的。

由 STA 提供的服务称为 SS，在每一个 STA(包括 AP)里都存在 SS。SS 提供如下服务：鉴权(Authentication)、解鉴权(Deauthentication)、保密(Privacy)、MSDU 发送(Delivery)。

由 DS 提供的服务称为 DSS，DS 可通过 DSS 的 STA 来接入，提供接入 DS 方法的 STA 是一个 AP。DSS 提供以下服务：连接(Association)、断开连接(Disassociation)、分布(Distribution)、集成(Integration)、重连接(Reassociation)。

在 IBSS 里只存在 SS 服务，而在 ESS 里两种服务都可能存在。

2.4.4 WiFi 网络类型

WiFi 网络类型主要是在 BSS 中进行分类，有独立型基本服务集和基础结构型基本服务集两种。

1. 独立型基本服务集

独立型基本服务集如图 2-24 所示。在独立型基本服务集中，每个站点不需要通过 AP 就可以与相同独立型基本服务集下的任何其他站点彼此建立通信，两者间的距离必须在可以直接通信的范围内。通常，独立型基本服务集是由少数几部工作站针对特定目的而组成的，临时性网络最低限度的独立型基本服务集是由两个站点组成的。独立型基本服务集有时被称为特设网络(Ad Hoc Network)。

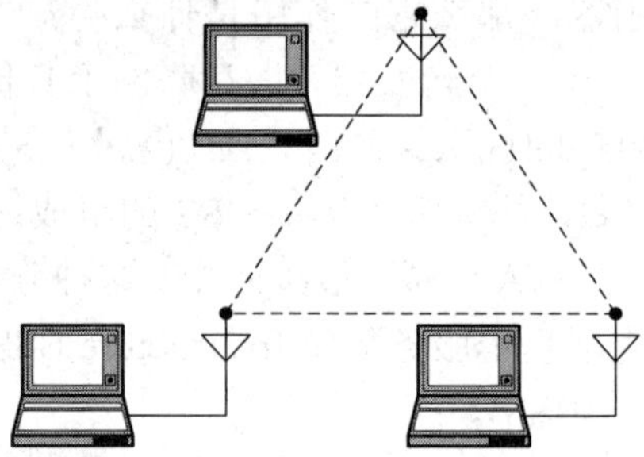

图 2-24　独立型基本服务集

2. 基础结构型基本服务集

基础结构型基本服务集如图 2-25 所示。要判断是否为基础结构型网络，只要检查是否有基站参与其中即可。基站负责基础结构型网络所有的传输，包括同一服务区域中所有行动节点之间的通信。

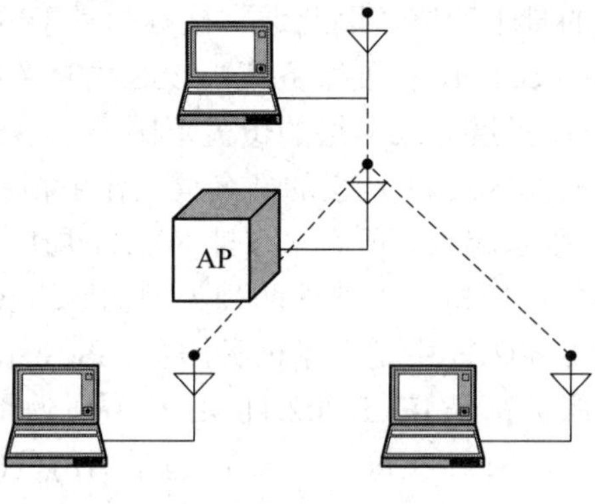

图 2-25　基础结构型基本服务集

位于基础结构型基本服务集的移动式站点如有必要与其他移动式站点通信，必须经过两个步骤。首先，由开始对话的站点将帧传递给基站；其次，由基站将此帧传送至目的站点。既然所有通信都必须通过基站，基础结构型网络所对应的基本服务区域就相当于基站的传送范围。虽然这种做法比直接传送耗费更多的资源，但其有以下两个主要优点：

(1) 基础结构型基本服务集被界定在基站的传输范围。所有移动式站点都必须位于基站的传输范围之内，不过移动式站点之间的距离则无限制。允许移动式站点彼此直接通信虽然可以省下一些频宽，但其代价是相对提高了物理层的复杂度，因为每个站点都必须维护与服务区域中其他站点的邻接关系。

(2) 基站在基础结构型网络里的作用是协助站点节省电力。基站可以记住有哪些站点处于省电状态，并且为之暂存帧。以电池供电的工作站可以关闭无线收发器，只有在传输或接收来自基站的暂存帧时才会加以开启。

2.4.5　WiFi 网络的数据传输与管理

由于 WiFi 网络具有移动性，同时 WiFi 以无线电波作为传输媒介(这种媒介本质上是开放的，且容易被拦截，任何人都可以通过抓包工具截取无线网络的数据包)，因此在设计 WiFi 协议(其实就是 802.11 协议)时需要提供一些传输数据和管理的服务。

1．分布式

只要基础结构型网络里的移动式站点传送数据，就会使用分布式(Distribution)服务。一旦基站接收到帧，就会使用分布式服务将帧送至目的地。任何行经基站的通信都会通过分布式服务，包括连接至同一部基站的两部移动式站点彼此通信时。

2．整合

整合(Integration)服务由分布式系统提供，其让分布式系统得以连接至非 IEEE 802.11 网络。整合功能因所使用的分布式系统而异，因此除了必须提供的服务外，802.11 并未对其加以规范。

3．关联

之所以能够将帧传递给移动式站点，是因为移动式站点会向基站登记，或与基站产生关联(Association)。关联之后，分布式系统即可根据这些登录信息判定哪个移动式站点该使用哪个基站。如果使用强健安全网络协议(Robust Security Network Protocol)，则连接之后才能进行身份认证(Authentication)。在身份认证完成之前，基站会丢弃来自站点的所有数据。

4．重新关联

当移动式站点在同一个扩展服务区域里的基本服务区域之间移动时，它必须随时评估信号的强度，并在必要时切换所连接的接入点。重新关联(Reassociation)由移动式站点发起，当信号强度显示最好切换关联对象时便会如此做。接入点不可能直接开启重新关联服务。

一旦完成重新关联，分布式系统会更新站点的位置记录，以反映出可通过哪个基站联络上站点。和连接服务一样，在强健安全网络中，除非已经成功完成身份认证，否则来自站点的数据均会被弃置。

5．解除关联

要结束现有关联，站点可以利用解除关联(Disassociation)服务。当站点启动解除关联服务时，储存于分布式系统的关联数据会随即被移除。一旦解除关联，站点即不再附接在网络上。在站点的关机过程中，解除关联是一个礼貌性的动作，不过 MAC 在设计时已经考虑到站点未正式解除关联的情况。

6．身份认证

实体安全防护在有线局域网络安全解决方案中是不可或缺的一部分。网络和连接点(Attachment Point)受到限制，通常只有位于外围访问控制设备(Perimeter Access Control Device)之后的办公区才能加以访问。网络设备可以通过加锁的配线柜(Locked Wiring Closet)加以保护，而办公室与隔间的网络插座只在必要时才连接至网络。无线网络无法提供相同层次的实体保护，因此必须依赖额外的身份认证程序，以保证访问网络的用户已获得授权。身份认证是关联的必要前提，唯有经过身份认证的用户才允许使用网络。

站点与无线网络连接的过程中，必须经过多次身份认证。关联之前，站点会先以本身的 MAC 地址与基站进行基本的身份认证。此时的身份认证通常称为 802.11 身份认证，有别于后续所进行的牢靠而经过加密的用户身份认证。

7．解除认证

解除认证(Deauthentication)用来终结一段认证关系。因为获准使用网络之前必须经过身份认证，所以解除认证的副作用就是终止目前的关联。在强健安全网络中，解除认证也会清除密钥信息。

8．机密性

在有线局域网络中，坚固的实体控制可以防止对数据的绝大部分攻击。攻击者必须能够实际访问网络媒介，才有可能窥视往来的内容。在有线网络中，网线与其他计算资源一样也要受到实体保护。在设计上，实际访问无线网络相对而言较为容易，只要使用正确的天线与调制方式就可以做到。

802.11 初次改版时，机密性(Confidentiality)服务原本称为私密性(Privacy)服务，而且是由目前已经无可信度的有线等效加密(Wired Equivalent Privacy, WEP)协议所提供。除了新的加密机制外，802.1li 另外提供了两种 WEP 无法解决的关键服务来加强机密性服务，即基于用户的身份认证(User-based Authentication)以及密钥管理服务。

9．MSDU 传递

一个网络如果无法传递数据给接收端，大概也没有什么用。工作站所提供的 MSDU(MAC Service Data Unit，MAC 服务数据单元)传递服务负责将数据传送给实际的接收端。

10．传输功率控制

传输功率控制(Transmit Power Control, TPC)是在 802.11h 中定义的新服务。欧洲标准要求操作于 5 GHz 频段的站点必须能够控制电波的传输功率，避免干扰其他同样使用 5GHz 频段的用户。传输功率控制也有助于避免干扰其他无线局域网络。传输距离是传输功率的函数，站点的传输功率越高，传输距离就越远，也就越容易干扰邻近的网络。如果可以将传输功率调到“刚刚好”(Just Right)，就可以避免干扰到邻近的站点。

11．动态频率选择(Dynamic Frequency Selection，DFS)

某些雷达系统的作业范围位于 5 GHz 频段，因此有些管制当局强制要求无线局域网络必须能够检测雷达系统，以及选择未被雷达系统所使用的频率；有些管制当局甚至要求无线局域网络必须能够均衡使用(Uniform Use)5 GHz 频段，因此网络必须具备重新配置频道(Re-map Channels)的能力。

2.5　ZigBee 技术与网络

2.5.1　概述

蜜蜂在发现花丛后会通过一种特殊的肢体语言告诉同伴新发现的食物源位置等信息，

这种肢体语言就 Zigzag 形状舞蹈，是蜜蜂之间一种简单传达信息的方式，ZigBee 也因此得名。

ZigBee 技术是一种低成本、低功耗、高可靠性的近距离无线组网通信技术，是一个由多达 65 000 个无线数传模块组成的网络平台。在整个网络范围内，每个 ZigBee 网络节点不仅本身可以作为监控对象(如网络中所连接的传感器可直接进行数据采集和控制)，而且还可以自动中转其他网络节点传过来的数据资料。除此之外，每一个 ZigBee 网络节点还可在自己的信号覆盖范围内和多个不承担网络信息中转任务的孤立的子节点进行无线连接。

ZigBee 是一种开放式的基于 IEEE 802.15.4 协议的无线个人局域网(Wireless Personal Area Networks，WPAN)标准。IEEE 802.15.4 定义了物理层和媒体接入控制层；而 ZigBee 则定义了更高层，如网络层、应用层等。

ZigBee 是一种新兴的短距离、低数据速率、低成本、低复杂度的双向无线网络通信技术，早期也被称为 Home RF Lite、RF-Easy Link 或 Fire Fly 无线电技术，目前统称为 ZigBee 技术。

ZigBee 可使用的无线频段有 3 个，分别是 2.4 GHz 的 ISM 频段、欧洲的 868 MHz 频段以及美国的 915 MHz 频段，而不同频段可使用的信道分别是 16 个、1 个、10 个。在中国 ZigBee 采用 2.4 GHz 频段，是免申请和免使用费的频率。

ZigBee 和 IEEE 802.15.4 标准都适合于低速率数据传输，最大速率为 250 kb/s，与其他无线技术相比，适合传输的距离相对较近。

ZigBee 具有 IEEE 802.15.4 强有力的无线物理层所规定的全部优点：省电、简单、成本低。ZigBee 增加了逻辑网络、网络安全和应用层。

ZigBee 作为一种无线通信技术，具有如下特点：

(1) 功耗低：由于 ZigBee 的传输速率低，发射功率仅为 1 mW，而且采用了休眠模式，因此 ZigBee 设备非常省电。据估算，ZigBee 设备仅靠两节 5 号电池就可以维持长达 6 个月到 2 年左右的使用时间，这是其他无线设备望尘莫及的。

(2) 成本低：ZigBee 模块的初始成本在 6 美元左右，估计很快就能降到 1.5～2.5 美元，并且 ZigBee 协议是免专利费的。低成本对于 ZigBee 来说也是一个关键因素。

(3) 时延短：通信时延和从休眠状态到激活的时延都非常短，典型的搜索设备时延为 30 ms，休眠激活的时延为 15 ms，活动设备信道接入的时延为 15 ms。因此，ZigBee 技术适合用于对时延要求苛刻的无线控制应用场合(如工业控制场合等)。

(4) 网络容量大：一个星形结构的 ZigBee 网络最多可以容纳 254 个从设备和 1 个主设备，一个区域内可以同时存在最多 100 个 ZigBee 网络，而且组网灵活。

(5) 可靠性高：ZigBee 采取了碰撞避免策略，同时为需要固定带宽的通信业务预留了专用时隙，避开了发送数据的竞争和冲突。MAC 层采用了完全确认的数据传输模式，每个发送的数据包都必须等待接收方的确认信息。如果传输过程中出现问题，则进行重发。

(6) 安全：ZigBee 提供了基于循环冗余校验(Cyclic Redundancy Check，CRC)的数据包完整性检查功能，支持鉴权和认证，采用了 AES-128 的加密算法，各个应用可以灵活确定其安全属性。物联网的目的是要将各种信息传感设备与互联网结合起来形成一个巨大的网络，就系统的投资、建设、维护等方面而言，无线传输系统显然具有更大的优势。在 RFID 读写器中嵌入 ZigBee 模块，可使多台 RFID 读写器无线连接组网或者与其他仪器、设备及不同协议读写器之间联网，实现数据的多点无线采集和传输目的，最终形成一个基于ZigBee技术的多点自动识别、智能无线组网的RFID系统。

该RFID系统在工作时，先由读写器通过天线发送一定频率的射频信号，当RFID标签进入读写器的工作场时，其天线产生感应电流，从而使RFID标签获得能量被激活并向读写器发送自身的编码等EPC(Electronic Product Code，电子产品编码)信息，读写器接收到来自电子标签的载波信息，对其进行解调和解码后，会将信息送至计算机中间件系统进行处理。另外，在整个系统中，监控中心如果想要知道某个货物目前的位置，就通过ZigBee网络发出查询信息，各子模块接收到查询信息后，通过RFID读写器阅读自身的RFID信息，并与中心传递的编码相比较，确认是不是询问自己，如果是，则从GPS中读取地理信息并通过ZigBee网络将位置传送到监控中心，监控中心可以判断该物流运行方向是否正确，或掌握该货物目前的运行状况，以做出相应的处理决定。

目前市面上主要采用两种方式设计ZigBee的应用方案：

(1) 使用现成的无线ZigBee模块。这种方式很好地解决了使用ZigBee芯片进行方案设计的难题，设计者只需将ZigBee模块当成一个网卡使用，就可以将模块直接连接或焊接到各种相关设备上实现无线通信，从而省去了设计者花在无线网络设计调试方面的精力和时间，只需把工作重点放在解决方案的设计上，使得ZigBee的应用易如反掌。

(2) 直接用厂家的ZigBee芯片完成自己所需的ZigBee应用设计。该方式从设计之初就需要对软件和ZigBee协议栈进行消化和分析，还需要高频设计方面的知识和经验，开发周期为半年甚至更长时间。凭借ZigBee技术的种种优点，可将ZigBee技术引入RFID中，使得基于ZigBee技术的无线RFID系统有明显改善。

采用ZigBee的无线传输系统应用领域主要如下：

① 家庭和楼宇网络：空调系统的温度控制、照明的自动控制、窗帘的自动控制、煤气计量控制和家用电器的远程控制等；

② 工业控制：各种设备、生产线的自动化控制；

③ 商业：智慧型标签等；

④ 公共场所：烟雾探测器等；

⑤ 农业控制：收集各种土壤信息和气候信息；

⑥ 医疗：老人与行动不便者的紧急呼叫器和医疗传感器等。

通过以上分析可知，未来的物联网系统是把RFID技术、ZigBee技术、GPS技术、4G/5G宽带技术和行业应用融合起来的一个集成产品。由于以上应用范围广且大都涉及个人家庭，因此低成本、低功耗和高可靠性是市场对物联网中无线通信技术最强烈的需求，而ZigBee产品的优势正好非常符合这种市场需求。

2.5.2 ZigBee技术原理

ZigBee技术组建的是一种低数据传输速率的无线个域网，网络的基本成员称为“设备”(Device)。网络中的设备按照各自作用可以分为路由节点、终端节点和协调器节点。路由节点起到转发数据的作用。协调器节点是网络的中心控制节点，一个网络只有一个；而终端节点和路由节点数目较多，负责数据信息采集。另外，网络中的设备按照具备功能的不同分为两类，即具备完整功能的全功能设备(Full Function Device, FFD)和只具备部分功能的精简功能设备(Reduced Function Device, RFD)。其中，RFD 功能非常简单，可以用较低端的微控制器实现；而 FFD 可以作为全域网的协调器、路由器，功能较全，当然也可以作为终端设备使用。一般在一个网络里至少需要一个主协调器。

2.5.3　ZigBee 网络体系

按照 OSI(Open System Interconnection，开放式系统互连)模型，ZigBee 网络分为 4 层，从下向上分别为物理层(PHI Layer)、介质访问控制层(MAC Layer)、网络层/安全层(NWK Layer)、应用层(APL Layer)(图 2-26)。

应用层	ZigBee联盟
网络层/安全层	
MAC层	IEEE 802.15.4
物理层	

图 2-26　ZigBee 网络分层

ZigBee 的最低两层，即物理层和 MAC 层，使用 IEEE 802.15.4 协议标准；而网络层/安全层和应用层由 ZigBee 联盟制定。每一层向它的上一层提供数据或管理服务。ZigBee 的应用层由应用支持子层(Application Support Sub-layer，APS)、ZigBee 设备对象(ZigBee Device Object，ZDO)和制造商定义的应用对象组成。

2.5.4　ZigBee 网络拓扑

ZigBee 支持包含有主从设备的星形、树形和对等拓扑结构。虽然每一个 ZigBee 设备都有一个唯一的 64 位 IEEE 地址，并可以用该地址在 PAN(Personal Area Network，个域网)中进行通信，但在从设备和网络协调器建立连接后会为它分配一个 16 位的短地址，此后可以用该短地址在 PAN 内进行通信。64 位的 IEEE 地址是唯一的绝对地址，相当于计算机的 MAC 地址；而 16 位的短地址是相对地址，相当于 IP 地址。ZigBee 的几种网络拓扑结构如图 2-27 所示。

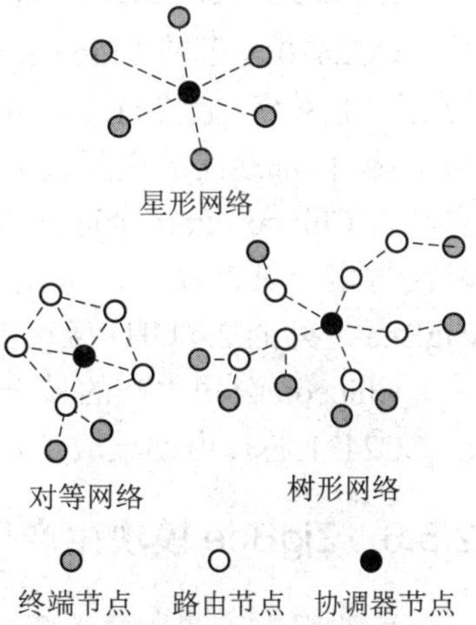

图 2-27　ZigBee 的几种网络拓扑结构

星形网络中各节点彼此并不通信，所有信息都要通过协调器节点进行转发。树形网络中包括协调器节点、路由节点和终端节点。路由节点完成数据的路由功能，终端节点的信息一般要通过路由节点转发才能到达协调器节点，同样协调器节点负责网络的管理。对等网络中节点间彼此互联互通，数据转发一般以多跳方式进行，每个节点都有转发功能，这是一种最复杂的网络结构。通常情况下，星形网络和树形网络是一对多点，常用在短距离信息采集和监测等领域；而对于大面积监测，通常要通过对等网络完成。

2.5.5 几种常用的 ZigBee 射频芯片介绍

由于 ZigBee 广阔的应用前景，世界各大半导体生产厂商纷纷推出了支持 IEEE 802.15.4 标准的无线收发芯片，比较典型的如飞思卡尔公司的 MC13191/13192/13193 与 MC13211/13222/13223/13224、Chipcon 公司(现已被 TI 公司收购)的 CC2420/2430/2431、Atmel 公司的 AT86RF210/230 等。这些芯片集成了 ZigBee 物理层功能，并且所需外围元件少，使用起来非常方便，大大降低了射频电路设计、制作的难度，即使没有昂贵的射频仪器，也能完成射频电路的设计制作。

1．MC13192 射频芯片

MC13192 是飞思卡尔公司推出的一种短距离、低功耗，工作于 2.4 GHz 的 ISM 波段，包含 ZigBee 物理层(802.15.4)协议的收发芯片。它支持点对点、星形和网形结构的网络。

MC13192 可以很容易地与任何一种 MCU(Microcontroller Unit，微控制单元)接口，它和某一种性能适当的 MCU 结合在一起组成无线节点，即可形成低成本、低功耗、短距离、低数据速率的无线数据链路或网络。飞思卡尔公司提供了基于 MC13192 和 8 位 MCU 的 IEEE 802.15.4 协议软件及相应的 ZigBee 协议软件，软件可配置为从最简单的点对点系统到完整的 ZigBee 系统，以适应不同的需要。

该芯片内部包含低噪声的放大器、1.0 mW 高频输出放大器、VCO(Voltage Controlled Oscillator，压控振荡器)、片内稳压电源和扩频编码。芯片按照 IEEE 802.15.4 物理层规范，在 2 MHz 带宽的信道上实现了 250 kb/s 的速率，采用 O-QPSK 实现调制/解调 MC13192 使用 2.4 GHz 频段中的 16 个信道，信道之间的间隔为 5 MHz，可以通过编程使 MC13192 工作在某一信道。为了减少对 MCU 资源的需要，MC13192 内部设置有定时器，用于实现通信和协议过程中需要的定时。此外，MC13192 还有 7 个通用 VO 引脚。

2．CC2430/CC2431 片上系统

CC2430 是挪威 Chipcon 公司(2006 年被 TI 公司收购)推出的用来实现嵌入式 ZigBee 应用的片上系统。它支持 2.4 GHz IEEE 802.15.4 协议。CC2430 芯片以强大的集成开发环境作为支持，内部线路的交互式调试以遵从 IDE 的 IAR 工业标准，得到嵌入式机构很高的认可。它结合 Chipcon 公司全球先进的 ZigBee 协议栈、工具包和参考设计，展示了领先的 ZigBee 解决方案。其产品广泛应用于汽车、工控系统和无线传感器网络等领域，同时也适用于 ZigBee 之外的 2.4 GHz 频率的其他设备。

Chipeon 公司生产的另一种与 CC2430 基本相同的 ZigBee 芯片是 CC2431，不同之处在于 CC2431 芯片内部集成了定位引擎。

2.5.6 ZigBee 模块生产厂家介绍

要使用上述芯片，需要具备硬件和软件开发能力，即使硬件外包加工生产，软件开发也不轻松，需要掌握 IAR 等软件开发集成环境的使用、ZigBee 协议栈的调用等一系列复杂问题。其实，我们可以选用现成的 ZigBee 模块来实现 ZigBee 网络的开发应用，以避开 ZigBee 网络的软硬件开发问题，加快应用开发速度，提高应用开发的生产效率。

下面介绍几款 ZigBee 模块的典型产品，供读者参考选用。

1．厦门四信通信科技有限公司 ZigBee 模块

F8913 ZigBee 模块：一种物联网无线数据终端，利用 ZigBee 网络为用户提供无线数据传输功能。该产品采用高性能的工业级 ZigBee 方案实现数据透明传输功能；采用低电流设计，最低电流小于 1 μA；提供 5 路 I/O，可实现数字量输入/输出，其中有 3 路 I/O 可实现模拟量采集，有 2 路 I/O 可实现脉冲计数等功能。产品采用微型双排 2.0 mm 插针封装。

F8914 ZigBee 终端：一种物联网无线数据终端，利用 ZigBee 网络为用户提供无线数据传输功能。该产品采用高性能的工业级 ZigBee 方案，以嵌入式实时操作系统为支撑平台，同时提供 RS-232 和 RS-485(或 RS-422)接口，可直接连接串口设备，实现数据透明传输功能；采用低电流设计，最低电流 2.2 mA；提供 5 路 I/O，可实现数字量输入/输出、模拟量输入、脉冲计数等功能。该产品采用工业端子接口，也可定制 TTL 电平串口。

产品共同特点如下：

(1) 支持 ZigBee 无线短距离数据传输功能。

(2) 具备中继路由和终端设备功能。

(3) 支持点对点、点对多点、对等和 MESH 网络。

(4) 网络容量大：有 65 000 个节点。

(5) 节点类型灵活：中心节点、路由节点、终端节点可任意设置。

(6) 发送模式灵活：广播发送或目标地址发送模式可选。

(7) 通信距离大。

(8) 提供 5 路 I/O，可实现 5 路数字量输入/输出，3 路 I/O 可实现模拟量输入，2 路 I/O 可实现脉冲计数功能。

(9) 使用方便、灵活，可选择多种工作模式。

(10) 具有方便的系统配置和维护接口。

(11) 支持串口软件升级。

(12) 为智能型数据终端，上电即可进入数据传输状态。

上述产品已广泛应用于物联网产业链中的 M2M 行业，如智能电网、智能交通、智能家居、金融、移动 POS 终端、供应链自动化、工业自动化智能建筑、消防、公共安全、环境保护、气象、数字化医疗、军事、空间探索、农业林业、水务、煤矿、石化等领域。

2．深圳市中鼎泰克电子有限公司 ZigBee 模块

深圳市中鼎泰克电子有限公司 DRF 系列 ZigBee 模块目前包括 DRF1605、DRF605、DRF2617A、DRF2618-ZUSB、DRF2619A 及相关配套底板，它是基于 TI 公司 CC2530F256 芯片、运行 ZigBee2007/PRO 协议的 ZigBee 模块，具有 ZigBee 协议的全部特点。

产品主要特点如下：

(1) DRF 系列 ZigBee 模块可以被形象地理解为“无线的串口连接”，所以使用该模块就像使用串口电缆一样简单。

(2) 简单易用：不用考虑 ZigBee 协议，串口数据透明传输。

(3) 自动组网：所有的模块上电即自动组网，Coordinator(协调器)自动给所有节点分配地址，不需要用户手动分配地址。

(4) 实现简单数据传输：

① 串口数据透传：Coordinator 从串口接收到的数据会自动发送给所有节点，某个节点从串口接收到的数据会自动发送给 Coordinator。

② 通过串口即可在任意节点间进行数据传输，数据传输的格式为：0xFD(数据传输命令)+0x0A(数据长度)+0x73 0x79(目标地址)+0x01 0x02 0x03 0x04 0x05 0x06 0x07 0x08 0x09 0x10(数据，共 0x0AB)。

(5) 有唯一的 IEEE 地址：DRF 系列模块采用 CC2530F256 芯片，出厂时已经自带 IEEE 地址，用户无需另行购买 IEEE 地址，IEEE 地址(MAC 地址)可作为 ZigBee 模块的标识。

(6) 用户可更改节点类型：用户可通过串口指令更改模块的节点类型(Coordinator 或 Router)。

(7) 用户可更改无线电频道：用户可通过串口指令更改模块使用的无线电频道。

(8) 用户可自定义 Router 地址：在 Coordinator 与 Router 之间传输数据，可根据自定义地址寻址，用户可自定义地址功能，方便地实现 RS-232 设备联网功能。

3．上海顺舟智能科技股份有限公司 ZigBee 模块

上海顺舟智能科技股份有限公司(以下简称“顺舟科技”)是一家提供基于 ZigBee 的无线物联网解决方案的高科技企业，位于上海张江高科技园区，是国际 ZigBee 联盟成员。

顺舟科技致力于 ZigBee、PRS/GM、WiFi、1 GHz 以下频段(433 MHz/470 MHz)的研发和应用，以专业的技术和良好的服务能力为用户提供个性化的网络通信解决方案，是无线通信领域 ZigBee/IEEE 802.15.4 的引领厂商之一。

顺舟科技的 ZigBee 无线模块已经广泛应用在工业无线测控通信、传感器数据采集、智能家居、物联网、智能照明、食品安全追溯、智能建筑节能、智能电网、智能抄表系统、智能交通、智能测绘仪表数据采集等领域。

顺舟科技为客户提供完善的 ZigBee 无线网络数据通信产品，现有无线数据传输模块、无线串口设备、无线数据采集模块、无线抄表模块、无线测控通信设备、远程 GPRS 测控通信模块等产品。公司的发展目标是致力于无线网络系统的研发，为客户提供最佳的无线物联网解决方案。

顺舟科技目前主流的 ZigBee 产品主要包含以下系列：SZ02 无线数据传输设备、SZ05 嵌入式无线数据传输模块、SZ05-L 嵌入式标签型无线数据传输模块、SZ06 无线数据采集设备、SZ08 无线输入/输出控制设备、SZ09 智能家居系列终端产品。

顺舟科技 ZigBee 产品的应用方向包括物联网 WSN、智能家居、智能照明、智能电网、无线抄表(水电气)、食品安全追溯、建筑节能、智慧农业、智能交通。

顺舟科技 ZigBee 产品的性能特点如下：

(1) 通信距离远：最大传输距离为 2000 m；

(2) 抗干扰能力强：采用 2.4 GHz DSSS 扩频技术；

(3) 串口应用灵活：透明传输，最高波特率为 115 200 b/s；

(4) 发送模式灵活：广播发送或目标地址发送模式可选；

(5) 节点类型灵活：中心节点、路由节点、终端节点可任意设置；

(6) 组网能力强：可组成星形网络、树形网络、链形网络、网状网络；

(7) 网络容量大：可选 16 个物理信道，65 535 个网络 ID 任意设置；

(8) 最大数据包：可达 256 字节；

(9) 工业级应用设备：适用于各种工况中的自动化设备。

顺舟科技典型的产品介绍如下：

顺舟科技 SZ02 系列 ZigBee 无线 RS-232/RS-485 通信设备(图 2-28)采用了加强型的 ZigBee 无线技术，为符合工业标准应用的无线数据通信设备。它具有通信距离远、抗干扰能力强、组网灵活等优点和特性，可实现多设备间的数据透明传输，可组成 MESH 网状网络结构。

(a) 无线 RS-232 通信设备　　(b) 无线 RS-485 通信设备

图 2-28　顺舟科技 SZ02 无线 RS-232/RS-485 通信设备

顺舟科技 SZ05 系列无线嵌入式无线数据通信模块(图 2-29)采用了标准 ZigBee 无线技术，为符合工业标准应用的无线数据通信模块。它具有安装尺寸小、通信距离远、抗干扰能力强、组网灵活等优点和特性；可实现多设备间的数据透明传输；可组成 MESH 网状网络结构；采用嵌入式的安装模式，能使用户的产品迅速集成最新的 ZigBee 无线技术。

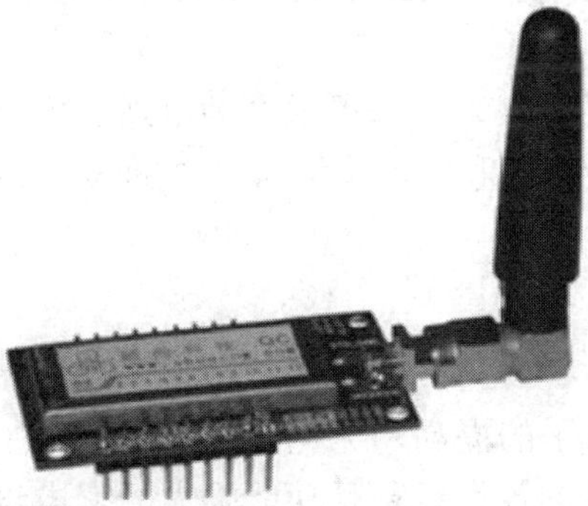

图 2-29　顺舟科技 SZ05 系列无线嵌入式无线数据通信模块

2.5.7　ZigBee 无线组网策略分析

ZigBee 无线组网到底应采用 ZigBee 芯片，还是采用现成的 ZigBee 模块，是每个开发者首先需要确定的问题。ZigBee 芯片价格比较便宜，但需要较高的硬件设计、软件设计能力，还要掌握 ZigBee 网络原理、协议栈调用、IAR 软件集成开发环境应用等一系列技术，开发周期很长，一般需要一个团队来完成。

若采用 ZigBee 模块组网(图 2-30)，问题就会简单很多，只要学习模块的使用方法，掌握模块参数的设置方法，即可把无线网络组建完成。这样就能把主要精力放在应用开发上，把组网工作交给专业公司去做，缩短了开发周期，提高了工作效率，也提高了网络的可靠性。

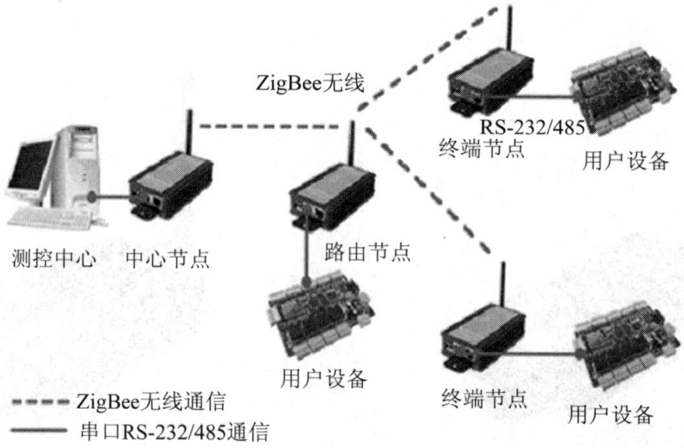

图 2-30　顺舟科技 ZigBee 网络典型应用

综上所述，大多数工程技术人员应采用 ZigBee 模块解决 ZigBee 无线组网问题，就像买一块网卡实现 PC 联网一样，很少有人自己去做一块网卡，这样既费时，又不可靠。网卡应由专业公司来生产提供，大批量生产，价廉物美，这也是社会分工的必然趋势。

2.6　智能家居中的物联网应用案例

智能家居物联网的应用层可以为用户提供多种舒适、安全、节能环保的服务，本节将从智能家电、节能环保、智能照明和家庭安防 4 个方面对物联网技术在智能家居领域的创新型应用进行介绍。

2.6.1　智能家电

近年来，随着人们生活水平的提高，无论是在家中还是工作场所，都会用到大量家电设备。家电市场竞争愈加激烈，各类新颖且功能强大的家电设备被陆续投放市场，高度智能化与能量高效化已成为目前家电产业界竞相追逐的目标。

基于物联网技术研发的智能家电具备信息感知、信息共享与信息处理能力，相比现有的智能家电仅仅在电器内部元器件做改进与协调来说，是一种革命性的创新。目前在国内外已有部分厂商开发出了基于物联网技术的智能家电系统或是一些概念性产品，其中家庭智能温控系统和智能冰箱系统就是极具代表性的两类产品。

1．家庭智能温控系统

传统的家庭温控系统一般需要由用户设定房间空调的工作温度、风速和工作模式，设置程序较烦琐，用户还需要不断地根据当前舒适程度变更空调设置。另外，空调的制冷或制热是一个相对缓慢的过程，当用户由外界返回房间时，大多需要等待环境温度的调节，造成了诸多不便。在使用空调的密闭房间中，空气不流通、干燥还会带来各式各样的“空调病”，这些弊端又需要人们购置空气加湿器等设备来改善。

基于物联网技术的家庭智能温控系统能将调温、调湿、通风等多项功能集成在同一系统上，根据当前环境调节各项系统参数，以使家居环境舒适宜人。美国某智能家居公司设计了图 2-31 所示的家庭温控系统化解决方案，包括温湿度调节设备、空气净化设备和控制终端，这些设备上集成有温湿度传感器及 X10 通信模块等。温控设施和家庭控制终端通过 X10 总线连接，并经由家庭网关接入互联网，用户可以通过个人计算机访问公司提供的网页平台，或是通过手机短信对系统进行设置与调整。

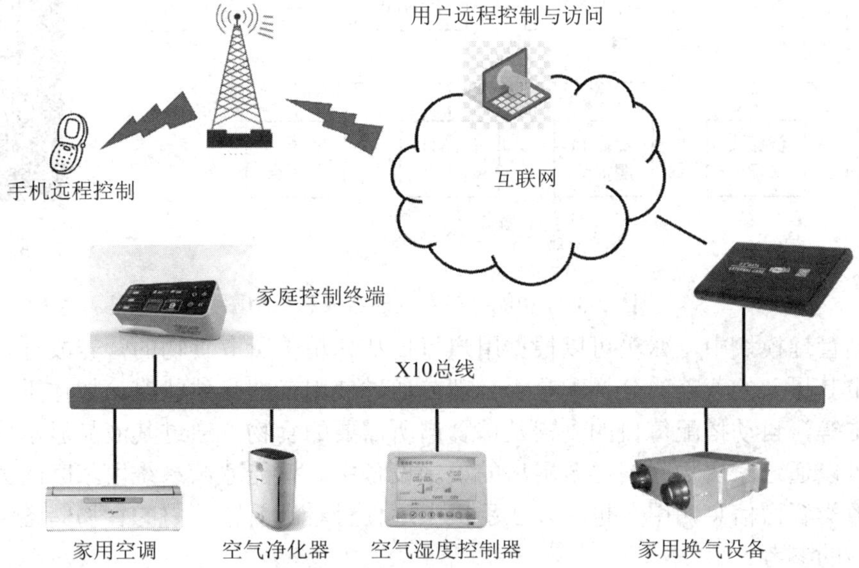

图 2-31　家庭温控系统框架

在该系统下，用户可以以描述性语言定制所需要的舒适程度，如温暖潮湿、凉快干爽等，也可以自行修改参数配置，当参数配置完毕后，由控制终端协调空调、加湿器工作，以改变家居环境，达到预期目标。针对一天中的不同时间段或是不同工作日与节假日，用户还可以根据需要选择系统的休眠与工作时间，减少不必要的家庭能耗。此外，用户还可以通过手机短信与互联网方式对该温控系统进行临时性调节。

在上述温控系统中，空气加湿除湿设备协同空调设备工作，可以减少单设备的过度消耗，降低系统能耗；此外，还能起到改善室内空气质量，预防空调病的作用。

2．智能冰箱系统

在日常生活中，人们将大量食材或饭菜储入冰箱以节省采购时间。但是，由于现在冰箱的容量越来越大，食品种类也越来越多，用户经常忘记已储备的食物种类和生产保质期，导致大量食物过期，造成了不必要的浪费；又或者是没有及时增加库存，导致不得不重新安排菜谱或采购。基于物联网技术的智能冰箱系统引入了 RFID 技术，其能够准确识别当前库存、显示库存、为主人提醒食品过期信息，还能根据各类食材的库存量从互联网上下载健康食谱供用户参考。

图 2-32 是智能冰箱系统的组成和实物图，包括 RFID 监控模块、食品管理模块和无线通信模块 3 部分。RFID 监控模块通过食品上的 RFID 标签读取食品的属性，如生产日期、生产地点、保质期等；食品管理模块是智能冰箱系统的核心，实现了家庭食品库存显示等主要功能，同时还可以通过互联网获取食谱搭配、食品营养成分等信息，为健康食谱搭配等功能提供工作依据；无线通信模块负责将冰箱内的食品状况通知给用户。

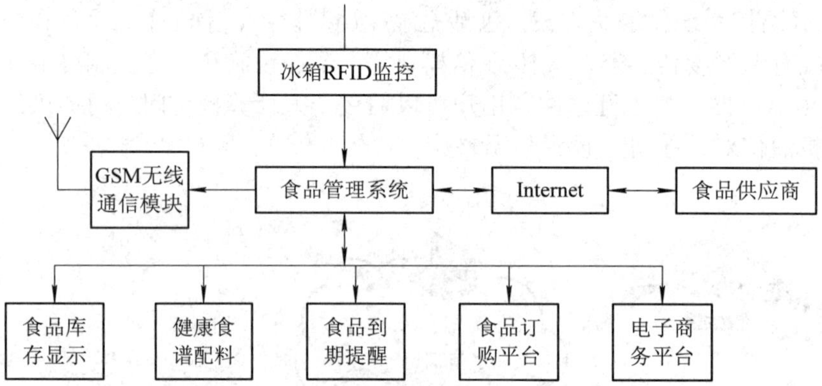

(a) 组成

(b) 实物图

图 2-32　智能冰箱系统的组成和实物图

在食品管理模块中，冰箱可以根据用户每日从冰箱中所取食物的营养成分含量、食物数量等确定其摄入的营养成分搭配是否合理；通过使用者的身体状况，如体重、身高、性别、疾病史等，自动搭配每日的食谱及该食谱所需要的食物；通过其液晶显示屏提供烹调方法；也可以通过家居物联网送至厨房的显示设备中。智能冰箱系统由家庭网关接入互联网，下载各类食谱信息，用户也可以在手机上远程查看当前冰箱内的食物储备，为食品采购提供更多的参考。

3．物联之家

海尔“物联之家”是一套完整的智能家电解决方案，具备上述家庭智能温控系统和智能冰箱系统的多项基本功能，并在家庭照明、家居娱乐等方面加以扩展，包括智能家电、智能窗帘、智能灯光、故障反馈、网络监控等多个应用子系统。图 2-33 所示是“物联之家”的一种智能家电子系统拓扑图。

在智能家电子系统中，家庭影院、环境调节、灯光控制设备，以及各类小型家电设备，如电熨斗、电饭煲等，都通过家庭网络连接在一起，家庭网络使用以太网及 WLAN 技术。所有家电设备由智能遥控器统一控制，智能遥控设备既可能是单独的遥控器，还可能直接集成在用户手机上。智能遥控器通过家庭网络控制中心与家电设备交互。家庭网络控制中心使用红外转发器控制电视机、DVD、投影仪等功能相对复杂的大型家电，类似传统的遥控功能，还可以通过协议转换器控制各类智能开关，管理照明灯、电熨斗、电饭煲等功能相对简单的小型家电。

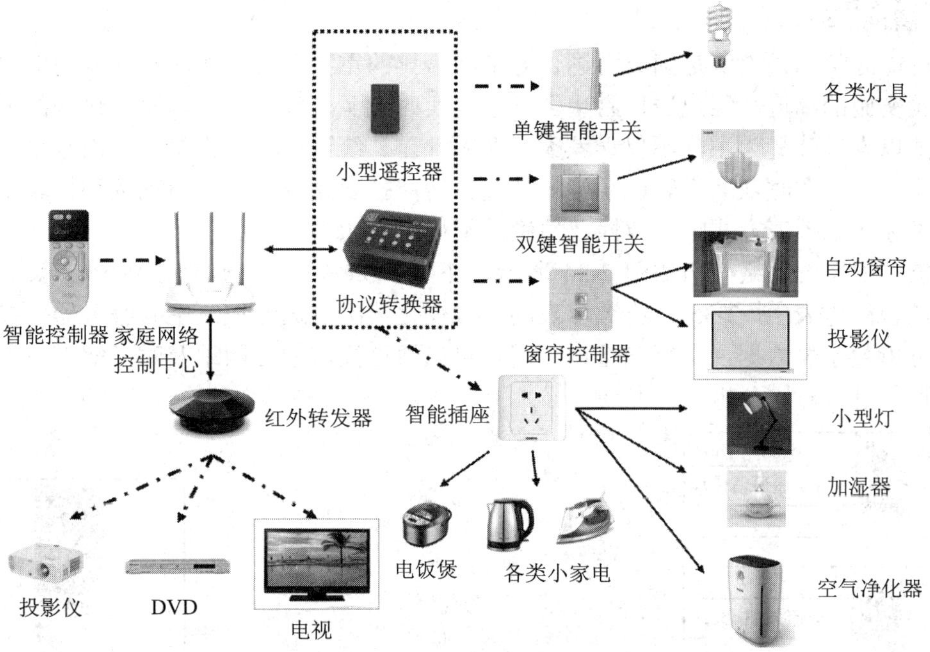

图 2-33　“物联之家”的一种智能家电子系统拓扑图

2.6.2　节能环保

近年来，人们对家居便利性和舒适度的要求越来越高，家庭能耗显著增加。在我国开展建筑节能尤其是住宅节能，对我国实现节能减排的具体目标具有重要的意义。

针对小区建筑的节能减排工作，住房和城乡建设部出台了《建筑节能监测体系实施方案》等相关配套文件，规定居住建筑的建筑用电、供水、供热和暖通空调设计必须采取节能措施，在保证室内生活环境的前提下，将能耗和资源消耗控制在规定的范围内。居住建筑的节能设计应符合国家现行有关标准的规定。

建筑所必需的电梯动力、照明、空调、消防、通风、高低压配电等用能信息的传递是建筑节能和工业节能的基础，高效实现建筑节能信息化的关键问题之一是解决这些信息的传输问题。在建筑大楼中，特别是既有建筑，遇到的最大问题是需要综合布线，它不仅工程量大、成本高昂，而且对大楼环境具有破坏性。因此，对建筑大楼来说，最佳的信息传递方式是无线方式，传统的 GSM(Global System for Mobile Communication，全球移动通信系统)、WLAN 等无线系统存在功耗高、设备和运行成本高、组网不灵活等局限，而无线传感网技术正是解决这一难题的最佳解决方案。

在基于无线传感网技术开发的建筑能耗监测系统中，一般利用无线传感网技术进行信息的采集和传输。这是因为，一方面无线传感网节点自身可以采集环境参数；另一方面，它们与各种用能设备连接，通过无线自组网方式自动采集分散在各地的电、水、冷、暖等实时数据，使用户能随时监测现场耗能设备的运行数据，并且通过数据存储和处理实施能耗诊断、能耗评估和能耗改造。该系统适用于各种既有建筑和新建建筑，组网方便，不占空间，无需综合布线施工，项目实施快速简捷。

1. 智能抄表

实行能源阶梯式收费是国家促进住宅节能减排的重要手段，随着我国家用能源阶梯式收费政策实施的临近，用户迫切希望了解家庭实时能源消耗情况。但是，传统的家庭能耗计量方式以人工计量为主，不仅误差大、时效性差、统计计算工作量大，而且带有人为随意性，用户无法实时获取家庭能源消耗情况。智能抄表系统是一种自动远程抄表系统，可以解决上述传统抄表方式中时效性及精确性不足的弊端。

智能抄表系统网络架构如图 2-34 所示，在数字表(水、电、煤气表)中嵌入具有无线通信能力的智能电表(图 2-35)，将数字表的读数变化情况发送给控制中心服务器。控制中心存储和分析数字表数据，供用户查询。用户可以通过控制中心网站及时了解家中能源消耗具体情况并进行对比分析。

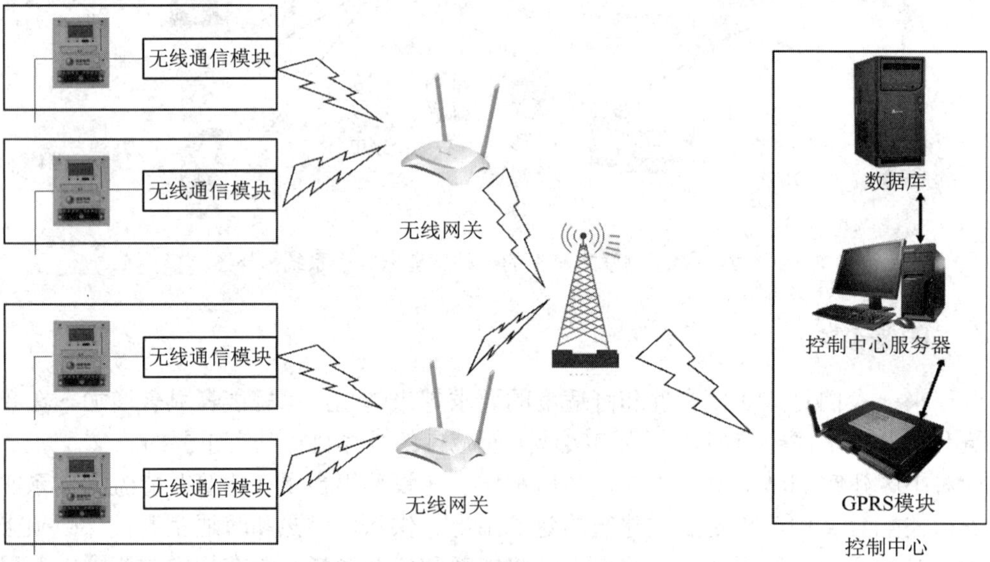

图 2-34　智能抄表系统网络架构

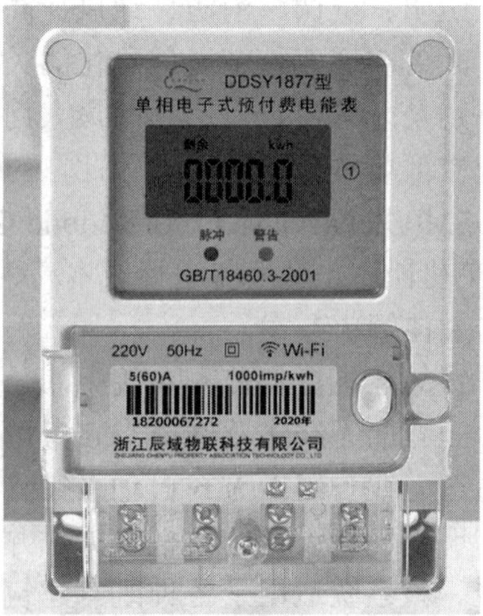

图 2-35　具有短距离无线通信能力的智能电表

在北美地区，谷歌的 Power Meter 软件能够让用户了解家庭的用电情况。其工作需要特殊的电表配合完成，如 TED5000。图 2-36 显示了安装有 TED5000 的家庭通过互联网查看自己家中设备耗电情况的流程。整个系统由能量消耗监测模块、能耗查询终端、用户智能终端(手机、PC)、家庭网络、Google Power Meter 服务器组成，其中能耗监测模块是系统中最重要的部分，负责监测与其串联的电气设备的实时能耗情况。能耗监测模块通过家庭网络与无线路由器相连，每隔 10 min 将家电的实时能耗情况传送到 Google Power Meter 服务器，界面如图 2-37 所示。用户可以随时通过手机客户端软件或者 PC 客户端软件访问 Google 提供的服务器，查看家庭的能耗情况。用户还可以配备一个无线终端，通过 ZigBee 协议与能耗监测模块通信，了解更加及时的家庭能耗情况。

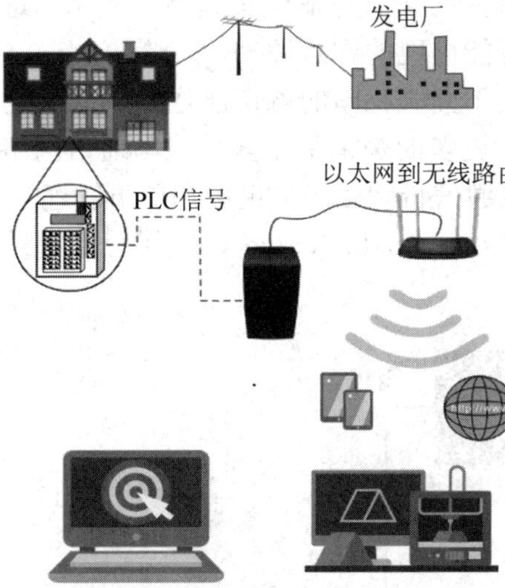

图 2-36　Power Meter 系统组成

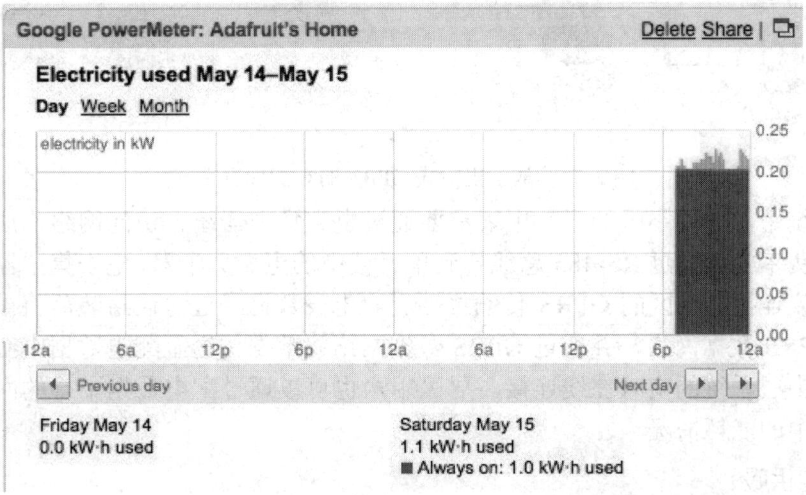

图 2-37　Google Power Meter 用户界面

基于 Power Meter 软件，用户不仅可以查看家庭实时和历史耗电情况，还能够查看自己家庭与其他家庭的电量消耗对比。用户可以得到一个对自家在过去一段时间内用电变化情况的统计分析结果，为设计节能方案提供有效依据。通过在家中部署多个能耗监测模块，用户还可以对家中电能消耗的情况做出更加细致的判断，了解家中各类电器的电能消耗特点，避免不恰当使用电器造成的电能浪费。例如，长期开启的热水器或饮水机可能会消耗大量电能，当部署 Power Meter 后，人们会更加清楚地认识到电能浪费程度，从而采取补救措施，改变开关习惯，达到节省电能的目的。

此外，许多其他公司也开始瞄准家庭节能服务领域。微软公司开发了一个类似的家庭能源管理服务 Microsoft Hohm，用户只需登录 Microsoft Hohm 网站完成注册并填写家庭能源信息，Hohm 的内置模型就可根据家庭能源结构出具针对性的节能及省钱建议。Intel 开发了智能住宅能源管理系统，利用密集部署的电能传感器获取数据，并基于“测量-推理控制驱动”的系统框架对建筑物内的载荷与配电实施闭环控制，进行均衡的发电与用电，以节约用电，并抚平用电需求可能出现的剧烈波动。

与美国的独户式居住格局不同，我国的城市居住格局通常是“单元楼+小区”的模式，因此在智能抄表系统的设计上更多的是采用小区总线与通信网络相结合的模式。这样可以降低系统布设成本，节省无线通信带宽资源，也更加便于管理。图 2-38 是国内某公司设计的基于集中式 GPRS(General Packet Radio Service，通用分组无线服务)的智能抄表系统。

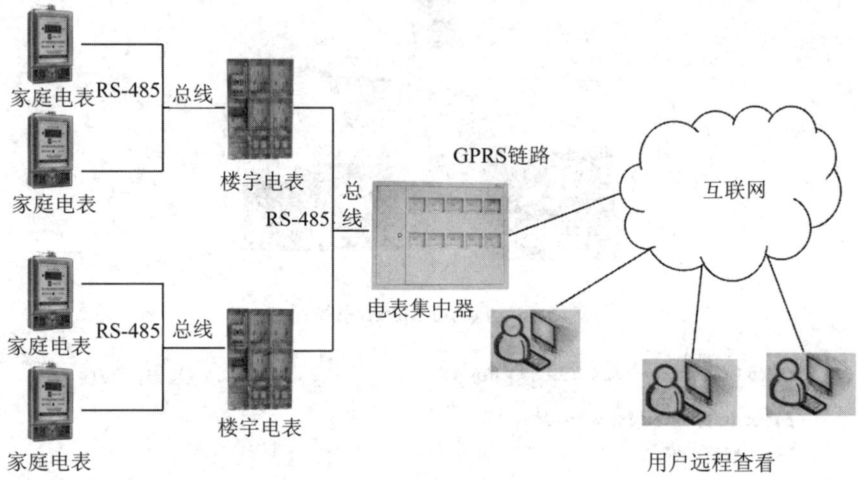

图 2-38　基于集中式 GPRS 的智能抄表系统

在该系统中，居民小区的所有电表需要通过电表集中器统一访问网络。居民用户的用电数据由复费率电表通过 RS-485 总线传到单元楼中的电表集中器，电表集中器通过短距离无线访问协议连接到小区的 GPRS 传输终端上。电表数据经过协议封装后将被发送到通信运营商的 GPRS 数据网络，并通过 GPRS 数据网络将数据传送至配电数据中心，实现电表数据和数据中心系统的实时在线连接。居民用户也可以通过配电数据中心的网站平台实时查看自己家中的能耗情况。

2. 智能供暖

在家庭能量消耗中，除去各类家用电器的电能消耗外，用于家庭供暖的热能消耗也是家庭能耗的重要组成部分。近年来，我国城市的集中供热发展迅速，全国近 300 个城市已有集中供热设施，北方地区集中供热普及率为 2.08%。但是，我国当前的集中供暖系统还存在着许多弊端：第一，供暖管道的开关不受用户控制，在住户外出时供暖照常进行，造成大量热能的浪费；第二，供暖温度不受用户控制，如果供暖温度过高，住户只好开窗调节室温；第三，取暖费收取不合理，各住户所消耗的热量不等，但供暖费一般按住房面积收取。

智能供暖系统能够根据当前家居环境自动调节供暖系统的供热强度。图 2-39 是一个典型的智能供暖系统的结构，系统由温度监测系统、供暖调节装置和流量监测装置组成。在温度监测系统中，温度传感器一般散布在房间内部，用于获取房间的平均温度；供暖调节装置会根据房间内的实际温度和设定温度自动调节供暖阀门的大小，控制热水流量；流量监测装置能够采集供暖热水的流量，作为家庭供暖收费的依据。此外，智能供暖系统还可以引入一些智能化模块实现更多的功能，如引入住户状态识别模块，当住户在家与不在家时选择开关供暖阀门。

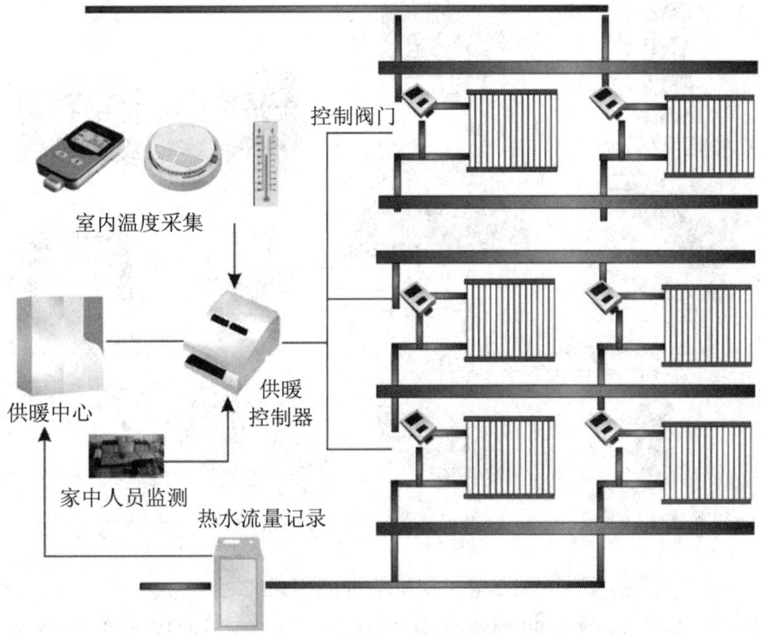

图 2-39　智能供暖系统的结构

2.6.3　智能照明

目前，因照明需求，我国每年消耗大量电能，而且照明多以低效照明为主，研制节能灯、设计智能照明系统、提高照明产品的能效水平是节约楼宇能耗、缓解国家电力供应紧张局面的重要手段。

1. 家庭智能照明系统

控制家庭光照强度是改善家居环境的重要手段之一。在传统的家庭照明控制中，人们需要反复尝试开关各类吊灯、壁灯等来达到理想的光照效果，过程极为烦琐。基于物联网技术的智能照明系统能够通过感知室内光强与光照色度来自动调节家中照明设备的工作状态，并且控制窗帘闭合，达到舒适、节能、个性化的效果。

典型的家庭智能照明系统如图 2-40 所示，光强传感器、颜色传感器组成信息感知层，通过 LonWorks 总线、ZigBee 等通信手段将环境光照信息发送给智能光照系统的主控节点，光照控制中心比对采集到的光照属性与用户设置的光照模式，以最小能耗的原则调控照明设备工作，达到理想的光照效果。家庭智能照明系统还可以通过部署红外传感器来获取家中人员的位置信息，并预测主人的下一步动作(如从客厅走回卧室)，以自动切换照明模式，避免“长明灯”现象。

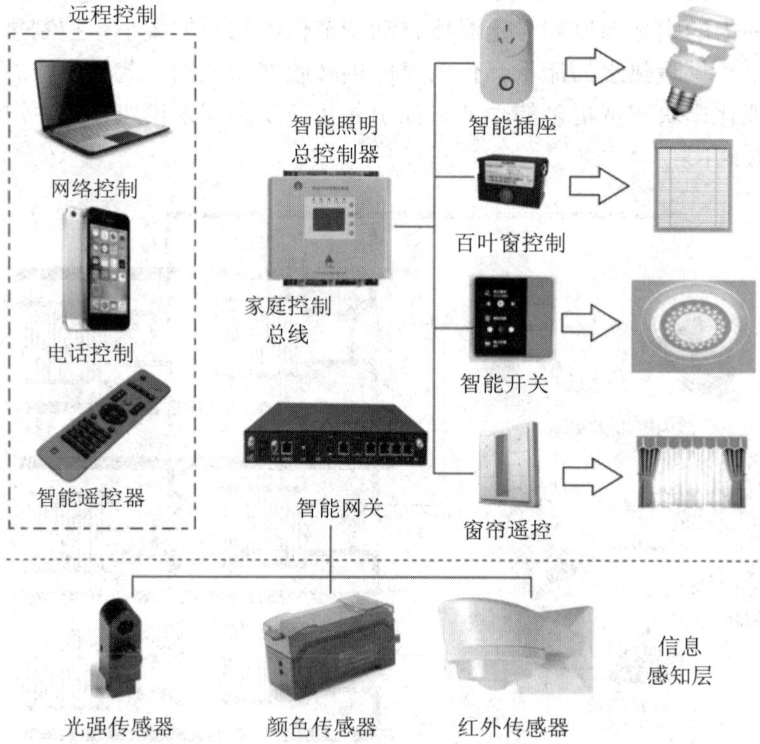

图 2-40　家庭智能照明系统

如果是在白天，外界自然光照强度将作为感知信息之一被送入主控节点，家庭智能照明系统还可以通过控制窗帘开关(开闭窗帘或是调节百叶窗角度)采集自然光，改善家庭照明环境。

2．办公楼智能照明系统

办公楼智能照明特指高层建筑等工作场所的照明。因为高层建筑照明比家庭照明功能更加复杂，系统更加庞大，所以节能是其最重要的设计目的，同时还需要系统有良好的扩展性。

为满足扩展性需求，办公楼智能照明系统通常以总线形式组织。图 2-41 是 I-BUS 智能照明系统的应用实例，该系统能对大楼内部所有照明回路和电动设备进行集中监控，并进行智能调节。I-BUS 使用欧洲安装总线(European Installation Bus，EIB)标准，采用模块化结构以及服从标准 OSI 模型的通信协议，可通过标准 TCP/IP 协议和网关接口通信，以及采用 RS-232 接口与楼宇设备管理系统及管理服务器通信。

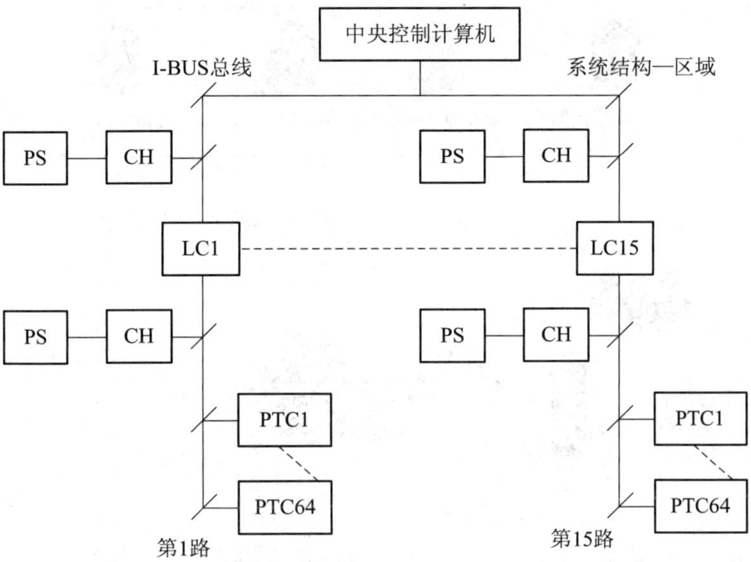

图 2-41　I-BUS 智能照明系统的应用实例

I-BUS 智能照明系统的关键模块包括 EIB 软件 PTC、电源供应器 PS、扼流器 CH、支线耦合器 LC。其中，PTC 包括驱动元器件与传感器类元器件，分别用于解析执行总线命令和感测用户行为并发出命令给总线；电源供应器为各种援建模块提供 24 V 直流电源，电源和模块之间的最大距离为 350 m，当超出时需要扩展额外电源；扼流器和支线耦合器则分别用于电流处理与总线扩展。

通过上述系统，可以根据大楼不同区域的照明要求采用不同的灯光控制方式。例如，基于定时控制和光感控制技术，将大楼一层大厅、地下车库等灯光控制到合适亮度，节约能源与大楼运行费用；在会议室、领导办公室等场所通过调光等手段营造不同的灯光效果，以期使视觉感受更加舒适；对于公共走廊或电梯厅等处的灯光，应确保上班期间定时开启，下班后关闭大部分灯光，同时启用人体移动感应器，随值班人员走动开启灯光，节约能源；在公共区域设置控制面板，便于现场操作与控制；分区域进行照明控制和用电量控制。

2.6.4　家庭安防

在城市生活中，火灾、煤气泄漏、入室抢劫与盗窃是 3 类极为常见的安全事故。为保障自身的生命和财产安全，许多家庭安装了防盗网或者烟雾报警器等安全防护设备。但是，这些设备往往孤立运行，缺乏系统联动性，作用效果极为有限，如用于火灾防范的烟雾报警器在用户外出时根本无法通知邻居或是小区物业人员协助抢险。将物联网技术应用于家庭安防，能够使小区安防和家居安防结为一体，具有快速响应、判断精确的优势，是未来家庭安防的重要发展方向。

智能家庭安防系统通常由前端探测器、网络信号传输系统和控制系统等构成，分别对应物联网系统的感知层、网络层与应用层，如图 2-42 所示。按照前端探测对象的不同，智能家居系统还包括意外事故预防系统、家庭防盗系统、远程监控系统 3 个子系统。

图 2-42 家庭安防系统结构

1. 意外事故预防系统

家庭意外事故预防主要是防火与防煤气泄漏。防火功能需要依赖安装在厨房的温度传感器和安装在客厅、卧室等的烟雾传感器、温度传感器。如检测到火灾发生，传感器将异常信号发送给家庭控制器，控制报警设备发出声光报警信号。随着险情的升级，报警信号会被迅速传达至小区安防中心以及消防部门。有害气体监测功能与家庭防火功能类似，通过安装在厨房的有害气体探测器监视煤气管道、灶具有无煤气泄漏。如有煤气泄漏，家庭服务器会发出报警信号并通知相关人员；同时，家庭服务器还会自动关闭燃气管道电磁阀。

2. 家庭防盗系统

在家庭防盗系统中，首先需要通过门禁手段控制进入大楼的人员身份，其次还需要使用入侵检测技术确保房间安全。

门禁是一种传统的家庭安防手段，其发展经历了从早期的门锁管理到后来的基于 IC 卡的电子门禁系统等多个阶段。将物联网技术引入家庭门禁系统之后，家庭门禁系统变得更加智能化，可以利用更加丰富的感知信息判断人员身份，如基于生物特征的人脸识别。

智能家庭门禁系统由前端的身份认证模块、自动门锁、家庭网络和家庭控制中心 4 个部分组成。其中，身份认证模块负责识别访客的身份，常用的技术手段有生物特征识别和RFID技术。家庭网络主要负责将身份认证模块的认证信息发送给家庭控制中心，为了减少家庭布线的数量，认证信息主要以无线方式传输。为了保证认证信息的安全，传输过程中还会采用动态密钥和AES(Advanced Encryption Standard，高级加密标准)加密等信息安全技术。家庭控制中心负责识别用户身份认证信息，并控制自动门锁的开关。

入侵检测系统使用多种安防类传感器监视防护区域，实现对非法入侵者的检测、识别与报警。入侵检测系统的防护区域分成两部分：住宅周界防护和住宅内防护。住宅周界防护是指在住宅的门窗上安装门窗磁传感器、压力传感器以及在围墙上安装红外探测器，以检测住宅周围的非法入侵情况；住宅内防护是指在主要通道、重要的房间内安装红外探测器，监测家庭内部的异常人员活动情况。当家中有人时，住宅周界防护的报警设备会设防，住宅内防护的报警设备会撤防；当家人出门后，住宅周界防护的报警设备和住宅内防护的报警设备同时设防。当有非法侵入时，家庭控制器会发出声光报警信号，通知家人及小区物业管理部门。另外，通过程序还可以设定报警点的等级和报警器的灵敏度，如图2-43所示。

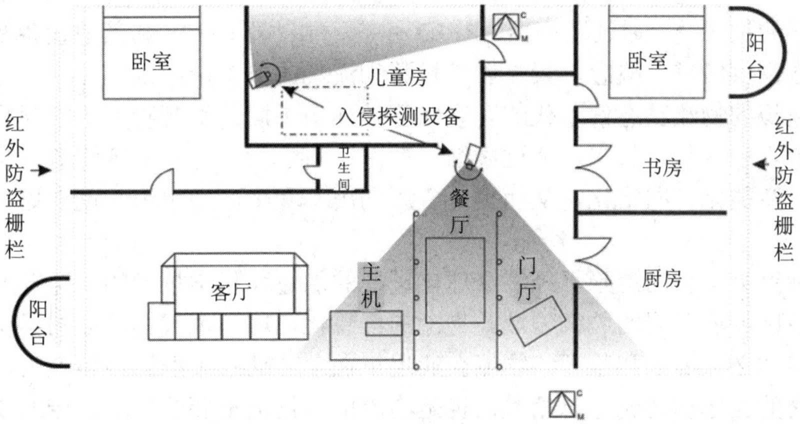

图2-43　家庭防盗系统

3. 远程监控系统

通过远程监控系统，用户可以通过互联网实时查看家中状况。家庭的视频监控系统一般由摄像头、家庭监控服务器和小区监控中心服务器组成。家庭监控服务器连接一个或多个摄像头，分别对准特定场景，如门锁、窗口、家庭内的某个房间，采集现场视频信号，同时对视频进行数字化处理，并能够通过网络将实时监控视频发送给用户；利用运动检测技术，可以准确地判断是否有异常事件发生；当夫妻双方都是上班族，家中有小孩、老人需照看时，主人只要打开手机观看实时监控视频就可以随时检查儿童、老人的起居情况。

智能家居是现代高科技、现代建筑与现代生活理念的完美结合，能够为人们提供更加轻松、有序、高效的现代生活方式。智能家居是一类小范围的，集感知、处理与自动响应的智能网络，初期搭建成本相对低廉，能够作为物联网相关技术的验证平台与研发切入点，在物联网研究的初级阶段应受到更多关注。同时，智能家居产业是一个大的社会系统工程，完善的智能家居系统需要宽带网运营商、接入商、物业管理商、智能家居与信息家电厂家等各行业商家的合作与配合，要想建立清晰的智能家居产业链还任重道远。

第三章

智慧物流系统中的关键技术

“智慧物流”是2009年12月中国物流技术协会信息中心、华夏物联网、《物流技术与应用》编辑部联合提出的概念。IBM于2009年提出建立一个面向未来的具有先进、互联和智能三大特征的供应链，通过感应器、RFID标签、制动器、GPS和其他设备及系统生成实时信息的“智慧供应链”概念，紧接着“智慧物流”的概念由此延伸而出。与智能物流强调构建一个虚拟的物流动态信息化的互联网管理体系不同，智慧物流更重视将物联网、传感网与现有的互联网整合起来，通过精细、动态、科学的管理，实现物流的自动化、可视化、可控化、智能化、网络化，从而提高资源利用率和生产力水平，创造更丰富社会价值的综合内涵。

随着国际贸易壁垒的消除、经济全球化进程的加速和科学技术的高速发展，物流领域越来越成为各国经济发展的关键领域。物流的信息化已成为现代物流业的灵魂，是现代物流业高速发展的必然要求和基石，物流企业也正在由劳动密集型逐步转变为信息和知识密集型。物联网的诞生和物流息息相关，也是物流信息化最重要的手段。借助物联网智能采集、传输与处理等技术手段，物流企业的信息化水平可以显著提升，物流效率迅速提高，物流成本明显降低，最终实现运筹帷幄的智慧物流管理。

3.1 背景概述

早在公元1405年7月11日，郑和就率领着满载2.7万余人的庞大船队从太仓刘家港出发，带着大量的中国瓷器、丝绸、珠宝、药材等物品，经东南亚、印度洋到红海和非洲，遍访亚非30多个国家和地区。两年后，郑和带回了爪哇等国的朝贡使节和数船由商贸换回的异域珍品，完成了历史性远航。郑和七下西洋可以被认为是我国官方物流的伟大壮举，建立并巩固了海上丝绸之路。郑和在当时的历史及科技条件下，不仅完成了史无前例的“国际贸易”，完成了当时先进文化的交融和伟大精神的传递，更是当时民族强大的显著标志，这次远航可以认为是我国参与国际物流的雏形。

实际上，我国的民间贸易和物流在古代就已经如火如荼地开展了，典型代表是作为民间物流标志的镖局。《水浒传》第十五回有“杨志押送金银担，吴用智取生辰纲”，这是标准的以押镖为手段的物流行为。很多历史典故也都体现了早期物流的影子，同时也反映出当时物流业的艰辛和重要，如“兵马未动，粮草先行”“千里送鹅毛，礼轻情意重”“烽火连三月，家书抵万金”“一骑红尘妃子笑，无人知是荔枝来”等都是例证。到了明末清初，随着经济的繁荣和国内贸易的大发展，民间镖局已经成为随处可见的“商业”行为。

物流是以满足客户需求为目的，以高效和经济的手段来组织原料、在制品、制成品以及相关信息从供应到消费的运动和储存的计划、执行和控制的过程。智能化的物流是在现代信息技术高度发展的基础上，利用先进的信息采集、信息处理、信息流通和信息管理技术，完成包括运输、仓储、配送、包装、装卸等多项基本活动的货物从供应者向需求者移动的整个过程，目的是为供应方提供最大化利润，为需求方提供最佳服务，同时消耗最少的自然资源和社会资源，最大限度地保护好生态环境的整体智能社会物流管理体系。

物流过程一般是指货物从原材料到形成消费者购买的产品的整个流程，其中可分为至少 5 个部分，分别是采购物流、生产物流、销售物流、退货物流和废弃物流。其中涉及的节点大致分为原材料、仓库、工厂、成品仓库、批发、零售、消费者等。随着物流信息化水平的提高，物流过程的信息化管理要求也越来越迫切，而信息化手段的引入也在悄悄地改变或影响着物流过程的具体形式。物流过程如图 3-1 所示。

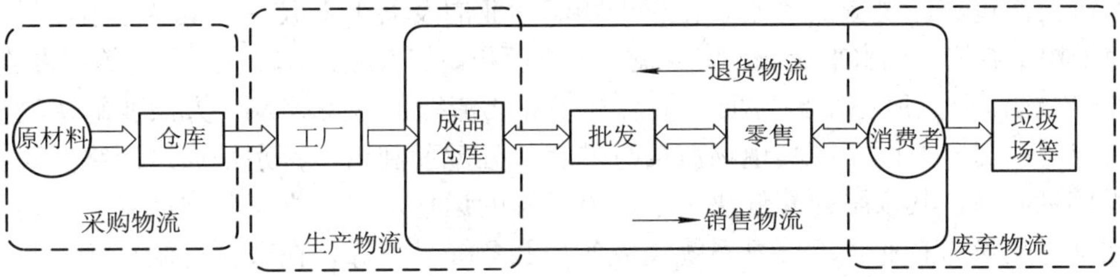

图 3-1　物流过程

纵观全球，世界范围内的每一次重大技术革新都给以交通运输为基础的物流领域带来了根本性改变：18 世纪下半叶在英国开始的工业革命对人们的生活产生了前所未有的影响，蒸汽船舶和蒸汽机车推动了交通运输的第二次飞跃，随后火车和飞机的发明更是推动了交通工具的飞速发展，也大大提升了物流的基础设施；始于 20 世纪 90 年代的以互联网为核心的信息技术革命快速、广泛地影响到了世界的每个角落，改变了数以亿计人的生活，也日益深入地融入了整个社会经济当中，改变了商业经济的发展格局，同时信息领域的发展也开始给物流领域带来新的生机。

从概念上来说，物流属于服务支撑行业，指的是为满足生产者或消费者需求而进行的对原材料、中间库存、最终产品及相关信息从起始地到消费地的有效流动与存储的计划、实施与控制的过程。而对于现代物流来说，物流所传递的不仅仅是实实在在的“货物”，物流信息也开始成为物流行业所关注的重要内容，并成为影响物流效率的关键因素。物流业的信息化和智能化将给传统物流带来历史性的革命，将为物流的全面运行提供安全、高效、实时、低成本的智能载体，为实现全面的物物流通提供技术保障。

3.1.1　我国物流系统面临的挑战

进入 21 世纪以来，随着经济规模的飞速增长，我国的物流产业总体规模日新月异，服务水平也在显著提高，物流产业的产业环境和软硬条件也在不断得到改善。但我国当前物流产业的总体水平仍然偏低，还存在制约其进步发展的因素，如物流运行效率偏低、社会化物流需求不足和专业化物流供给能力不足、物流基础设施能力以及物流服务的组织化和集约化程度低等。可以说，我国的物流产业还是较低端的服务业。

(1) 在物流业整体规模方面。据中国物流与采购联合会报道，2015～2021 年，中国社会物流总费用逐年增长，截至 2021 年，中国社会物流总费用达到 16.7 万亿元，同比增长 12.5%。从中国社会物流总费用占 GDP 比例来看，2015—2021 年整体呈现逐年下降趋势，截至 2021 年，中国社会物流总费用占 GDP 的比例为 14.6%，比上年下降 0.1 个百分点。这反映出国内物流效率有所改善，但与欧美发达国家 8%左右的水平相比，仍有较大差距。总体上看，我国物流业还比较粗放，科技水平还较为落后，还没有形成完整的物流信息网络和综合的物流服务理念，与发达国家有很大差距。

(2) 在物流企业水平方面。由于我国物流业发展起步较晚，物流企业的规模普遍较小，专业化程度低，装备落后，物流链供求网络不畅；大部分物流企业是从传统的运输、仓储企业改造过来的，缺乏现代物流管理的理念和方法，服务意识和服务质量不高；第三方物流企业发展缓慢，无法满足物流服务需求方尤其是制造业的物流供应链的要求，使得企业自营物流比例过高，物流效率低下。整个物流行业的发展水平取决于很多因素，最重要的还是由于物流业信息化水平很低、缺少统一的管理和规划效应、信息流通不畅等因素造成的。

(3) 在物流公共服务平台方面。信息技术在物流业的应用普及一方面要解决物流信息的采集问题；另一方面，要实现物流信息的有效处理和利用，特别是通过网络实现物流过程全程信息共享，其水平的高低决定了物流过程的运作水平。物流公共信息平台通过公共信息共享与交换为企业物流信息系统完成各种服务提供支撑，在很多时候直接代表了物流企业的效率和水平。欧美国家的物流公共信息平台主要依靠企业进行建设并和电子政务相关系统进行连接，如连接电子报关系统、检验检疫系统等，已经相当完善。

我国目前也在考虑建设全国性和区域性的物流公共信息平台，如海关牵头建设的全国电子口岸系统，一些地方港口、物流园区也在努力建设物流公共信息平台。由于我国电子政务的建设存在较多的部门分割，以及物流企业信息化水平低、各种物流信息标准不统一、区域经济差异较大等因素，使得建立信息畅通的综合性的全国物流公共信息平台还比较困难。总体来说，我国物流公共信息平台的建设还在起步阶段。

在传统物流向现代物流过渡的过程中，物流行业的发展目标是实现自动化、信息化和网络化，通过一些信息化的手段来取代过多的人工参与。随着物联网技术的出现，信息采集、信息传输和信息处理及服务的手段获得突飞猛进的发展，通过物联网的综合应用，传统的物品网络和信息网络不再是独立的个体，而变成密不可分的、可实时交互的整体，智能化已成为物流领域新的制高点。物联网背景下的物流信息网络不再仅是信息的网络，更囊括了参与物流过程的所有的货物、车辆、人员、设备、单据、指令、法律、管理、决策等有形或无形的方方面面，形成了一个庞大的智能体系，可以称之为智慧物流。

3.1.2 智慧物流与物联网技术

物联网技术在近两年获得了长足的发展，其内涵主要是指利用各种信息传感设备对现有物品信息进行感知采集，通过泛在网络支撑下的可靠传输技术将各种物品信息汇入骨干网络，并进行基于海量信息资源的智能决策、安全保障及管理技术与服务等公共信息综合服务的网络技术。物联网技术在物流领域的全面应用实现将有望解决我国物流行业所面临的困境，极大地降低物流成本，提高物流管理效率及服务水平。

1．物联网应用能够提升物流行业的整体效率

物流业具有很强的时效性，而其效率在很大程度上决定着物流行业的水平。然而，目前我国的物流系统绝大多数仍然依靠人工录入的方式实现原始信息获取，通过人为决策来决定物体的流向。太多人为参与会使物流信息流通不畅，并且效率低下。通过综合运用物联网相关的技术手段，为物流链上的每一个产品分配唯一的身份标识实现对单品的管理，通过广泛分布于生产流水线、运输工具、仓储环境等处的传感器采集产品质量、物理环境等相关信息，通过深度数据分析实现智能决策和新服务开发，通过对物流过程中的货物、车辆、作业、货柜等进行唯一标识，以此完成整个物流链的一体化管理。将物联网技术融入具体物流运作中，以实现高度的物流信息化、自动化、网络化及智能化，大大提升物流业的整体效率。

2．物联网应用可以推进物流行业专业化、规模化发展

数据显示，发达国家大公司的主要物流业务是委托第三方物流(Third Party Logistics，3PL)企业完成的。而在我国，第三方物流行业发展尚处在起步阶段，缺少专业化及规模化。基于物联网的物流信息网络的建设能够极大地加强物流各环节间的信息交互，实现物流业和服务企业间有效地协调与合作，推进物流行业的专业化、规模化发展。开放的物流信息网能够深化专门从事物流服务的3PL企业与客户的合作关系，最大限度地开发他们在包装、运输、装卸、仓储、加工配送等方面的物流资源，为客户提供优化的物流解决方案和增值服务。企业通过接入物流信息网络系统，能够即时建立企业内部、供应商、消费者、政府部门等相关单位的联系、协调和合作，实现整体联动的社会化物流。

3．物联网行业可以推动物流行业集成化、精细化发展

随着现代经济的快速发展，企业之间物流信息的交换关系和依赖程度也愈来愈错综复杂。在当今市场瞬息万变和竞争环境日益激烈的情况下，企业在物流方面的要求是：响应快速、协同配合、个性化需要。而物联网技术的应用不仅能够使物流过程充分满足企业的上述要求，甚至能够通过物流环节及时的信息反馈改变企业生产滞后市场需求的被动局面，打造企业利用物流信息主动推动市场形成的新局面。

物流业具有非常庞大的体系，牵涉到数量庞大的上下游企业、政府部门甚至国际事务，要想全面应用物联网技术绝非易事。在发展智慧物流的进程中，仅从技术层面就存在许多困难，这在采集信息、网络传输和智能应用3个环节中都有所体现。

(1) 在采集信息的环节中，一般认为技术标准和投资成本是主要矛盾，要想将识别系统深入物流货物单件上，其成本对于大部分产品来说是难以承受的，这是目前讨论最多的部分。无论是货物、集装箱，还是运输公司、车队或海关、码头，只是在某一个体来实施物联网技术，其所能带来的直接效益都是非常有限的。而要想在所有部门或环节都同时实施，由于应用需求不同、技术及生产规模不同、资金投入实力等不同，几乎也是不可能的。从标准化角度来说，要想将不同国家、不同区域、不同经济体都统一起来更是难上加难。

(2) 物流信息在骨干网络的互联互通环节中也具有很多挑战性。在信息的整合中，既要满足开放性要求，实现各种信息很方便、成本很低地互联互通，又要满足安全性要求，这样才能用于商务、管理、控制，即要解决好物流专网与公网的关系。物联网必须身兼多职，作为公网要具有交换信息、信息共享、互联互通的职能，以开放、低成本、便利为方向；作为专网是为特定功能服务的，要有安全、固化管理的职能，要体现所有者的目标。

(3) 智能应用环节的情况最为复杂，用户的需求跨度大，应用及服务复杂多样而且各种物流信息集中交汇，需要基于海量物流信息的物流服务，并提供可按照用户需求进行定制的物流服务产品。应用服务环节在所有环节中均处在核心的位置。应用的部署和发展会直接影响到采集信息技术、互联互通解决方案的发展轨迹。

物联网时代的“智能”物流应该基于强大的骨干网络，智慧物流应该依托整个物流信息网络的海量数据处理和服务中心。其感知网络由各种传感器、RFID 等采集物流信息并源源不断地输送到这一物流“中枢”，把采集的信息经过复杂的深加工，再反馈到物流系统的各个环节，最终通过服务平台做出协调、优化的应对措施，这是基于物联网的智能化发展趋势。这样的智能不同于“傻瓜相机”式的独立智能解决方案，它必须要基于网络和集中的数据处理和服务中心。这也是物联网时代的智慧物流最重要的特征。

3.1.3 我国智慧物流发展路径分析

近年来，智慧物流成为物流行业快速发展的主要助力。智慧物流能大大降低制造业、物流业等各行业的成本，实打实地提高企业的利润，生产商、批发商、零售商三方通过智慧物流相互协作、信息共享，物流企业便能更节省成本。

智慧物流集多种服务功能于一体，体现了现代经济运作特点的需求，即强调信息流与物质流快速、高效、通畅地运转，从而降低社会成本，提高生产效率，整合社会资源。随着物流业的不断发展，智慧物流也从理念走向了实际应用。基于智慧物流理念而建立的成都物流公共信息平台将“云计算”技术融入成都物流公共信息平台的搭建之中，将大量用网络连接的计算资源统一进行管理和调度，构成一个计算资源池向用户提供按需服务。其具有超大规模、虚拟化、可靠安全等独特功能。从政策面来看，在“中国制造 2025”及“互联网+”风口下，智慧物流将迎来爆发机遇。

随着“互联网+”上升为国家战略，越来越多的行业开始转型升级，中国的物流行业也正在面临和经历着由此带来的变化。

1. 加快信息标准建设，实现信息互融互通

智慧物流运用先进的物流信息技术将供应链上所有成员的各个物流环节都紧密联系在一起，以此实现供应链一体化运作，这就需要建立统一的信息标准，才能消除跨部门、跨行业、跨企业之间的信息沟通障碍，为智慧物流的发展提供坚实的基础。一方面，要加快制定条形码、RFID 等物流信息采集标准，不同信息系统之间的对接、信息交换的规范等，使不同的物流技术在仓储、运输、配送等物流业务中的应用标准得到统一；另一方面，要加快智慧物流标准化体系建设，形成物流作业在跨部门、跨行业、跨企业之间的标准运作，推动物流业务流程标准化管理和营运。

2．建立智慧物流云平台，提高信息集约化水平

智慧物流的高效运作离不开智慧物流云平台的建设，通过运用物联网技术、云计算技术等先进物流技术构建的智慧物流云平台，可为跨部门、跨行业、跨企业提供不同的配送车辆信息、货物信息、客户信息等物流信息服务，具备快速、及时、准确传递物流信息的功能，可有效实现信息共享，能有效解决传统物流信息不对称和资源配置不合理等问题，满足企业、客户、政府等多方需求，不仅为多方互相协作和规范市场化运作提供了有力的支持，还将仓储、运输、配送等多个物流环节紧密联系在一起，从而使生产、流通和消费实现无缝对接，从整体上有效降低物流成本，最大限度地进行了物流资源整合和优化，达到供应链一体化高效运作的目标，提高了物流专业服务能力。

3．构建智能末端体系，提升末端智能服务能力

在末端智能配送这一部分，首先要积极鼓励电子商务、物流配送等企业共同合作，利用物联网、云计算、大数据等先进物流信息手段有效整合物流资源，借助智慧物流信息化平台，通过共同配送、无人机配送等智慧物流模式，达到末端物流配送集约化目的，解决“最后一公里”难题；其次，通过自动化仓库、自动化分拣机、电子标签拣选系统、拣选机器人等自动化设备实现快速存取、分拣、搬运等物流作业，提高末端物流配送效率；最后，支持物流配送企业、快递企业与连锁便利店、社区服务站、学校等单位共同合作，发展共享型的智能快递柜、智能快递站等智慧物流末端配送设施，提高末端自动化、智能化的服务水平，使末端物流作业变得高效且低成本。

4．注重信息技术开发，提高企业竞争力

智慧物流建设的一个核心内容就是对信息技术进行开发研究。无论是政府还是企业，都要注重对信息技术的开发，加大对其研究投入力度，突破技术瓶颈，降低技术整体投入成本，研制出适用性强且经济合理的物流信息技术。另外，政府要鼓励企业在自动化仓库、物流机器人、无人机等人工智能的试验应用，给予政策支持和资金支持，帮助企业通过物联网、云计算、大数据等物流信息技术的应用升级，使整个物流作业更加高效便捷。例如，为了达到配送路线优化的目的，要充分利用 GPS、GIS 等先进物流技术准确、快速、及时地采集路况信息，并与道路交通系统有效对接，根据交通路况的实时变化搭建合理的配送路线模型，为供应链上各环节的企业和用户提供配送路径优化的高水平物流服务，进一步提高企业竞争力。

5．打造共享合作模式，优化社会物流资源

智慧物流理念追求的是物流资源的共享合作。为了打造社会物流资源共享的合作模式，一方面需要企业在相互信任的基础上，将企业物流信息透明化、公开化；另一方面，借用物联网技术，通过大数据分析，可将企业闲置的仓库、车辆、托盘、集装箱等物流设施设备进行合理的配置、有效的整合。这不仅可消除企业信息孤岛，深入促进企业的专业化分工，而且企业间的物流资源得到充分利用，避免了企业物流资源的重复投入和建设。而以资源共享形式联系在一起的供应链上的所有企业不仅盘活了整个供应链条的物流资源，也增强了企业供应链的整体竞争能力。

6．多方协同培养人才，共筑智慧物流力量

为了更好地培养智慧物流专业人才，国内各大专院校要积极与政府、企业、物流协会、社会培训机构共同协作，研究制定出适合我国现代物流发展的智慧物流人才培养模式，使高校能尽快培养出社会所需的真正物流人才，让物流教育与行业发展在人才建设上无缝对接。同时，国内政府相关部门要尽快出台政策文件，鼓励高校、物流协会、企业等多方在高端智能型物流管理人才培养上的深度融合和经费支持。通过多方的共同协作，为我国智慧物流的发展提供源源不断的人才力量。另外，还要懂得借鉴国外先进的成功经验，有针对性地引进熟悉物联网、云计算等先进物流技术的高端智慧物流人才，借助外脑进一步完善我国智慧物流人才服务的市场机制。

总体来说，智慧物流是我国现代物流发展的必然趋势，以物联网、云计算等先进物流技术为标志的智慧物流将广泛应用于物流活动的各个环节，可以在信息处理、资源共享、成本控制等多个方面达到标准化、信息化、智能化。预计到 2025 年将是我国智慧物流信息技术应用的成熟期，不仅会形成信息全网全覆盖的应用模式，而且将打破行业间、企业间的信息孤岛和不对称，有效整合社会物流资源，以实现我国智慧物流的高效发展。

3.2 二维码识别技术

物联网感知层的主要功能是实现对信息的采集、识别和控制。物联网通过二维码识别器、传感器、RFID 读写器、摄像头、GPS 等模块实现温度、湿度、风向、标签、道路拥塞等信息的感知和获取。其中，应用最普及的感知技术是 RFID，它可通过无线电信号识别特定目标并读写相关数据，而无须识别系统与特定目标之间建立机械或光学接触。将来最大规模的感知点则是智能手机和可穿戴产品，在“智慧城市”的背景下，每一位市民都可以通过使用自己的智能产品感知周边和自身，从而获得巨大的利用效益。

3.2.1 概述

二维码是指在一维条码的基础上扩展出另一维具有可读性的条码，使用黑白矩形图案表示二进制数据，被设备扫描后可获取其中所包含的信息。一维条码的宽度记载着数据，而其长度没有记载数据。二维码的长度、宽度均记载着数据。

二维码有一维条码没有的定位点和容错机制。容错机制在即使没有辨识到全部的条码，或是说条码有污损时，也可以正确地还原条码上的资讯。

3.2.2 二维码的分类

二维码的种类有很多，不同的机构开发出的二维码具有不同的结构以及编写、读取方法，主要有堆叠式二维码(又称行排式二维码、堆积式二维码或层排式二维码)和矩阵式二维码(又称棋盘式二维码)两类。

(1) 堆叠式二维码：包括 PDF417、Code 49、Code 16K、Ultra Code 等。

(2) 矩阵式二维码：包括 QR 二维码、Code One、Aztec Code、Data Ma-trix、Maxi Code、龙贝码、矽感网格矩阵(Grid Matrix，GM)、矽感紧密矩阵(Compact Matrix，CM)、汉信码等。其中，龙贝码、矽感网格矩阵、矽感紧密矩阵和汉信码是具有国内专利技术的二维码。

国外二维码的主要类型如图 3-2 所示。

Aztec Code　Data Matrix　Vericode

Code 49　Maxi Code

图 3-2　国外二维码的主要类型

国内主流的二维码类型如图 3-3 所示，包括汉信码、GM 码、CM 码和龙贝码等。

龙贝码　汉信码

CM码　GM码

图 3-3　国内主流的二维码类型

3.2.3　PDF417 码

PDF417 码是一种高密度、高信息含量的便携式数据文件，是实现证件及卡片等大容量、高可靠性信息自动存储、携带并可用机器自动识读的理想手段。

PDF417 码是由留美华人王寅敬博士发明的。PDF 取自英文 Portable Data File 3 个单词的首字母缩写，意为“便携数据文件”。因为组成条码的每一符号字符都由 4 个条和 4 个空构成，如果将组成条码的最窄条或空称为一个模块，则上述的 4 个条和 4 个空的总模块数一定为 17，所以称其 417 码或 PDF417 码(图 3-4)。

图 3-4　PDF417 码

PDF417 码可表示数字、字母或二进制数据，也可表示汉字。一个 PDF417 码最多可容纳 1850 个字符或 1108 字节的二进制数据；如果只表示数字，则可容纳 2710 个数字。

PDF417 码的纠错能力分为 9 级，级别越高，纠正能力越强。由于这种纠错功能，使得污损的 PDF417 码也可以正确读出。

1．PDF417 码的特点

我国目前已制定了 PDF417 码的国家标准，PDF417 码的特点如下。

1) 信息容量大

根据不同的条空比例，每平方英寸(1 in = 0.0254 m)可以容纳 250～1100 个字符。在国际标准的证卡有效面积上(相当于信用卡面积的 2/3，约为 76 mm × 25 mm)，PDF417 码可以容纳 1848 个字母字符或 2729 个数字字符，约 500 个汉字信息。这种二维码比普通条码的信息容量高几十倍。

2) 编码范围广

PDF417 码超越了字母、数字的限制，可以将照片、指纹、掌纹、签字、声音和文字等凡可数字化的信息进行编码。

3) 保密、防伪性能好

PDF417 码具有多重防伪特性，它可以采用密码防伪、软件加密及利用所包含的信息如指纹、照片等进行防伪，因此具有极强的保密防伪性能。

4) 译码可靠性高

普通条码的误码率约为百万分之二，而 PDF417 码的误码率不超过千万分之一，译码可靠性极高。

5) 纠错能力强

PDF417 码采用了世界上最先进的数学纠错理论，如果破损面积不超过 50%，条码由于沾污、破损等所丢失的信息可以照常被正确读取。

6) 容易制作且成本很低

利用现有的点阵、激光、喷墨、热敏/热转印和制卡机等打印技术，即可在纸张、卡片、PVC 甚至金属表面上印出 PDF417 码，由此所增加的费用仅是油墨的成本，因此人们又称 PDF417 码是“零成本”技术。

7) 条码符号的形状可变

同样的信息量，PDF417 码的形状可以根据载体面积及美工设计等进行自我调整。

2．PDF417 码的应用领域

二维码具有成本低、信息可随载体移动、不依赖于数据库和计算机网络、保密防伪性能强等优点，结合我国人口多、底子薄、计算机网络投资资金难度较大、对证件的防伪措施要求较高等特点，可以预见，PDF417 码在我国极有推广价值，可以应用在如下领域。

1) 证件管理

由于可以把照片或指纹编在二维码中，有效地解决了证件的可机读及防伪等问题，因此 PDF417 码可广泛地应用在护照、身份证、驾驶证、暂住证、行车证、军人证、健康证和保险卡等任何需要唯一识别个人身份的证件上。

2) 执照年检

行车证、驾驶证的年审，工商营业执照、税务登记证、卫生检疫证、企事业代码证和统计登记证等各种政府部门登记证件的年检，都可以通过二维码解决其计算机录入问题，既节约了政府工作人员的时间，同时为企事业单位提供了良好的服务。采用这种先进的技术，有利于改善政府的服务和公众形象。

3) 报表管理

海关报关单、税务报表、保险登记表等任何需重复录入或禁止伪造、删改的表格，都可以将表中填写的信息编在 PDF417 码中，以解决表格的自动录入问题和防止篡改表中内容。

4) 机电产品的生产和组配线

汽车总装线、电子产品总装线等皆可采用二维码并通过二维码实现数据的自动交换。

5) 银行票据管理

以一张很简单的转账支票为例，客户在出具支票前，可以事先在银行提供的客户端上填写收款人、付款人、日期、金额、票据号码等要素信息，填写完毕之后，把支票放入打印机打印，打印出来之后，除了该有的票据要素之外，支票空白处(如加盖印鉴章旁)会单独再打印一段二维码，此二维码作为银行端读取之用。

6) 行包、货物的运输和邮递

用户扫描邮筒二维码登录快寄服务微信公众号，再扫描预付费封套上的二维码，就可进行快寄下单，随后将快件封套投入邮筒即可。由于每个邮筒上的二维码标示着各自不同的准确位置，因此揽件员可以轻松完成收件工作。

3.2.4　QR 二维码

QR 二维码是二维码的一种，1994 年由日本 DENSO WAVE 公司发明。QR 来自英文“Quick Response”的缩写，即快速反应的意思，源自发明者希望内容快速被解码，属于开放式的标准。QR 二维码最常见于日本，并为目前日本最流行的二维空间条码(图 3-5)。QR 二维码比普通条码可存储更多数据，也无须像普通条码那样在扫描时需直线对准扫描仪。

图 3-5　QR 二维码

QR 二维码呈正方形，只有黑白两色。QR 二维码在 3 个角落印有较小的像“回”字的正方形图案，这 3 个是帮助解码软件定位的图案，用户不需要对准，无论以任何角度扫描，数据都可被正确读取。

QR 二维码的符号规格为 21 × 21 模块(版本 1)～177 × 177 模块(版本 40)。每一规格是每边增加 4 个模块。其数据表示方法为：深色模块表示二进制“1”，浅色模块表示二进制“0”。除了标准的 QR 二维码之外，也存在一种称为“微型 QR 二维码”的格式，是 QR 二维码标准的缩小版本，主要是为了无法处理较大型扫描的应用而设计的。微型 QR 二维码同样有多种标准，最高可存储 35 个字符。

QR 二维码与 PDF417 码比较，其区别如下：

(1) QR 二维码比 PDF417 码识别速度快，可达到 30 个/s；而 PDF417 码为 3 个/s。

(2) QR 二维码可以实现 360° 全方向旋转识读，PDF417 码需要在角度为 ±10° 的范围内才能被识读。

(3) QR 二维码表示汉字的效率比 PDF417 码高 20%，QR 二维码使用 13 bit 表示一个汉字，而 PDF417 码使用 16 bit 表示一个汉字。

(4) QR 二维码数据容量大，信息密度大，最多可表示 3 KB 的内容，PDF417 码最多只能表示 1 KB 的内容。

(5) QR 二维码为正方形，PDF417 码为长方形，在同样数据容量、面积有限的情况下，QR 二维码可以表示更多的内容。

(6) QR 二维码对识读设备要求较低；而 PDF417 码当容量比较大时其长度也会随之增加，所以就要求识读设备可以读取较长的空间。

(7) 支持 QR 二维码开发的工具控件非常多，使用起来非常方便。

(8) QR 二维码又被称为手机二维码，所以 QR 二维码不但支持传统 PC 设备上的 Windows、Linux 等操作系统，还支持手机平台的主要系统，如 Android、iOS、Windows Mobile 等；而 PDF417 码尚未见过类似的应用。

QR 二维码数据容量如表 3-1 所示。

表 3-1　QR 二维码数据容量

QR 二维码数据类型	数字	字母	二进制数 (8 bit)	中文汉字	中文汉字
QR 二维码数据容量	最多 7089 个字符	最多 4296 个字符	最多 2953 个字符	最多 984 个字符 (采用 UTF-8)	最多 1800 个字符 (采用 BIG5)

图 3-6 所示是用 QR 二维码制作的《长恨歌》和《沁园春・雪》，《长恨歌》共 1027 字，《沁园春・雪》共 148 个字。

图 3-6　用 QR 二维码制作的《长恨歌》(左)和《沁园春・雪》(右)

QR 二维码有容错能力，其图形如有破损，仍然可以被机器读取内容，7%～30%面积破损仍可被读取(表 3-2)，所以 QR 二维码可以被广泛使用在运输外箱上。相对地，容错能力百分比越高，QR 二维码图形面积越大，所以一般折中使用 15%容错能力。

表 3-2　QR 二维码的纠错方式与能力

纠错方式	纠错能力
L 水平	7%的字码可被修正
M 水平	15%的字码可被修正
Q 水平	25%的字码可被修正
H 水平	30%的字码可被修正

QR 二维码最常见的应用就是利用 30 万像素以上的照相手机，搭配手机内的 QR 二维码解码软件，对着 QR 二维码一照，解码软件会自动解读二维码信息，显示于手机屏幕上。目前也有运用网络摄像机(Webcam)来解码的，预计未来所有有镜头的科技产品都会采用识别 QR 二维码的技术。

此外，QRDOOR、Quick Mark 提供 PC 版的 QR 二维码解码软件，让没有照相手机的用户也能直接通过 PC 版 QR 二维码解码软件直接截取屏幕上的 QR 二维码，以得到相关信息，让一般手机和 PC 用户也能体验 QR 二维码带来的方便性。运用 QR 二维码及 GPS 的手机导航技术可以简化用户在手机中输入坐标的程序，只需通过 QR 二维码照相手机一照，便可即时将地理坐标存储在手机当中(图 3-7)。

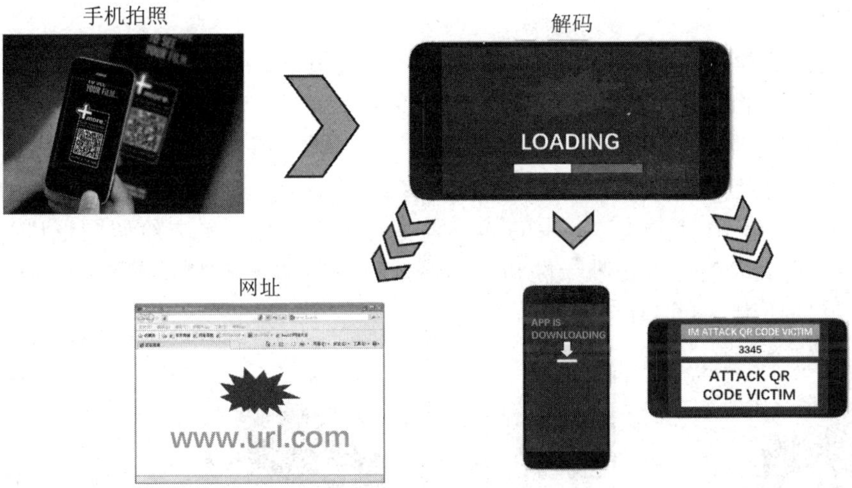

图 3-7　QR 二维码的应用

QR 二维码的主要应用可分成 4 类：

(1) 自动化文字传输：通常应用于文字的传输，利用快速方便的模式，可以让人轻松输入如地址、电话号码、工作日程安排等，进行名片、进程数据等的快速交换。

(2) 数字内容下载：通常应用于电信公司游戏及影音的下载。在账单中打印相关的 QR 二维码信息供消费者下载，消费者通过 QR 二维码的解码，就能轻易链接到下载的网页，下载需要的数字内容。

(3) 网址快速链接：可供用户进行网址快速链接、电话快速调用等。

(4) 身份鉴别与商务交易：许多公司现在正在推行 QR 二维码防伪机制，利用商品提供的 QR 二维码链接至交易网站，付款完成后系统发回 QR 二维码作为购买身份鉴别，应用于购买票券、贩卖机等。在消费者端，也开始有企业提供商品品牌确认的服务，通过 QR 二维码链接至统一验证中心，核对商品数据是否正确，并提供生产制造过程供消费者查询，消费者能够更了解商品的信息，除了能够杜绝非正规产品外，对消费者的购物更是多了一层保护。

3.2.5 二维码的电子商务应用

二维码将成为移动互联网和 O2O(Online to Offline，线上到线下，指将线下的商务机会与互联网结合，让互联网成为线下交易的平台)的关键入口。随着电子商务(简称电商)企业越来越多地进行线上线下并行的互动，二维码已经成为电子商务企业进入公众视野的重要营销载体。二维码在电商领域的广泛应用，同时结合 O2O 的概念，带给消费者更便捷和快速的消费体验，成为电商平台连接线上与线下的一个新通路，对于产品信息的延展和横向的价格对比都有帮助。

传统的 O2O 商业模式能将线上的用户引导到线下进行消费，对商家来说，这更像是一种短期的线上促销活动，因为用户不需要像线上那样先注册再进行消费，所以对用户来说这类消费主要是“一次性消费行为”。更为关键的是，在传统的 O2O 模式下，没有一个总的数据库能够记录这些实际的消费数据。

1. 二维码签到系统

二维码签到陆续在一些重要会议中出现，与会人员只需调出手机中参会前收到的二维码凭证信息，验证通过即可完成签到。二维码签到系统是一种“凭证”类的移动数据业务新产品，属于手机二维码被读应用。它将现代移动通信技术和二维码编码技术结合在一起，将传统凭证的内容及持有者信息编码成为一个二维码图形，并通过短信、彩信等方式发送至用户的手机上，使用时，通过专用的读码设备对手机上显示的二维码图形进行识读验证即可(图 3-8)。它最大的特点是唯一性和安全性，不仅节约了成本，更重要的是节省时间、提高效率、方便使用，同时还非常环保和时尚。

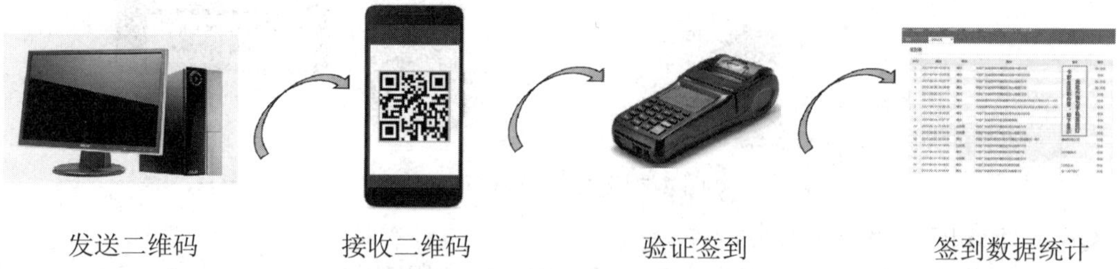

图 3-8　二维码签到系统

高效检测二维码的步骤如下：参会、参展前，主办方通过系统给参与人员发送含有二维码的电子邀请函(彩信、短信)，此二维码含有会务信息，作为展会签到凭证；签到时，参与人员只需携带手机就可轻松完成签到，带来了全新的参会体验，同时也避免了主办方现场核对信息时手忙脚乱的尴尬，而且非常安全，可有效核实身份，杜绝误闯者。参与人员的信息在进行验证时，通过无线通信系统传输到系统数据库，这样展会的参与情况一目了然，方便展会后对参与情况的统计工作。整个流程全部采用了电子化，以手机中的二维码作为入场凭证，实现了会议签到的信息化。

2．基于二维码的广告媒体系统方案

基于二维码的广告媒体系统方案可以为一些房地产、汽车、家居等商家量身定做户外媒体广告，通过体验式营销的解决方案让消费者感受到商品价值，从而产生购买行为，为企业销售和发展助力。

图 3-9 所示的广告媒体系统方案是一种平台运营商、媒介载体、广告媒体以及消费者多方共赢，具有纵深远景的良性商业模式。该系统由手机扫码客户端、手机 WAP 网站、后台管理系统等 3 个重要部分组成，具有非常鲜明的特色和使用功能。

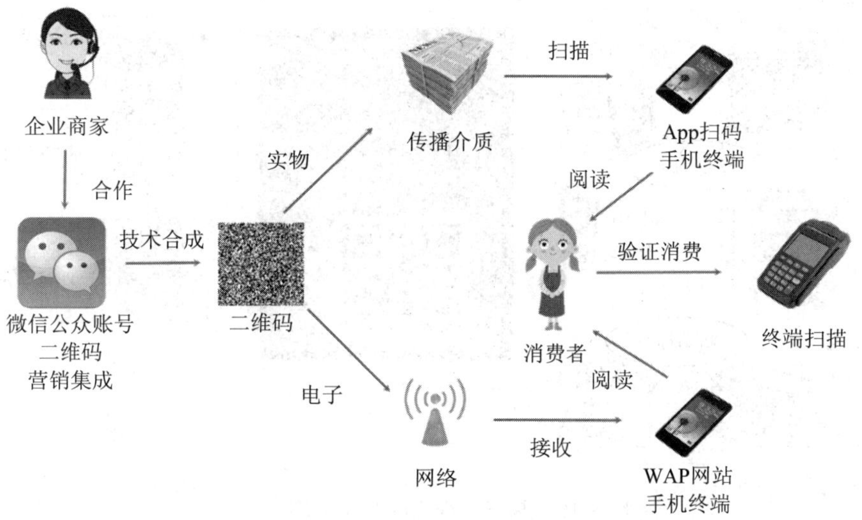

图 3-9　广告媒体系统方案

1) 微信平台营销运用——基于中国手机互联网最大用户群

商家的手机营销平台可以搜索查询到海量潜在客户，真正让企业品牌进入用户的手机终端。

2) 安全的广告二维码

图 3-9 所示方案的核心功能之一就是二维码制作管理，企业将各种视频、文字、图片和链接等压制在一个二维码内，再选择投放到报刊、户外、宣传单、公交站牌、网站、地铁墙壁和公交车身等。

3) WAP 网站承载海量内容

二维码与 WAP 网站的结合无限扩展了信息的数量和形式，用户通过手机随时随地体验浏览、评论、下载、搜索、查询和支付等丰富应用，达到企业宣传、产品展示、活动促销和客户服务等效果。

4) 智能数据监控广告效果

企业通过管理后台对业务流程进行有效监控，广告二维码在不同地点、不同时间、不同媒介载体的使用情况一目了然，方便企业随时调整营销策略，帮助企业以最小投入获得最大回报。

3．基于二维码的食品追溯方案

在仓储与物流配送管理中，可以通过二维码在生产加工及商店供应链中建立可追溯系统(图 3-10)。在物流上，货品信息记录在托盘或货品箱的标签上，这样条码系统能够清楚地获知托盘上的货箱甚至单独货品的各自位置、身份、储运历史、目的地、有效期及其他有用信息。该条码系统能够为供应链中的实际货品提供详尽的数据，并在货品与其完整的身份之间建立联系，用户可方便地访问这些完全可靠的货品信息。通过条码高效的数据采集，可以及时地将仓储物流信息反馈到生产加工环节，指导生产。

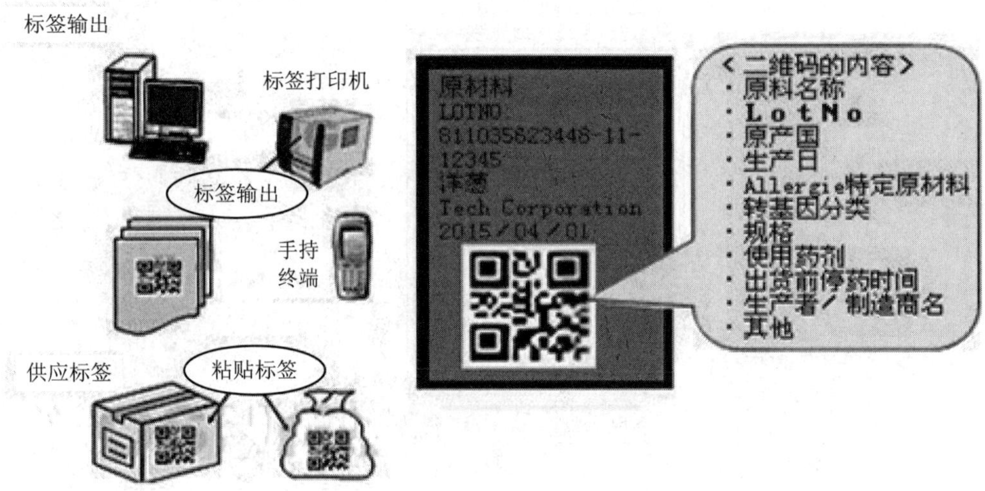

图 3-10　基于二维码的食品追溯方案

除此之外，利用基于二维码的食品追溯方案，原材料供应商可以在向食品厂家提供原材料的时候进行批次管理，将原材料的原始生产数据如制造日期、食用期限、原产地和生产者等信息录入二维码中并打印带有二维码的标签，粘贴在包装箱上后交给食品厂家。在食品厂家原材料入库时，使用数据采集器读取二维码，取得到货原材料的原始生产数据。从该数据就可以马上确认交货的产品是否符合厂家的采购标准，然后将原材料入库。

根据当天的生产计划，制作配方。根据生产计划单，员工从仓库中提取必要的原材料，按各个批次要求使用的各种原材料的质量进行称重、分包，在分包的原材料上粘贴带有二维码的标签，码中含有原材料名称、质量、投入顺序和原材料号码等信息。

根据生产计划指示，打印带有二维码的看板并放置在生产线的前方。看板上的二维码中录入有作业指示内容。在混合投入原材料时使用数据采集器按照作业指示读取看板上的二维码及各原材料上的二维码，以此来确认是否按生产计划正确进行投入并记录使用原材料的信息。在原材料投入后的各个检验工序，使用数据采集器录入以往手工记录的检验数据，省去手工记录环节。数据采集器中登录的数据上传到计算机中，计算机生成生产原始数据，使得产品、原材料追踪成为可能，摆脱以往使用纸张的管理方式。使用该数据库，可以在互联网上向消费者公布产品的原材料信息。

3.3　RFID 技术

3.3.1　概述

射频识别(Radio Frequency Identification，RFID)又称无线射频识别，是一种通信技术，可通过无线电信号识别特定目标并读写相关数据，而无须识别系统与特定目标之间建立机械或光学接触。

RFID 技术作为构建物联网的关键技术，近年来受到人们的广泛关注。RFID 最早起源于英国，应用于第二次世界大战中辨别敌我飞机身份。20 世纪 60 年代，RFID 技术开始了商用。美国食品与药品管理局(Food and Drug Administration，FDA)建议制药商从 2006 年起利用 RFID 跟踪常造假的药品；欧洲联盟(简称欧盟)近年来 3%的公司应用 RFID 技术，应用分布在身份证件和门禁控制、供应链和库存跟踪、汽车收费、防盗、生产控制和资产管理等方面。

图 3-11 所示的 RFID 系统中，无线电信号通过调成无线电频率的电磁场把附着在物品上的电子标签上的数据传送出去，用于主机相连的读写器自动辨识与追踪该物品。这些电子标签在识别时从识别器发出的电磁场中就可以得到能量，并不需要电池；也有的电子标签本身拥有电源，并可以主动发出无线电波(调成无线电频率的电磁场)。电子标签包含了电子存储的信息，数米之内都可以识别。与条形码不同的是，电子标签不需要被安置在识别器视线之内，甚至可以被嵌入被追踪物体之内。

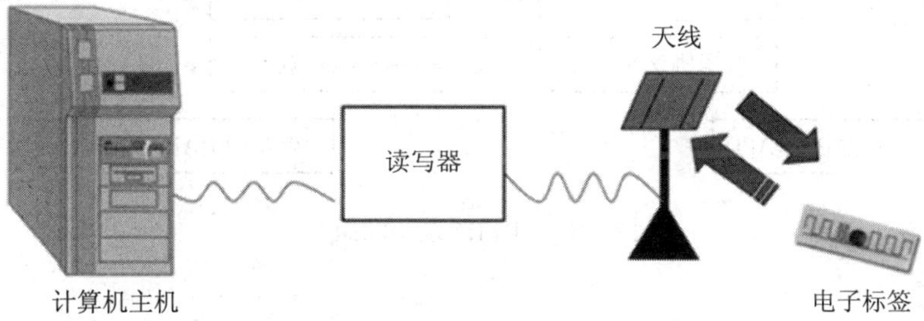

图 3-11　RFID 系统

RFID 的基本原理就是将 RFID 电子标签安装在被识别的物体上，读写器通过发射天线发射一定频率的射频信号，当被标识的物体进入读写器的阅读范围时，利用电感耦合或者电磁反向散射耦合进行通信。

1．电感耦合

电感耦合通过空间高频交变磁场实现耦合，依据的是电磁感应原理(图 3-12)，一般适用于低频和中频，如 125 kHz、13.56 MHz 等，作用距离有限。

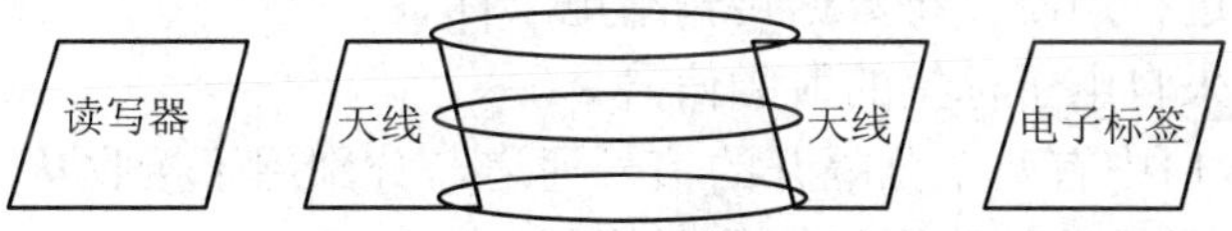

图 3-12　电感耦合

2．电磁反向散射耦合

无源 RFID 通常采用反向散射耦合方式将数据发送给读写器(图 3-13)。读写器通过控制天线的阻抗来返回标签的数据，控制天线的方法有多种，但一般是基于阻抗开关实现的。实际采用的阻抗开关有变容二极管、逻辑门与高速开关等，常用的频率有 433 MHz、915 MHz、2.45 GHz、5.8 GHz 等，作用距离可达 3～10 m。

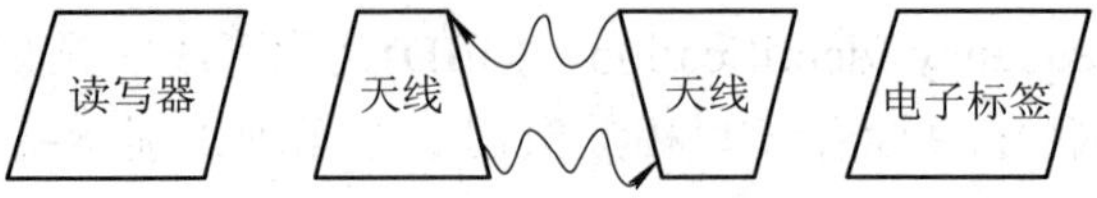

图 3-13　电磁反向散射耦合

3.3.2 RFID 系统的组成

典型的 RFID 系统主要由读写器、电子标签和应用系统软件组成，如图 3-14 所示。

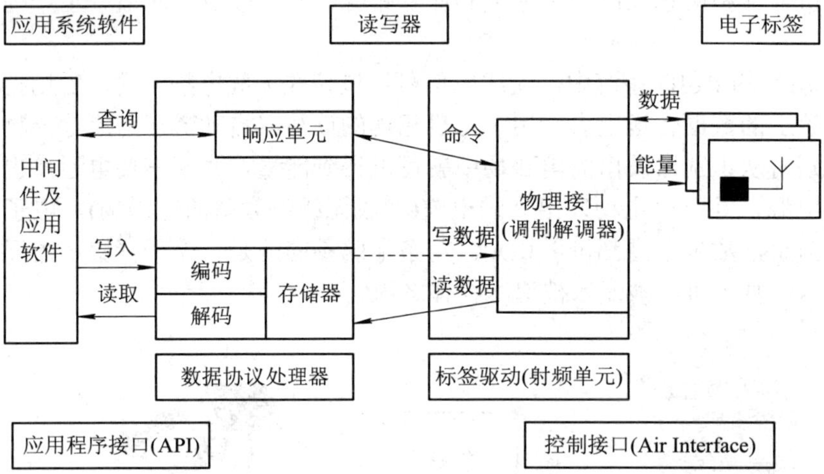

图 3-14　RFID 系统的组成

1．读写器

读写器又称阅读器。读写器主要负责与电子标签的双向通信，同时接收来自主机系统的控制指令。读写器的频率决定了 RFID 系统工作的频段，其功率决定了射频识别的有效距离。读写器根据使用的结构和技术的不同可以是读或读/写装置，它是 RFID 系统信息控制和处理中心。读写器通常由射频接口、逻辑控制单元和天线 3 部分组成(图 3-15)。

1) 射频接口

射频接口的主要任务和功能如下：

(1) 产生高频发射能量，激活电子标签并为其提供能量。

(2) 对发射信号进行调制，将数据传输给电子标签。

(3) 接收并解调来自电子标签的射频信号。

注意：在射频接口中有两个分隔开的信号通道，分别用于接收从读写器到电子标签的数据信号、发送从电子标签到读写器的数据信号。

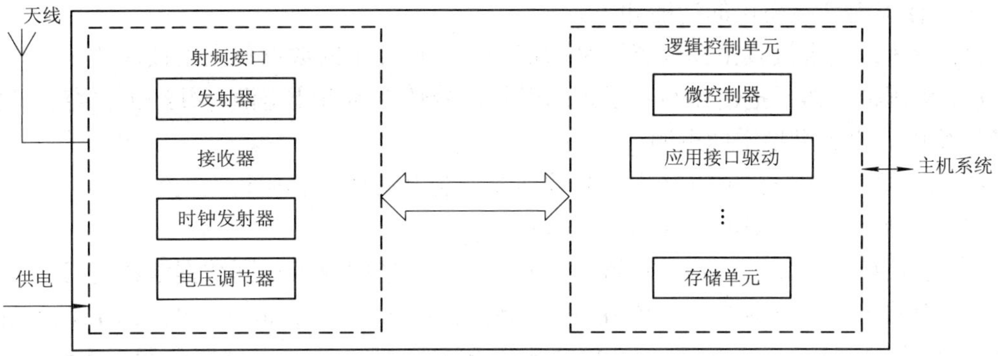

图 3-15　读写器的组成

2) 逻辑控制单元

逻辑控制单元也称读写模块，其主要任务和功能如下：

(1) 与应用系统软件进行通信，并执行从应用系统软件发送来的指令。

(2) 控制读写器与电子标签的通信过程。

(3) 对信号进行编码与解码。

(4) 对读写器和标签之间传输的数据进行加密和解密。

(5) 执行防碰撞算法。

(6) 对读写器和标签的身份进行验证。

3) 天线

天线是一种能将接收到的电磁波转换为电流信号，或者将电流信号转换成电磁波并发射出去的装置。在 RFID 系统中，读写器必须通过天线来发射能量，从而形成电磁场，通过电磁场对电子标签进行识别，因此读写器天线所形成的电磁场范围即为读写器的可读区域。

2. 电子标签

电子标签也称为智能标签(Smart Tag)，是由 IC 芯片和无线通信天线组成的超微型的小标签，其内置的射频天线用于和读写器进行通信(图 3-16)。电子标签是 RFID 系统中真正的数据载体。系统工作时，读写器发出查询(能量)信号，标签(无源)在收到查询(能量)信号后将其一部分整流为直流电源供电子标签内的电路工作，一部分能量信号被电子标签内保存的数据信息调制后反射回读写器。

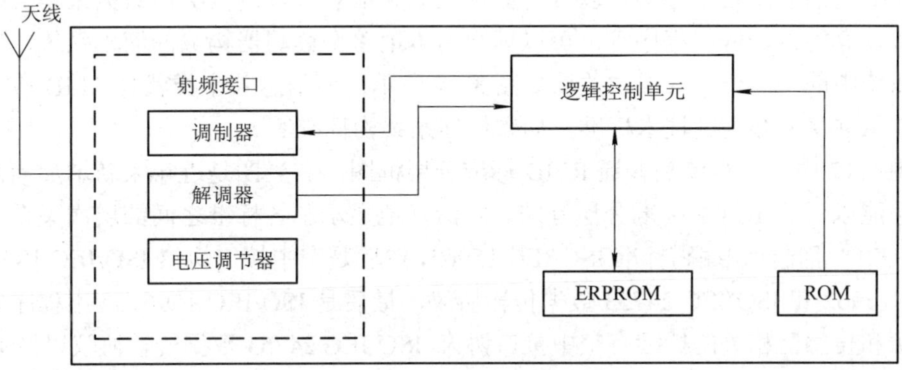

图 3-16　电子标签的组成

电子标签内部各模块的功能如下：

(1) 天线：用来接收由读写器送来的信号，并把要求的数据传送给读写器。

(2) 电压调节器：把由读写器送来的射频信号转换为直流电源，并经大电容存储能量，再通过稳压电路提供稳定的电源。

(3) 调制器：逻辑控制电路送出的数据经调制电路调制后加载到天线并返给读写器。

(4) 解调器：去除载波，取出调制信号。

(5) 逻辑控制单元：译码读写器送来的信号，并依据要求返回数据给读写器。

(6) 存储单元：包括 EEPROM(Electrically Erasable Programmable Read-Only Memory，带电可擦可编程只读存储器)和 ROM(Read-Only Memory，只读存储器)，用于系统运行及存放识别数据。

3. 应用系统软件

应用系统软件主要是把收集的数据进行进一步处理，并为人们所使用。应用系统软件包括中间件和数据库等分布式应用软件。中间件是一种独立的系统软件或服务程序，分布式应用软件借助这种软件在不同的技术之间共享资源。中间件位于客户机、服务器的操作系统之上，管理计算机资源和网络通信。

3.3.3 RFID 的技术标准

ISO/IEC 是信息技术领域重要的标准化组织之一。ISO/IEC 认为 RFID 是自动身份识别和数据采集的一种很好的手段，制定 RFID 标准不仅要考虑物流供应链领域的单品标识，还要考虑电子票证、物品防伪、动物管理、食品与医药管理、固定资产管理等应用领域。基于这种认识，ISO/IEC 联合技术委员会(Joint Technical Committee，JTC)委托 SC31 子委员会负责所有 RFID 通用技术标准的制定工作，也即对所有 RFID 应用领域的共同属性进行规范化；委托各专业委员会负责应用技术标准的制定，如 ISO TC104 SC4 负责制定集装箱系列 RFID 标准， ISO TC122 和 ISO TC104 组成的联合工作组制定物流与供应链系列应用标准。所有标准的制定工作可以由技术委员会委托某些专家起草标准草案，也可以由企业或者专家直接提交标准草案，然后按照 ISO 制定标准的程序进行审核、修改直至最后批准执行。目前 ISO RFID 所有标准草案都可以在网站 www.iso.org 中找到。

ISO/IEC 的通用技术标准可以分为数据采集和信息共享两大类，数据采集类技术标准涉及标签、读写器、应用程序等，可以理解为本地单个读写器构成的简单系统，也可以理解为大系统中的一部分，其层次关系如图 3-17 所示；而信息共享类就是 RFID 应用系统之间实现信息共享所必需的技术标准，如软件体系架构标准等。

在图 3-17 中，左半图是普通 RFID 标准分层框图，右半图是近年来新增加辅助电源和传感器功能以后的 RFID 标准分层框图。它清晰地显示了各标准之间的层次关系，自下而上先是 RFID 标签标识编码标准 ISO/IEC 15963，然后是空中接口协议 ISO/IEC 18000 系列、ISO/IEC 15962 和 ISO/IEC 24753 数据传输协议，最后是 ISO/IEC 15961 应用程序接口。与辅助电源和传感器相关的标准有空中接口协议、ISO/IEC 24753 数据传输协议以及 IEEE 145 标准。

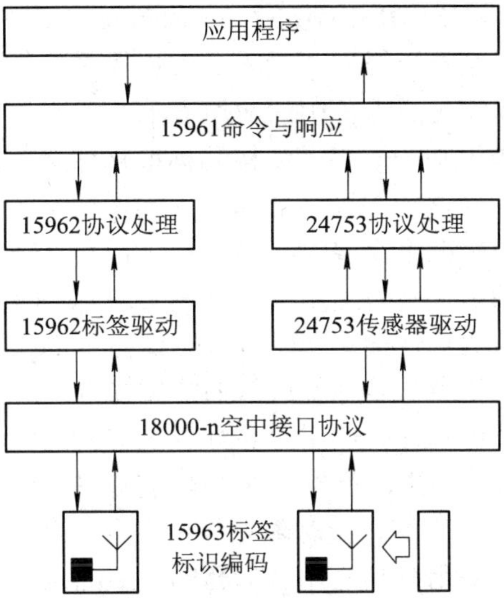

图 3-17 ISO RFID 数据采集类技术标准体系框图

1. 数据标准

数据标准主要规定数据在标签、读写器到主机(中间件或应用程序)各个环节的表示形式。因为标签能力(存储能力、通信能力)的限制，在各个环节的数据表示形式必须充分考虑各自的特点，采取不同的表现形式。另外，主机对标签的访问可以独立于读写器和空中接口协议，即读写器和空中接口协议对应用程序来说是透明的。RFID 数据协议的应用接口基于 ASN.1，它提供一套独立于应用程序、操作系统和编程语言，也独立于标签读写器与标签驱动之间的命令结构。

ISO/IEC 15961 规定了读写器与应用程序之间的接口，侧重于应用命令与数据协议的标准方式，这样应用程序可以完成对电子标签数据的读取、写入、修改、删除等操作功能。该协议也定义了错误响应消息。

ISO/IEC 15962 规定了数据的编码、压缩、逻辑内存映射格式，再加上如何将电子标签中的数据转换为对应用程序有意义的方式。该协议提供了一套数据压缩机制，能够充分利用电子标签中有限的数据存储空间与空中通信能力。

ISO/IEC 24753 在 ISO/IEC 15962 的基础上对数据处理能力进行了补充，适用于具有辅助电源和传感器功能的电子标签。增加传感器以后，电子标签中存储的数据量增大，传感器的管理任务也大大增加，因此 ISO/IEC 24753 规定了电池状态监视、传感器设置与复位、传感器处理等功能。图 3-17 表明 ISO/IEC 24753 与 ISO/IEC 15962 一起，规范带辅助电源和传感器功能电子标签的数据处理与命令交互。它们的作用使得 ISO/IEC 15961 独立于电子标签和空中接口协议。

ISO/IEC 15963 规定了电子标签唯一标识的编码标准，该标准兼容 ISO/IEC 7816-6、ISO/TS 14816、EAN.UCC 标准编码体系、INCITS 256。注意其与物品编码的区别，物品编码是对标签所贴附物品的编码，而该标准标识的是标签自身。

2. 空中接口通信协议

空中接口通信协议规范了读写器与电子标签之间的信息交互，为不同厂家生产设备之间提供了互联互通的可能性。ISO/IEC 制定了 35 种频段的空中接口协议，这种思想充分体现了标准统一的相对性，一个标准是对相当广泛的应用系统的共同需求，但不是所有应用系统的需求，一组标准可以满足更大范围的应用需求。

《基于物品管理的射频识别——参考结构和标准化的参数定义》(ISO/IEC 18000-1)规范了空中接口通信协议中共同遵守的读写器与标签的通信参数表、知识产权基本规则等内容，这样每一个频段对应的标准不需要对相同内容进行重复规定。

《基于物品管理的射频识别——适用于中频段 125～134 kHz》(ISO/IEC 18000-2)规定了在标签和读写器之间通信的物理接口、读写器应具有与 Type A (FDX)和 Type B (HDX)标签通信的能力，以及协议和指令与多标签通信的防碰撞方法。

《基于物品管理的射频识别——适用于高频段 13.56 MHz》(ISO/IEC 18000-3)规定了读写器与标签之间的物理接口、协议、命令与防碰撞方法。防碰撞协议可以分化为两种模式：模式 1 分为基本型与两种扩展型协议(无时隙无终止多应答器协议和时隙终止自适应轮询多应答器读取协议)；模式 2 采用时频复用 FTDMA(Frequency and Time Division Multiple Access，分频多时多址连接方式)协议，共有 8 个信道，使用于标签数量较多的情形。

《基于物品管理的射频识别——适用于微波段 2.45 GHz》(ISO/IEC 18000-4)规定了读写器与标签之间的物理接口、协议、命令与防碰撞方法。该标准包括两种模式；模式 1 是无源标签，工作方式是读写器先讲(Reader Talks First)；模式 2 是有源标签，工作方式是标签先讲(Tag Talks First)。

《基于物品管理的射频识别——适用于超高频段 860～960 MHz》(ISO/IEC 18000-6)规定了读写器与标签之间的物理接口、协议、命令与防碰撞方法。它包含 Type A、Type B 和 Type C 3 种无源标签的接口协议，通信距离最远可以达到 10 m。其中，Type C 是由 EPCglobal 起草的，并于 2006 年 7 月获得批准，它在识别速度、读写速度、数据容量、防碰撞、信息安全、频段适应能力和抗干扰等方面有较大提高。2006 年 ISO/IEC 18000-6 V4.0 被颁布，它针对带辅助电源和传感器电子标签的特点进行扩展，包括标签数据存储方式和交互命令。带电池的主动式标签可以提供较大范围的读取能力和更强的通信可靠性，不过其尺寸较大，价格也更贵一些。

《基于物品管理的射频识别——适用于超高频段 433.92 MHz》(ISO/IEC 18000-7)定义了有源电子标签的相关规范，规定了读写器与标签之间的物理接口、协议、命令与防碰撞方法。有源标签识读范围大，适用于大型固定资产的跟踪。

3.3.4 RFID 的应用案例

许多行业都运用了 RFID 技术，如将电子标签附着在一辆正在生产中的汽车，可以方便追踪此车在生产线上的进度；医院药房可以用它来追踪药品所在位置；RFID 的身份识别卡可以使员工进入有门禁卡的建筑部分；汽车上的射频应答器可以用来征收收费路段与停车场的费用。

1. 基于 RFID 的智能停车场车辆管理

目前大部分停车场车辆出入管理采用高频近距离 IC 卡，当车辆出入时，车辆都必须停下，由人工把卡片贴近读卡器读卡，被正确识别后才可以通行。超高频 RFID 技术与高频

RFID 技术相比具有读取距离远、识别速度快、可识别高速运动物体并可同时识别多个标签等优点，使用超高频 RFID 技术的停车场管理系统采用远距离读写卡，不需停车，不需摇窗，能在 3～10 m(可调)距离识别车上的 RFID 卡片，自动控制，自动放行，简化了车辆出入手续，提高了车辆管理效率，给车主提供了很大便利，同时也提高了车辆出入停车场时的安全性。

基于 RFID 的智能停车场车辆管理系统架构如图 3-18 所示。

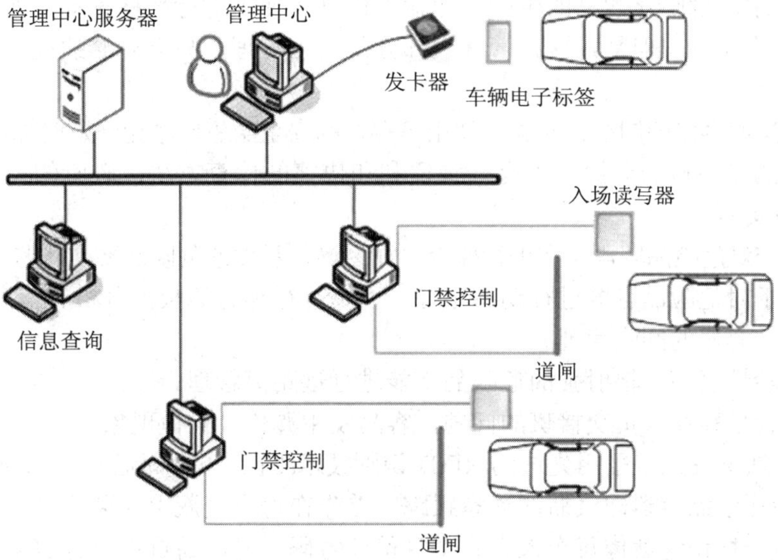

图 3-18　基于 RFID 的智能停车场车辆管理系统架构

该系统功能说明如下。

1) 车辆出入控制系统

(1) RFID 车辆自动识别：在车辆通过出入口时，可通过闸口顶端的 RFID 读写设备将车辆上携带车辆卡的注册信息数据自动采集到计算机中，计算机根据自动读到的车牌号等数据信息与数据库信息进行比对，检查车辆在该出入口是否具有进出权限，并向通道门禁子系统发出控制命令，显示车辆信息。

(2) 门禁控制及显示模块：接收计算机控制系统发出的控制命令，控制道闸自动开启和关闭，实现自动放行操作(图 3-19)。

图 3-19　智能停车场的门禁系统

2) 基础信息管理系统

(1) 车辆信息注册发卡模块：给车辆发放 RFID 车辆卡，记录卡的识别代码，并且关联该车辆的相关信息，如车牌号码、车辆类型、车主姓名、所属单位、有效日期、车位编号等，并上报数据中心备案存储在数据库中。

(2) 车辆 RFID 卡管理模块：提供车辆卡的维护管理功能，包括车辆、车主、单位、卡有效期等信息的变更、卡的注销、补卡的管理。

(3) 车辆进出权限管理模块：提供车辆卡在各个出入口的权限管理功能。

(4) 查询统计模块：查询车辆、单位、出入口的状况，并且提供各种情况下的报表打印。

2. RFID 在危险品管理中的应用

近几年来，危险化学品的泄漏、爆炸等事故时有发生，给人民生命财产带来严重威胁，对于危险品的管理问题，一直困扰着政府部门和很多企业。近几年政府出台了一系列行政措施，不但要求对危险化学品的生产、运输、保管和使用进行严格管理，而且要求对盛装的容器进行严密监管。但是，这种管理大部分是人工管理，缺乏可靠的技术手段，有以下几点不便：

(1) 对于流通容器的制造、检验、使用等存在的安全隐患问题无法及时加以判断和追溯。

(2) 容器的使用极为分散，没有一种便利和快捷的检查方法，政府的许多行政监督工作难以有效地实施。

(3) 不便于对危险品容器状态进行监控，如易燃、易爆的危险品要实时监控容器的温度。

(4) 不便于对危险品容器进行动态跟踪，以及进行动态的数据分析和信息掌控。

(5) 不便于容器的回收管理。

(6) 对危险性极高、辐射强的危险品不能进行远距离管理。

(7) 人工管理存在人员交接班的问题，容易发生漏检、错检现象。

危险品气瓶管理系统采用先进的 RFID 识别技术(图 3-20)，即通常所说的电子标签，可以解决对危险化学品容器即气瓶的动态跟踪。首先在每个气瓶上安装一个电子标签，以此作为气瓶的唯一标识，就像每个人有一个身份证号码一样，通过电子标签可对该气瓶“身份”做出准确确认。此外，气瓶的检验、充气、配送等动态信息可在电子标签内进行记录和更新，同时保存在数据中心的计算机内，随时提供给企业和政府监管部门查询。

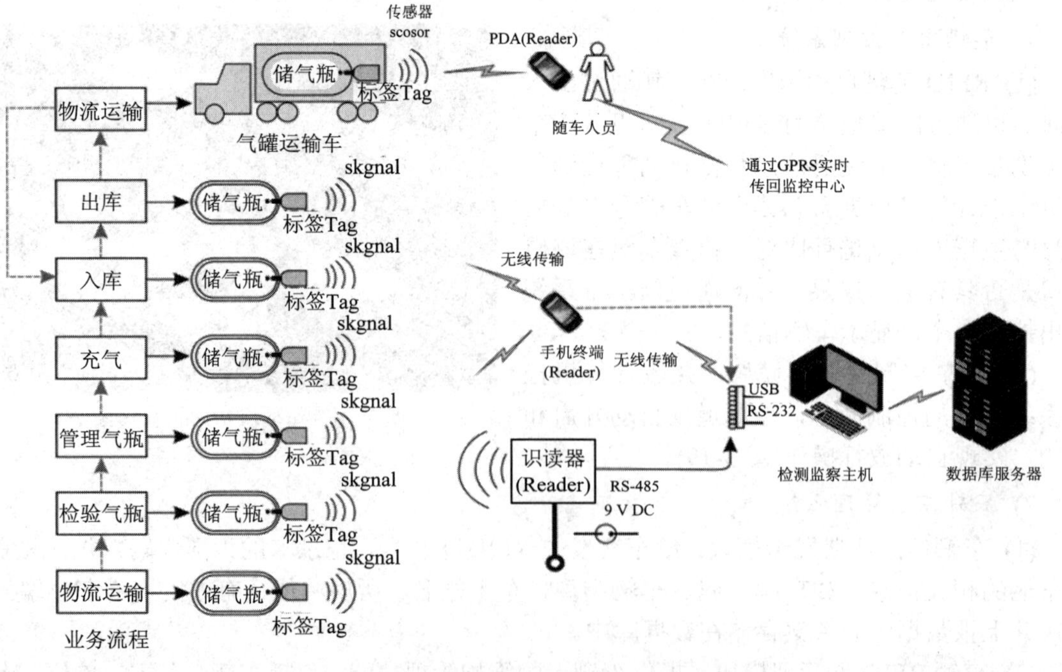

图 3-20　危险品气瓶管理系统的技术方案

对于高危险性化学品容器的运输，则通过电子标签与车载读卡器或车载 GPS 终端的数据通信，对这辆车装载的危险化学品气瓶、车辆所处位置与状态进行监控。监管人员通过气瓶上电子标签及其建立起的计算机安全监督平台，可对不符合安全规定的气瓶、运输过程中温度报警的气瓶和违章运输行为进行及时干预和纠正。

对于企业来说，电子标签中存储了气瓶的标识号、出厂日期、报废日期与维修记录等信息。每当这个气瓶生产或检测完成开始出库时，库存记录中可以显示卷标数据(如标识号、质量、测试日期及其他历史数据)，读写通过并合格后该瓶可以出库使用。而后，每次使用以及维修都可以进行相应的标注。这样，气瓶的安全与否、使用寿命是否到期等问题就可以一目了然。利用手持式读写器和电子标签具有的数据自动采集功能，再将数据传输到计算机数据管理中心，可以简化气瓶检验、充装、配送等环节的操作，提高企业的工作效率。

安装电子标签的对象物品中，气瓶、化学物品运输罐都是金属材料，而一般来说，金属材料上很难使用电子标签。由于读写器与应答器(电子标签)间产生的磁通量会在金属表面感应涡流，而涡流对读写器的磁场起反作用(楞次定律)，致使金属表面上的磁场进行强烈的衰减，因此金属材料对电波具有屏蔽作用，贴在金属品上的电子标签很难接收读写器发来的电波，影响 RFID 的正常工作。

针对这种情况，一般采用以下几种措施来解决：

(1) 采用有源主动高频电子标签。有源主动高频电子标签能够主动全向发射电波，与被贴材料性质无关，且发射功率较大。在普通电子标签与金属表面间插入一种高磁导率的磁性材料，通常的做法是把磁性材料与电子标签做成一体，从而形成防金属电子标签。防金属电子标签的应用系统一般采用被动式 RFID 技术(防金属电子标签是无源的)，当读写器遇到 RFID 电子标签时发出电磁波，周围形成电磁场，RFID 标签从电磁场中获得能量并激活标签中的微芯片电路，芯片转换电磁波，然后发送给读写器，读写器把它转换成相关数据，上位机采集到这些数据后就可以处理这些数据，从而进行管理控制。图 3-21 所示为防金属电子标签。

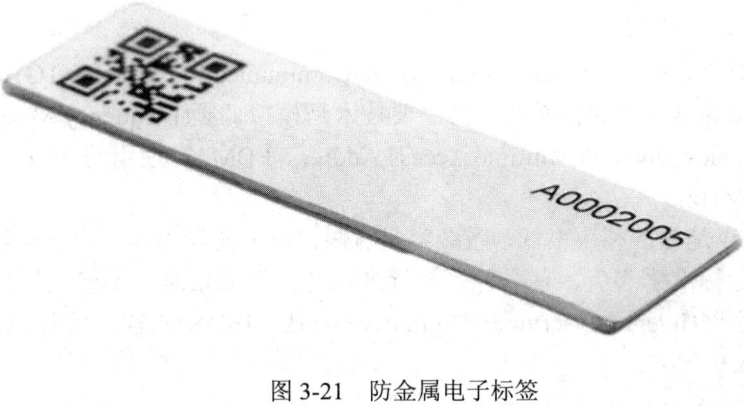

图 3-21　防金属电子标签

(2) 改变电子标签的天线设计技术。一般的电子标签放在金属表面上时，穿过标签上的天线的磁力线是与金属表面垂直的，穿过金属的磁力线在金属上产生涡流，因此损耗了大量能量，导致金属对电波产生了屏蔽作用。可以改变电子标签的天线设计，让金属板上的电子标签附上天线，使磁力线的方向平行于金属表面(图 3-22)。

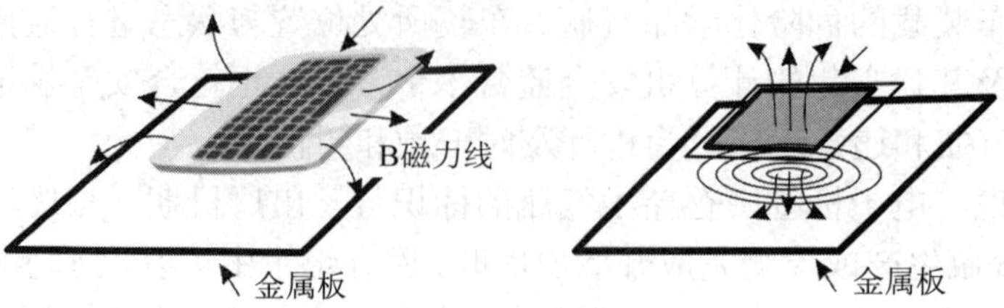

(a) 适用于金属的电子标签　　(b) 一般的电子标签

图 3-22　两种类型的电子标签

3.4　移动通信网络

3.4.1　概述

移动通信是指通信双方或至少一方处于移动中或临时停留在某一非预定位置上，进行信息传递和交换的通信方式。移动通信不受时间和空间的限制，交流信息机动灵活、迅速可靠。其包括移动体与固定点、移动体之间的信息传递。

很多人一提到移动通信，往往首先想到的是手机，其实“移动”这个概念不仅仅在于手机，它其实包括蜂窝移动、集群调度、无绳电话、寻呼系统和卫星系统。

由于移动通信是至少有一方处于移动状态下的通信，不可能再用一条电话线和它们相连，因此必须使用无线信道——靠无线电波传送信息。但它和无线通信是两个不同的概念，前者强调移动性，后者强调无线电波的传播。

3.4.2　移动通信的发展历程与特点

1. 移动通信的发展历程

1) 第一代移动通信系统

第一代移动通信系统(First Generation Mobile Communication System，1G)是以模拟蜂窝为主要特征的模拟蜂窝移动通信系统。其主要技术是模拟调频(Frequency Modulation，FM)和频分多址(Frequency Division Multiple Access/Address，FDMA)，使用的频段为 80/900 MHz (早期曾使用 450 MHz)。

1G 的主要缺点是频谱利用率低，系统容量有限，抗干扰能力差，业务质量比有线电话差，而且当时国际标准化落后，有多种系统标准，跨国漫游很难，不能发送数字信息，不能与综合业务数字网(Integrate Services Digital Network，ISDN)兼容。目前 1G 已逐步被各国淘汰。

2) 第二代移动通信系统

第二代移动通信系统(Second Generation Mobile Communication System，2G)是以数字化为特征的数字蜂窝移动通信系统。其以数字传输(低比特率语音编码，采用 GMSK/QPSK 数字调制技术以及自适应均衡技术)、时分多址(Time Division Multiple Access，TDMA)和码分多址为主体技术，主要业务包括电话和数据等窄带综合数字业务，可与窄带综合业务数字网(Narrowband-Integrate Services Digital Network，N-ISDN)相兼容。

时分多址体制主要有 3 种：欧洲的全球移动通信系统(Global System for Mobile Communications，GSM)、美国的数模兼容系统(Digital AMPS，D-AMPS，又称 ADC)和日本的 PDC(或称 JDC)。

2G 的主要缺点是系统带宽有限，限制了数据业务的发展，也无法实现移动多媒体业务，而且由于各国的标准不统一，无法实现各种体制之间的全球漫游。

3) 第三代移动通信系统

世界各地在开发第三代移动通信系统(3rd Generation Mobile Communication System，3G)的进程中形成了北美、欧洲和日本三大区域性集团，它们分别推出了 WCDMA(Wideband Code Division Multiple Access，宽带码分多址)、UTRA-TDD(UMTS Terrestrial Radio Access-Time Division Duplexing，通用陆地无线接入-时分双工)和宽带 CDMAOne 的技术方案。3G 于 21 世纪初投入商业运营。

我国于 1998 年 6 月向 ITU 提出了中国的 RTT 方案，即 TD-SCDMA 方案，被 ITU 吸纳，成为目前国际上的 3 个 RTT 方案之一。2007 年 10 月，ITU 批准 WiMAX 无线宽带接入技术以 OFDMA WMAN TDD 的名义成为继 WCDMA、CDMA2000、TD-SCDMA 后的第 4 个 3G 标准。

3G 带宽对多媒体业务的传输而言仍然不够宽，不适应互联网发展的要求，因此之后世界各国开始了后 3G(4G)的研究计划。

4) 4G 移动通信

第四代移动电话行动通信标准指的是第四代移动通信技术(4th Generation Mobile Communication Technology，4G)。该技术包括 TD-LIE(Time Division-Long Term Evolution，分时长期演进)和 FDD-LTE(Frequency Division Duplexing-Long Term Evolution，频分双工长期演进)两种制式[严格意义上来说，LTE 只是 3.9G，尽管被宣传为 4G 无线标准，但它其实并未被 3GPP(3rd Generation Partnership Project，第三代合作伙伴计划)认可为 ITU 所描述的下一代无线通信标准 IMT-Advanced，因此在严格意义上其还未达到 4G 的标准。只有升级版的 LTE Advanced 才满足 ITU 对 4G 的要求]。

4G 集 3G 与 WLAN 于一体，能够快速传输数据和高质量的音频、视频和图像等。4G 能够以 100 Mb/s 以上的速度下载，并能够满足绝大多数用户对无线服务的要求。此外，4G 可以在 DSL(Digital Subscriber Line，数字用户线路)和有线电视调制解调器没有覆盖的地方部署，然后扩展到整个地区。很明显，4G 有着不可比拟的优越性。

5) 5G 移动通信

第五代移动通信技术(5th Generation Mobile Communication Technology，5G)是具有高速率、低时延和大连接特点的新一代宽带移动通信技术，是实现人机物互联的网络基础设施。

ITU 定义了 5G 的三大类应用场景，即增强移动宽带(enhanced Mobile Broad band，eMBB)、超高可靠低时延通信(ultra Reliable Low Latency Communication，uRLLC)和海量机器类通信(massive Machine Type of Communication，mMTC)。增强移动宽带主要面向移动互联网流量爆炸式增长，为移动互联网用户提供更加极致的应用体验；超高可靠低时延通信主要面向工业控制、远程医疗、自动驾驶等对时延和可靠性具有极高要求的垂直行业应用需求；海量机器类通信主要面向智慧城市、智能家居、环境监测等以传感和数据采集为目标的应用需求。

为满足 5G 多样化的应用场景需求，5G 的关键性能指标更加多元化。ITU 定义了 5G 八大关键性能指标，其中高速率、低时延、大连接成为 5G 最突出的特征，用户体验速率达 1 Gb/s，时延低至 1 ms，用户连接能力达 100 万连接/km^2。

2018 年 6 月，3GPP 发布了第一个 5G 标准(Release-15)，支持 5G 独立组网，重点满足增强移动宽带业务。2020 年 6 月，Release-16 版本标准发布，重点支持低时延高可靠业务，实现对 5G 车联网、工业互联网等应用的支持。

2020 年 4 月 8 日，中国移动、中国电信、中国联通携手 11 家合作伙伴共同发布《5G 消息白皮书》，三大运营商计划在 2020 年内推出 5G 消息。但截至目前，三大运营商仍未推出 5G 消息，据了解，有可能在 2022 年年底推出。

5G 作为一种新型移动通信网络，不仅要解决人与人通信问题，为用户提供增强现实、虚拟现实、超高清(3D)视频等更加身临其境的极致业务体验，更要解决人与物、物与物通信问题，满足移动医疗、车联网、智能家居、工业控制、环境监测等物联网应用需求。最终，5G 将渗透到经济社会的各行业各领域，成为支撑经济社会数字化、网络化、智能化转型的关键新型基础设施。

2．移动通信的特点

1) 无线电波传播复杂

移动通信系统多建于大中城市的市区，城市中高楼林立、高低不平、疏密不同、形状各异，这些都使移动通信传播路径进一步复杂化，并导致其传输特性变化十分剧烈；接收信号多为直射波、多径反射波、绕射波和散射波的合成波，叠加的场强起伏不定，最大可相差 20～30 dB。

2) 多普勒频移会产生附加调制

移动通信网像其他通信网一样，受到各种噪声[如大气噪声(次要)、城市噪声(主要)]的影响。然而，它又是一个多频道、多电台同时工作的系统，因此将受到同频干扰(蜂窝通信系统特有)、邻道干扰(通俗解释，假如有两个车道，A 在左边，B 在右边，两条路宽是一样的，可是 A 的车太大，就影响了 B 的车道)、互调干扰(主要是由系统设备中的非线性引起的，如混频选择不好，使非有用信号混入而造成干扰)。

3) 对移动台的要求高

由于政策、技术、使用的无线电设备等原因，ITU 只划定了 9 kHz～400 GHz 的范围，目前使用的较高频段只在几十吉赫兹。受到无线传播特性的限制，蜂窝移动通信一般工作在 3 GHz 以下。

移动通信的频段仅限于 VHF(Very High Frequency，甚高频)、UHF(Ultra High Frequency，超高频)，所以可用的信道容量是极其有限的。为满足用户需求量的增加，需要开拓新频段和在有限的已有频段中采取有效利用频率的措施，如窄带化(每个用户占用的频率带宽较小)、缩小频带间隔(缩小用户频带之间的保护间隔)、频道重复利用、多波(信)道共用、多载波传输、MIMO 技术等方法。

4) 建网技术复杂

为了满足移动中通信的要求，所使用的技术非常复杂：由于移动台在通信区域内随时运动，需要随机选用无线信道进行频率和功率控制、地址登记、越区切换及漫游等跟踪技术，这就使其通信比固定网要复杂得多。移动通信在入网和计费方式上也有特殊的要求，所以移动通信系统是比较复杂的。

移动通信的工作方式包括单向和双向，其中单向(广播式)传输主要应用于无线寻呼系统中；而双向通信又可分为 3 类：单工、双工和半双工。

3.4.3 移动通信的工作方式

1．单工通信

单工通信是指通信双方电台交替地进行收信和发信。根据收、发频率的异同，单工通信又可分为同频单工通信和异频单工通信。单工通信常用于点到点通信(图 3-23)。

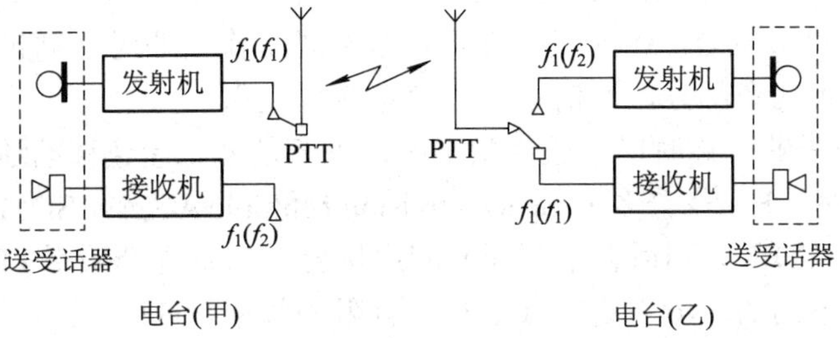

图 3-23　单工通信

单工通信的优点如下：① 可直接通话，不用基站；② 不用天线共用装置；③ 耗电少，设备简单，造价便宜。

单工通信的缺点如下：① 由于收、发信机使用同一个频率，当附近有邻近频率的电台工作时，就会造成强干扰。要避开强干扰的信道频率，就要允许工作信道的频率间隔较宽。② 当有两个移动台同时发射时，会出现同频干扰。③ 操作不方便。

2．双工通信

双工通信有时也称全双工通信，是指通信双方可同时进行消息传输的工作方式，即任何一方讲话时，都可以听到对方的语音(图 3-24)。

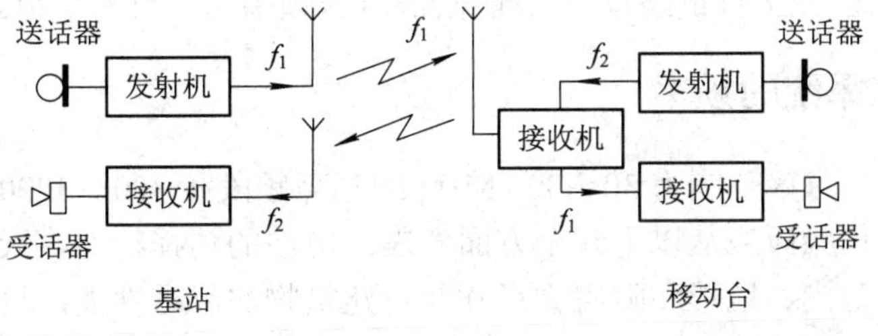

图 3-24　双工通信

1) 频分双工

频分双工(Frequency Division Duplexing，FDD)是指上行链路[移动台(MS)到基站(BS)]和下行链路(基站到移动台)采用两个分开的频率(有一定频率间隔要求)工作，该模式工作在对称频带上。此时发射机和接收机能同时工作，能进行不需按键控制的双向对讲，移动台需要天线共用装置。

FDD 方式的优点是：① 由于发送频带和接收频带有一定的间隔(10 MHz 或 45 MHz)，因此可以大大提高抗干扰能力；② 使用方便，不需控制收发的操作，特别适用于无线电话系统，便于与公众电话网接口；③ 适合于多频道同时工作的系统；④ 适合于宏小区，可大功率、高速移动通信。

FDD 方式的缺点是移动台不能互相直接通话，而要通过基站转接。另外，由于发射机处于连续发射状态，因此电源耗电量大。

2) 时分双工

时分双工(Time Division Duplexing，TDD)是一种上行链路和下行链路通过使用不同的时隙来区分的在相同频率上工作的双工方式。该模式工作在非对称频带上，物理信道上的时隙分为发射和接收两个部分，通信双方的信息交替发送。

TDD 模式工作于非对称时段；适合微小区，可低功率、慢速移动通信；上、下行空间传输特性接近，较适合采用空分多址(Space Division Multiple Access，SDMA)(智能天线)技术。

可见，FDD 和 TDD 分别适合于不同的应用场合。如果混合采用 FDD 和 TDD 两种模式，就可以保证在不同的环境下更有效地利用有限的频率。ITU 在第三代移动通信标准中就采纳了不同工作方式的标准。

3. 半双工通信

半双工通信指通信双方有一方使用双工方式，而另一方则采用单工方式。其组成与图 3-23 相似，移动台采用单工的“按讲”方式，即按下对讲开关，发射机才工作；而接收机总是工作的。基站工作情况与双工方式完全相同。

半双工通信的优点是：① 受邻近电台干扰少；② 有利于解决紧急呼叫问题；③ 可使基站载频常发，移动台就经常处于杂音被抑制状态，不需要静噪调整。

半双工通信的缺点是也存在按键操作不便的问题。

一般专用移动通信系统(如调度、集群系统)采用此方式。

在双工通信中，基站向移动台传递信息称为前向信道(或下行链路)，移动台向基站传递信息称为反向信道(或上行链路)。一般前向信道的频率高于反向信道。

3.4.4 移动通信系统的频率

移动通信系统的频率范围为 30～300 MHz 的甚高频段和 300～3000 MHz 的特高频段。确定移动通信的工作频段应从以下几个方面考虑：电波的传播特性、天线尺寸，环境噪声及干扰，服务区域范围、地形和障碍物尺寸及对建筑物的渗透性能，设备小型化，与已开发的频段的兼容和协调。

150 MHz、450 MHz、900 MHz、1800 MHz 4 个频段在使用时的收发频率间隔分别为 5.7 MHz、10 MHz、45 MHz、95 MHz。各频段的范围与用途如表 3-3 所示。

表 3-3　各频段的范围与用途

频率范围	波　长	符　号	常用介质	用　　途
3 Hz～30 kHz	10^4～10^8 m	VLF	长波	音频、数据终端、长距离导航等
30～300 kHz	10^3～10^4 m	LF	长波	导航、电力线通信等
300 kHz～3 MHz	10^2～10^3 m	MF	中波	调幅广播、业余无线电等
3～30 MHz	10～10^2 m	HF	短波	短波广播、移动无线电话等
30～300 MHz	1～10 m	VHF	米波	集群电话、无线寻呼、调频广播
300 MHz～3 GHz	10～100 cm	UHF	波导、分米波	移动通信、电视、雷达导航
3～30 GHz	1～10 cm	SHF	波导、厘米波	微波、卫星和空间通信、雷达
30～300 GHz	1～10 mm	EHF	波导、毫米波	雷达、微波接力、射电天文学
10^5～10^7 GHz	3×10^{-6}～3×10^{-4} cm	紫外线、红外线	光纤、激光	光通信

3.4.5　移动通信的系统与技术

1．移动通信系统的分类

移动通信系统有多种分类方法，具体如下。

1) 模拟网与数字网

人们把模拟通信系统(包括模拟蜂窝网、模拟无绳电话与模拟集群调度系统等)称为第一代通信产品，而把数字通信系统(包括数字蜂窝网、数字无绳电话、移动数据系统以及移动卫星通信系统等)称为第二代通信产品。

2) 语音通信与数据通信

若干年来，移动通信基本上是围绕着两种主干网络在发展，即基于语音业务的通信网络和基于数据传输的通信网络。根据运行环境和市场需求的不同，前者又分为以蜂窝网为代表的高功率宽域网和以无绳电话网为代表的低功率局域网，后者又可分为宽带局域网之类的高速局域网和移动数据网之类的低速宽域网。

2．移动通信系统

图 3-25 所示为移动通信系统。

移动通信系统主要有以下几种。

(1) 蜂窝移动通信系统。蜂窝移动通信系统是陆地公众移动通信系统主要形式，具有越区切换、自动或人工漫游、计费及业务量统计等功能，适用于全自动拨号、全双工工作、大容量公用移动陆地网组网。

(2) 集群移动通信系统(Trunked Mobile Radio System，TMRS)。集群移动通信系统属于调度系统的专用通信网，一般由控制中心、总调度台、分调度台、基地台和移动台组成，适用于指挥调度。它一般工作在半双工方式下，并具有消息集群、传输集群、准传输集群等集群方式。

(3) 无绳电话系统(Wireless Urban Telephone System)。无绳电话系统是 PTDN 的终端无绳接入方案，是 PSTN(Public Switched Telephone Network，公用电话交换网)的增强应用。其主要形式是“小灵通”，适用于低速移动、较小范围内的移动通信。

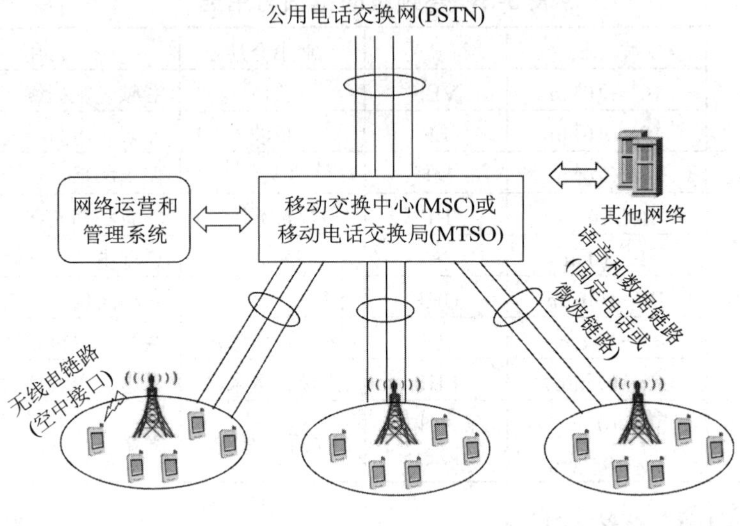

图 3-25 移动通信系统

个人电话系统的代表产品为个人便携电话系统(Personal Handy Phone System，PHS)、个人接入系统(Personal Access System，PAS)、泛欧数字无绳电话(Digital European Cordless Telephone，DECT)、个人接入通信系统(Personal Access Communication System，PACS)。

(4) 无线寻呼系统。无线寻呼系统通过无线传输方式实现信息广播、组播、点播，是一种单向通信系统，代表产品为 CT-2。

(5) 卫星移动通信系统(Satellite Mobile Communication System，SMCS)。卫星移动通信系统把卫星作为中心转发台，特点是不受陆海空位置条件限制，受气象条件影响很小，频率资源充足，通信容量大，覆盖范围广。其代表产品为铱系统和全球星系统。

(6) 无线 Internet 接入系统。无线 Internet 接入系统的代表产品有 WBAN(Wireless Body Area Network，无线体域网)、WPAN(Wireless Personal Area Network，无线个人区域网)、WLAN(Wireless Local Area Network，无线局域网)、WMAN(Wireless Metropolitan Area Network，无线城域网)、WWAN(Wireless Wide Area Network，无线广域网)、WRAN (Wireless Regional Area Network，无线区域网)等。

3．信道编码

1) 信道编码的必要性

信道编码指的是将模拟信源信号转换为二进制数字信号，在接收端再将收到的数字信号还原为模拟信号的方法。使用信道编码具有提高通话质量、提高频谱利用率、提高系统容量等意义。

采用数字传输时，所传信号的质量常常用接收比特中有多少是正确的来表示，并由此引出“比特差错率”(Bit Error Ratio，BER)概念。BER 表明总比特中有多少比特被检测出错误，差错比特数目或所占的比特率要尽可能小。然而，要把它减小到 0 是不可能的，因为路径是在不断变化的，即必须允许存在一定数量的差错。

为了有所补偿，可使用信道编码，在所传信息中加入一些冗余比特，这些比特可以有效地减少差错，但是为此付出的代价是必须传送比该信息所需要的更多的比特。

为了便于理解，下面举一简单示例加以说明。

假定要传输的信息是一个 0 或是一个 1，为了提高保护能力，各添加 3 个比特：

信息	添加比特	发送比特
0	000	0000
1	111	1111

对于每一比特(0 或 1)，只有一个有效的编码组(0000 或 1111)。如果收到的不是 0000 或 1111，就说明传输期间出现了差错。信息有效量和传输量的比例是 1∶4，即实际发送了有效信息的 4 倍。其保护作用如何？

接收编码组可能为：	0000	0010	0110	0111	1111
判决结果：	0	0	X	1	1

如果 4 个比特中有 1 个是错的，就可以校正它。例如，发送的是 0000，而收到的却是 0010，则判决所发送的是 0。如果编码组中有两个比特是错的，则能检出它。例如，0110 表明它是错的，但不能校正。如果其中有 3 个或 4 个比特是错的，则既不能校正它，也不能检出它。所以，这一编码能校正 1 个差错和检出 2 个差错。

2) 码距

一组码元常称为码字。两个码字之间相应的码位上不相同的码元的位数之和称为码距/汉明距。码距代表纠错能力。把某种编码中各个码字之间距离的最小值称为最小码距(d_0)。

3) 信道编码的分类

移动通信的传输信道属于变参信道，它不仅会引起随机错误，而且会造成突发错误。随机错误的特点是码元间的错误互相独立，即每个码元的错误概率与其前后码元的错误与否无关。突发错误则不然，一个码元的错误往往影响前后码元的错误概率；或者说，一个码元产生错误，则后面几个码元都可能发生错误。

这里介绍其中的一种编码技术——线性编码技术。线性编码技术按代数规律构造，又称代数编码。编码时以 h 比特为一组，输出 n 比特的码字，且码字集合中所有码字满足线性运算关系，可记为(n, k)码，其中 k 为信息长度，n 为码长，因而冗余位长 $r = n - k$。每个码字的 r 个检验元仅与本组的信息元有关而与别组无关。线性编码的构造如图 3-26 所示。

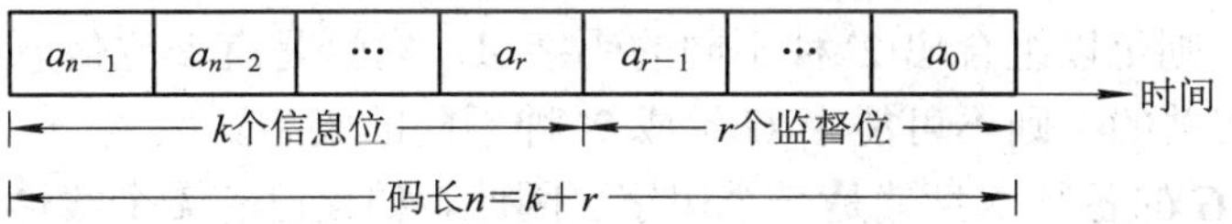

图 3-26 线性编码的构造

$R = k / n$ 称为线性编码的效率，也称编码率或码率。典型线性编码有汉明码、循环码、BCH 码、RS 码。以汉明码为例，考察线性分组码的编码。

举一个(7, 4)汉明码的示例。其中，监督位公式为

$$\begin{cases} a_2 = a_6 \oplus a_5 \oplus a_4 \\ a_1 = a_6 \oplus a_5 \oplus a_3 \\ a_0 = a_6 \oplus a_4 \oplus a_3 \end{cases}$$

可以改写成矩阵形式

$$\begin{bmatrix} a_2 \\ a_1 \\ a_0 \end{bmatrix} = \begin{bmatrix} 1 & 1 & 1 & 0 \\ 1 & 1 & 0 & 1 \\ 1 & 0 & 1 & 1 \end{bmatrix} \begin{bmatrix} a_6 \\ a_5 \\ a_4 \\ a_3 \end{bmatrix}$$

或者写成

$$(a_2 \quad a_1 \quad a_0) = (a_6 \quad a_5 \quad a_4 \quad a_3) \begin{bmatrix} 1 & 1 & 1 \\ 1 & 1 & 0 \\ 1 & 0 & 1 \\ 0 & 1 & 1 \end{bmatrix} = (a_6 \quad a_5 \quad a_4 \quad a_3)\boldsymbol{Q}$$

式中，$\boldsymbol{Q}$ 为一个 $k \times r$ 阶矩阵。

上式表示，在信息位给定后，用信息位的行矩阵乘矩阵 $\boldsymbol{Q}$ 就能产生出监督位。将 $\boldsymbol{Q}$ 的左边加上 1 个 $k \times k$ 阶单位方阵，就构成 1 个矩阵 $\boldsymbol{G}$，即

$$\boldsymbol{G} = (\boldsymbol{I}_k \boldsymbol{Q}) = \begin{bmatrix} 1 & 0 & 0 & 0 & \cdots & 1 & 1 & 1 \\ 0 & 1 & 0 & 0 & \cdots & 1 & 1 & 0 \\ 0 & 0 & 1 & 0 & \cdots & 1 & 0 & 1 \\ 0 & 0 & 0 & 1 & \cdots & 0 & 1 & 1 \end{bmatrix}$$

因为由它可以产生整个码字，即有 $(a_6 \quad a_5 \quad a_4 \quad a_3 \quad a_2 \quad a_1 \quad a_0) = (a_6 \quad a_5 \quad a_4 \quad a_3)\boldsymbol{G}$，或者 $\boldsymbol{A} = (a_6 \quad a_5 \quad a_4 \quad a_3)\boldsymbol{G}$，因此 $\boldsymbol{G}$ 称为生成矩阵。如果找到了码的生成矩阵 $\boldsymbol{G}$，则编码的方法即可完全确定。

具有 $[\boldsymbol{I}_k \boldsymbol{Q}]$ 形式的生成矩阵称为典型生成矩阵。由典型生成矩阵得出的码字 $\boldsymbol{A}$ 中，信息位的位置不变，监督位附加于其后，这种形式的码称为系统码。

$\boldsymbol{G}$ 矩阵的性质如下：

(1) $\boldsymbol{G}$ 矩阵的各行是线性无关的。任一码字 $\boldsymbol{A}$ 都是 $\boldsymbol{G}$ 的各行的线性组合。$\boldsymbol{G}$ 共有 k 行，若它们线性无关，则可以组合出 2^k 种不同的码字 $\boldsymbol{A}$，它恰是有 k 位信息位的全部码字；若 $\boldsymbol{G}$ 的各行有线性相关的，则不可能由 $\boldsymbol{G}$ 生成 2^k 种不同的码字。

(2) 实际上，$\boldsymbol{G}$ 的各行本身就是一个码字。因此，如果已有 k 个线性无关的码字，则可以用其作为生成矩阵 $\boldsymbol{G}$，并由它生成其余码字。

3.5 智慧物流的应用案例

智慧物流涉及所有的物流类型，包括公路物流、港口物流、航空物流、铁路物流、特种装备物流、军事物流等，以及物流的整个过程。通过综合运用物联网技术，可以形成一体化的运营及服务网络平台。由于物流涉及的企业多、部门多、人员多、服务多，因此要形成能够一统全国的大物流体系非常困难，物联网技术的应用也还在部分环节或区域分阶段展开，物流的信息化正处在大发展时期。物联网的应用目前主要集中在 3 个方面：物流

企业内部流程管理、物流信息平台的建设及物流追溯服务等。下面结合案例进行说明。

3.5.1 物流企业中的物联网应用

目前物流领域的物联网建设更多是企业内部自发组织的。对于规模大、业务量大、地域广的企业，这种大量的自组织发展会造成一系列不统一的标准，从而导致不同企业信息系统之间难以实现互联互通。下面分别以智能闸口、智能 CFS(Container Freight Station，集装箱货运站)仓库及智能配送系统为例，从不同侧面介绍物流企业是如何进行物联网技术应用的。

1. 智能闸口自动化管理

闸口一般特指港口的通关道口，这里泛指所有的物流转运枢纽。闸口的管理是整个物流管理中的核心要素，直接关系到整个物流链的效率与安全。我国目前在各大港口、物流园区、转运站及海关都拥有规模很大的通关闸口，但其信息化方案及水平很不一致，各闸口在功能设计上也有很大差异，系统中都存在着相当多的人为干预，亟需物联网技术的深入应用。传统的基于纸质单据的通关系统存在以下致命问题。

(1) 系统效率低下。进关过程需要多次的纸质信息交互，并需要打印很多纸质凭证，这使得闸口的处理能力严重下降，大量等待入港的车辆在闸口处滞留，货物在码头内停留时间过长，严重降低了集装箱调度周期和服务质量，使闸口成为提高物流效率的最大瓶颈。因此，迫切需要引入高效率的识别与感知技术来提升系统效率。

(2) 系统安全性不足。由于没有先进的车辆识别技术，一些套牌车辆在闸口处蒙混过关，非法进入码头偷运货物。人工干预过多(如通过肉眼识别车牌和箱号)会导致一定的出错概率，而纸质单据的交互过程还存在伪造、抵赖、丢失、遗忘、遗漏等问题。基于物联网的信息化系统不但可以解决安全性问题，而且可以大大提升系统的可靠性。

(3) 系统可扩展性差。随着闸口 OCR(Optical Character Recognition，光学字符识别)系统、称重系统、智能拍照系统等的逐渐建立，电子关锁、智能堆场等系统的实施，目前传统的作业方式已不能适应现代化港口的要求，需要从应用层提升系统的可扩展性，建立统一的应用服务平台，提供统一的服务接口。

基于物联网的智能闸口方案可以彻底解决以上问题，可以使集卡车入港速度显著加快，明显提高码头的货物吞吐率，提高码头的工作效率和效益；系统独特的车道识别能力能准确读取对应车道上的车辆信息，保证起落杆的正确开启；全程采用先进的加密算法和确认逻辑，保证系统的安全性、可靠性，杜绝了非法车辆的偷运；自动的工作方式把人为出错的概率降到了最低，防抵赖机制使各环节的工作更加透明；智能闸口系统不仅可应用在闸口处，还可使用先进的无线通信技术在作业堆场内部实现作业引导、集装箱定位、电子关锁等功能，在码头的现代化建设中发挥着重要的作用。

基于物联网技术的智能化闸口系统通过对车辆、调度、作业、控制等系统全面联网，并使用安全高效的无线车载终端设备，免去了一切纸质信息的交互。车队通过互联网从 EDI(Electronic Data Interchange，电子数据交换)中心获得预约号后，将预约号以无线方式下发到车载终端，安装有车载终端的集卡车在进入闸口时，将预约号、车牌、码头号等所有相关信息传送到闸口读写器，读写器通过和码头系统互联，将码头产生的行车指南通过无线方式发送到车载终端，司机只要通过车载终端上的智能终端设备就可知道入港后的作业位置。该方案可以从根本上消除人工干预过程，可全程实现自动化。本系统已经在宁波港下属的各大码头及中铁联集相关中心站成功运行，实际效果印证了设计初衷。本系统可分为 5 个部分，每部分的具体功能如下：

(1) 智能闸口中心数据库。智能闸口中心数据库是整个智能闸口系统的中心，统筹管理智能车载终端。其通过 RFID、OCR 等技术，记录各个地点作业的时间信息和质量信息等，与 EDI 系统交互数据。智能闸口中心数据库具备查询、检索、添加、删除、统计等功能，方便满足各方对各类数据的要求。

(2) 智能车载识别终端系统。智能车载识别终端系统包括 RFID 车牌和无线通信、智能交互等功能，负责智能车载终端的注册、分发。可以在频繁进入港口的车上安装智能车载识别终端系统，在临时车上安装带座子的终端并内置锂电池。为保证识别终端的真实性，临时车完成作业后需回收临时终端，长期使用的车辆也需定期检查终端。

(3) 预约号、码头号等预录入信息分发系统。预约号、码头号等预录入信息分发系统能够通过互联网或内部专网从 EDI 获得预约号、码头号等预录入信息，通过移动通信网络以无线方式下发给对应的车载终端，并将车辆 ID 和预录入信息的绑定信息回传到智能闸口中心数据库。

(4) 闸口入口系统。司机能通过车载终端上的按键和显示屏操作从码头系统获得本次作业的行车指南，配合闸口上的地磅和 OCR 等系统联合工作。车道检测装置可以准确区分车道，将行车指南下发到对应的车载终端内。集卡车在收到行车指南后根据此信息进入港口作业，并将时间、车牌等信息上传到智能闸口中心数据库。

(5) 闸口出口系统。集卡车在完成港口内部作业后，到达闸口出口，此时闸口设备会检测到车辆，并通过后台比对车辆是否允许出港。如果允许出港，则自动删除车载终端内部的行车信息和预约信息，并将时间、车牌等信息上传到智能闸口中心数据库。

2. 智能 CFS 仓库管理

CFS 是为拼箱货装箱和拆箱的船或双方集中办理货运交接的场所，是集装箱运输关系方的一个组成。当前 CFS 仓库作为进出口贸易中的一个重要环节，在整个进出口贸易中承担着将各个相同或不同货物整合成为一个集装箱，或者将一个集装箱的货物拆分成不同的部分，然后进行分发的重要作用。在外贸行业高速发展的今天，CFS 仓库的管理效率和精确度已经和整个外贸行业的利润及行业发展前景紧密地联系在一起。

目前国内大部分 CFS 仓库的管理仍以手工操作为基础，所有出入库数据需由理货员逐个录入。这种原始的仓库管理作业方式严重影响了工作效率，许多出入库数据不能在系统中实现实时同步，在系统管理上也没有实现有效的库位管理，系统中无法了解到物料在仓库中的分布状态及仓库的仓储能力。叉车司机在运送托盘和摆放托盘时，系统没有对其操作进行指导和确认，容易发生托盘摆错位置或者取托盘错误的现象。以上种种弊端严重影响了 CFS 仓库管理的效率和精确度，大大降低了 CFS 仓库的仓储和运转能力，增加了运营成本，制约了进出口贸易的发展。

条形码技术自 20 世纪八九十年代后在仓库管理中发挥了很大的作用，在很大程度上提高了仓库管理过程中的精确性，有效地降低了手工管理中存在的出货错误；另外，由于其成本极低、部署简单，因此目前仍然在很多仓库及物流环节中使用。但对于 CFS 仓库来说，安全性和效率仍然是其最核心的问题，仅依赖于条形码技术的仓库管理面临以下问题：

(1) 由于条形码读取方式的限制，读取时必须正对且距离很近，影响作业效率。

(2) 条形码不能承载可变信息，在 CFS 仓库管理中面对大量错综复杂的数据，特别是拼箱工作时，缺乏一定的灵活性，不能即时得到数据，严重影响作业效率。随着交互数据量的增大，处理速度会明显变慢，仅使用条形码的方案已不具备可行性。

(3) 条形码是纸质材料，在 CFS 仓库日常工作流程中容易磨损，从而导致条形码读取不到或者读错，给仓库管理带来系列负面连锁效应。

(4) 条形码存在管理漏洞，容易发生重码现象，会给 CFS 管理带来很多不确定因素。

基于可重复使用的 RFID 技术的 CFS 仓库管理方案能有效地解决条形码技术的这些问题并具备可实施的操作性。RFID 技术具有识物距离远、读写快速、不易损坏、容量大等条形码无法比拟的优势。基于 RFID 的仓库管理在现有 CFS 仓库管理中引入 RFID 技术，对 CFS 仓库入库、出库等各个作业环节的数据自动化采集，保证各个环节数据输入的效率和准确性，确保管理人员及时准确地掌握仓库内的实时数据，极大地提高了 CFS 仓库管理的工作效率。

基于物联网技术的智能仓储管理系统通过在托盘及货架上安装 RFID 标签，在叉车出入口配备 RFID 读写设备，并通过无线基站等完成对仓库内货物的全程实时清点和跟踪，如图 3-27 所示。它可以对仓储各环节实施全过程控制管理，并可对货物的货位、批次、保质期、配送等实现 RFID 电子标签管理，并对整个收货、发货、补货等各个环节规范化作业，还可以根据客户的需求制作多种合理的统计报表。通过将物联网技术应用于智能仓库，可以提高仓库空间利用率，以快速、准确、低成本的方式为客户提供更好的物流服务。

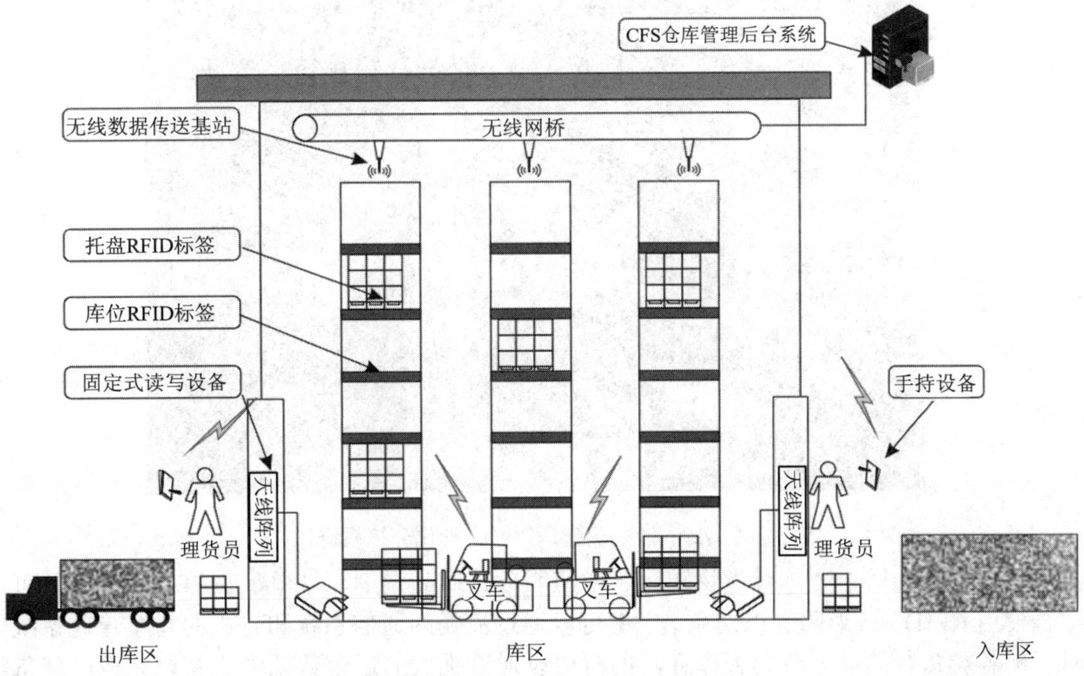

图 3-27 基于物联网技术的智能 CFS 仓库管理系统

3. 智能配送系统

配送中心是物流领域的重要终端系统，也是一个小型物流系统，它有效地解决了企业和用户之间需求不对应的矛盾，如图 3-28 所示。通过配送中心，厂商和用户的物流管理可变得简单而高效，物流成本迅速下降。

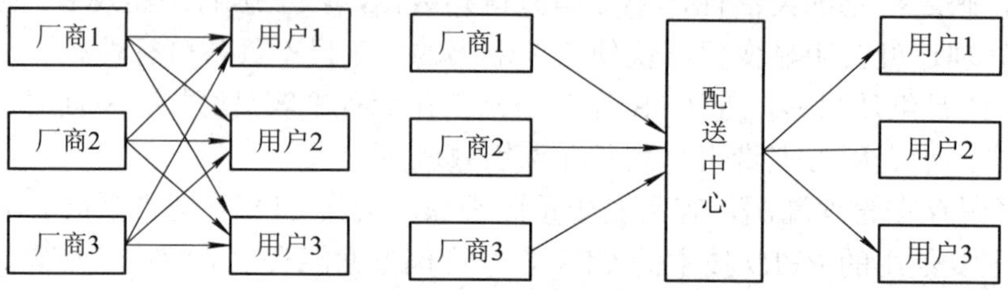

图 3-28 配送中心的概念

基于物联网的物流配送体系在原始配送过程中加入物联网技术，提高了物流信息化程度，具体涉及基于传感器、条形码、RFID、声、光、机、电等各项技术，建立了全自动化的物流配送中心。借助配送中心智能控制、自动化操作的网络，实现了商流、物流、信息流、资金流的全面协同。

沃尔玛的配送系统是物流配送案例的典范。沃尔玛配送中心始建于 1970 年，现在已经有了超过 50 年的历史，第一个配送中心供货给 4 个州的 32 个商场。目前，物流配送已经成为沃尔玛的核心竞争力。沃尔玛的物流配送具有规模大、实时性强、成本低等特点，通过广泛配备各种识别系统、自动化系统及通信系统，能够保证产品非常有效地流动，并且对这些产品的所有操作都可以一次性完成，如图 3-29 所示。

图 3-29 沃尔玛配送中心自动化分拣系统

沃尔玛的配送中心具有货物转运、增值服务、商品调剂、订单配货等功能，不但可以综合使用 RFID、条形码等识别系统，更可以通过流畅的通信系统和先进的仓库管理系统实时了解各类货物的动态流向、库存，同时可以通过强大的后台数据中心系统完成全球货物的资源科学配置。

通过综合应用物联网相关技术，沃尔玛在物流配送方面获得了极大的成功。其技术上的主要特色如下：

(1) 快速准确的识别。通过全面使用条形码、RFID等技术，并配合自动化系统，大大减少了人为的参与，做到了所有商品随时在册，分拣及调度效率极高。

(2) 实时畅通的网络。所有商品信息都动态地处于配送体系的各个环节中，通过高效的网络汇集到中心管理系统中，真正做到了运筹帷幄。

(3) 精准全面的服务。通过强大的信息处理与整合，并配合流畅的上下游企业链条，完成货物转运、订单配货、商品余缺调剂和自动补进，在此基础上还提供一系列的增值服务，并将这些都无缝融入同一个网络中。

3.5.2 物流信息平台中的物联网应用

正如前面所讨论的，基于EDI系统的全国性物流信息平台是物联网最终应用于物流领域的终极目标。物流信息平台不仅仅是管理信息系统，它除提供物流信息管理、信息挖掘和信息服务外，还实现了整个信息系统与物流各环节的实时交互，如图3-30所示，并将管理和决策以各种指令的形式下达到物流各参与方。物流信息平台更像是一个庞大的物联网，将物流中的人、事、物及相关信息进行了全面的整合。虽然各级政府、行业组织及物流港口、相关企业等均在努力推进物流信息平台，但这还不是全面的物联网应用，相信通过行业及政府的逐步推进，物联网全面应用于物流信息平台的目标必定会成为现实。目前，关于物流信息平台的公开技术描述并不多，这里仅对从相关网络及书籍中搜集到的典型案例进行分析，以供读者参考。

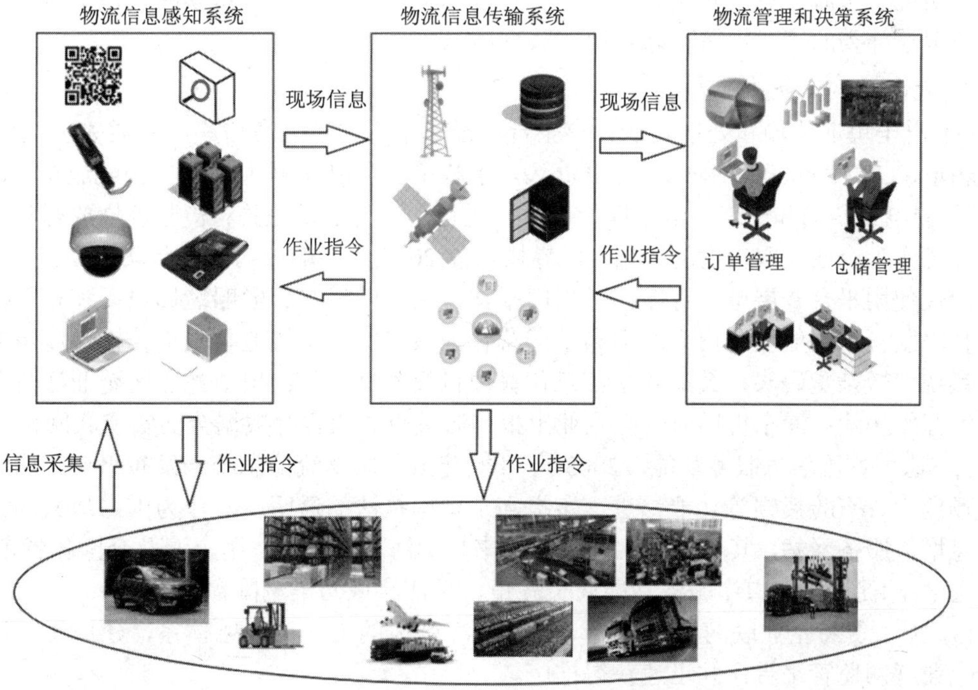

图3-30 物流信息服务系统架构

1. 上海大通关电子平台

上海大通关电子平台是上海市政府及口岸监管部门合力推进的“大通关”基础项目，是相关政府部门、企业之间进行数据采集、存储、交换的信息枢纽，也是我国最早实现并投入运营的几个大物流信息平台之一。该电子平台的一期工程项目于2003年10月完成，并进入试运行阶段，是上海大口岸物流信息和电子商务统一环境的重要组成部分。该平台以方便企事业用户、提高口岸通关效率为目的，在原上海“海关税费EDI电子支付系统”多年成功运行的基础上，经过了技术升级和改造，并给物流平台注入了更多新功能。

上海大通关电子平台主要包括电子单证传输和处理、通关物流信息服务、加工贸易企业联网监管、出口加工区物流联网监管、网上电子支付、跨国采购信息服务等六大核心服务功能，不仅为提高口岸通关效率、改善贸易投资环境做出了积极贡献，还为全国物流信息化和电子商务环境建设打下了良好的基础。

1) 建立电子平台基础框架

该平台建成了1100 m^2的中心机房，日数据处理能力达到100万笔，并具有较强的系统可扩展性。目前该平台已容纳了大通关电子平台和中国电子口岸数据中心上海分中心的主要设备、上海外资数据库服务器、跨国采购平台服务器、加工贸易企业托管服务器等，初步形成了上海口岸通关物流和外贸、外资数据集中管理模式，为进一步实现各类应用服务，全面发挥口岸数据处理功能奠定了基础。

上海大通关电子平台建成了覆盖海港、空港、口岸相关各级单位，以及各主要产业园区(开发区、出口加工区、保税区)的宽带网络，可提供16M专线接入、60门(可扩至120门)拨号接入和高速互联网接入，满足了口岸管理部门、企业和相关单位数据传输接入的需求，并实现了与海关总署和国家市场监督管理总局业务平台的信息联网，使上海口岸信息网络与国家部委的信息网络互联互通，共享信息。

2) 六大核心服务功能

(1) 电子单证传输和处理功能。该平台已经基本实现了上海口岸所有通关物流单证[电子装箱单、CSI(Container Security Initiative，集装箱安全倡议)信息服务、预配舱单、进港装箱单等]的电子传输和处理；电子提货单正式运行，实现了以海关、检验校疫放行和电子提货单信息作为企业提取货物的依据；世界排名前20位的船舶公司，以及联合船代、外代等大型船代使用平台开展电子订舱；进出门报文、装卸船报文、驳船装卸报文和箱管信息等数据传输服务帮助船舶公司大大提高了运营管理效率；内支线舱单报文传输、海事局船舶申报系统、散杂货码头、关港共享信息传输项目投入试运行；出口加工区企业送货单、调拨单等开始传输；浦东机场监管区企业申报、海关查验放行等数据全面实现联网传输。

(2) 通关物流信息服务功能。2003年开始建成口岸物流信息统一发布平台，增添了报关现场放行、查验反馈等功能，进一步提高了口岸执法的透明度。作为国内最大的口岸物流信息增值服务网站，其目前的主要用户均来自上海以外地区，用户遍及全国各省市(包括台湾地区)，促进上海口岸服务功能向长三角、长江流域乃至全国辐射。

(3) 加工贸易企业联网监管功能。依托上海强大的工业及金融体系，建成了上海加工贸易企业联网监管平台，并迅速获得推广。

(4) 出口加工区物流联网监管功能。建成了国内物资调拨、区内物资调拨、临时进出区管理及海关监管等一系列应用系统，从建成到现在一直具有良好的应用。

(5) 网上电子支付功能。实现了一卡通支付功能，在该平台上可以方便地进行进出口关税及检验检疫、理货、码头、船公司各类口岸通关费用等共 20 余项税费的电子支付，并有长期付款单位、预约付款、指定缴款单位、分级管理等特色功能和个性化服务。

(6) 跨国采购信息服务功能。通过与国外相关系统的对接，成功地为国内外采购商、供应商提供了交易配对、信息发布等服务，并逐步形成了为跨国采购商提供采购服务的经营思路和服务模式。

上海大通关电子平台不仅整合了报送信息，还包括了税收、银行支付、运输等环节的信息，加快了通关速度，降低了物流成本，目前已经覆盖了上海所有海空口岸、所有出口加工区、外高桥保税区、保税物流园区，为国际物流企业、加工制造企业提供了全面、畅通的应用接入。该平台业务相关的直接或间接用户达 5 万多家，为制造业的发展创造了良好的软环境。

2．中铁快运供给信息共享平台

中铁快运拥有全国 18 个铁路局(公司)(青藏公司除外)和在 15 个省会或主要大中城市设立的 32 个分公司，拥有铁路运输网、快捷货运网、公路运输网、空中走廊、配送网、经营网、信息网的“七网合一”的网络资源优势。中铁快运年办理货物能力为铁路 4.3 亿件 870 万吨、公路 397 万件 6 万吨、航空 270 万件 7.3 万吨及海运 3000 多万标准箱。其具有全国乃至全球最大的货运能力和供给网络，产生了海量的信息，给信息平台带来了极大的挑战。随着物流市场的竞争加剧，单独的运输服务已经无法形成企业持续的竞争力。中铁快运一方面在不断扩大市场占有率；另一方面也在不断完善自己的信息服务平台，提升企业的软实力，并不断推出物流增值服务。

物流信息资源共享可以将每一件货物、行李、包裹按照不同的运输方式在物流链上进行有效的组织并给上下游企业或用户提供服务，是十分重要的物流信息平台。它不但可以为客户提供详细的查询服务，实现客户追踪查询，了解货物状态，还满足了客户公司对物流业务过程的全程跟踪运输，实现了业务透明化。另外，物流信息资源共享还可以提供铁路通道、货场货位等状态信息，建立互信关系，化解第三方或第四方物流企业的责任界定和冲突，保证合作企业及时了解运输信息，做到心中有数，及时安排生产和销售。中铁快运根据公司物流业务流程收集的信息，再根据客户与中铁快运合作模式，提供了不同的信息共享模式，主要包括分散供给共享信息模式、集中处理区别供给共享信息模式和集成化供给共享信息模式 3 种。

(1) 分散供给共享信息模式需要中铁快运针对不同的信息共享伙伴建立 3 个信息处理中心和 3 个共享信息平台，信息处理中心和共享信息平台一一对应，信息处理中心从公司物流业务流程中收集相关信息，并根据指令处理信息，然后送往共享信息平台，供用户访问。

(2) 集中处理区别供给共享信息模式只需要建立一个总的信息处理中心，从公司物流业务流程中收集信息，支持推式供给机制，按用户的信息需求把信息推送给不同的信息平台，把不必供给的共享信息进行隐藏，从而实现为不同物流模式的企业提供相应的共享信息的目标。

(3) 集成化供给共享信息模式的信息处理中心只有一个，如图 3-31 所示，它从公司的业务过程中收集信息并处理后，提供给信息共享平台中 3 个不同的信息点，合作企业根据合作程度不同进行有条件的访问。

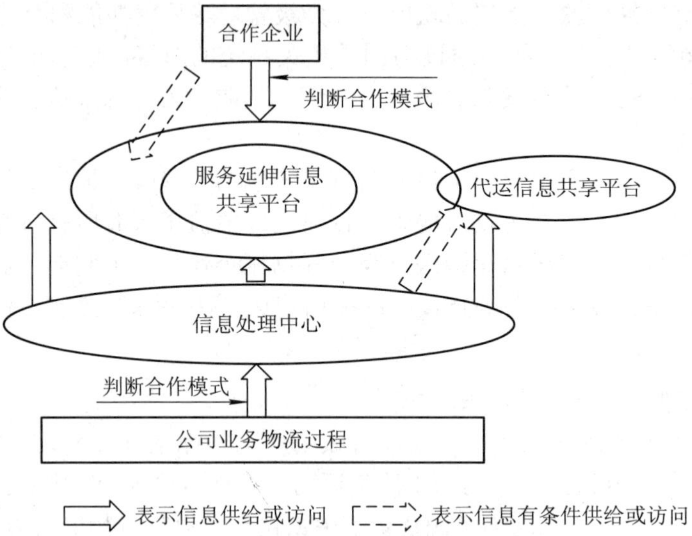

图 3-31　集成化供给共享信息模式

分散供给共享信息模式最大的缺点是信息处理中心和信息平台多，相同信息经过 3 次处理，造成不必要的浪费；集中处理区别供给共享信息模式虽然只有 1 个信息处理中心，但信息共享却有 3 个信息平台；集成化供给共享信息模式实现集成化程度比较高，既有利于信息处理，也有利于信息共享，是中铁快运公司重点考虑和使用的共享方案。

3．宁波第四方物流平台

宁波第四方物流平台运用了现代信息技术，将物流系统和系统有关的信息集中到统一、安全、高效的计算机物理平台上，实现了政府与政府、政府与企业、企业与企业、企业与中介组织之间的信息交换和共享，实现了物流政务服务和物流商务服务的一体化、物流相关行业管理和运输市场交易的数字化和网络化，构建了市场化、信息化、集约化的运输物流管理与服务模式，成为第四方物流企业的孵化器。

宁波第四方物流市场通过政府管理部门法律、政策、制度、环境的有力保障，应用现代化信息技术，整合港口 EDI 公共服务功能，实现了电子政务与电子商务的有机结合，形成了物流电子政务服务、物流电子商务、运输物流服务、信用体系、门户服务、营运管理和数据交换模块等功能，吸引货运物流市场中的各种资源要素利用信息平台进行信息发布、信息查询、信誉咨询、网上交易、网上支付等；依托数据平台，对货运市场信息进行采集和挖掘分析，实现了行业主管部门在市场管理、市场服务领域的职能创新和手段延伸；同时，以政府、企业、银行相结合，创新第四方物流市场管理运营模式，优化了第四方物流市场的制度和流程，实现了第四方物流市场的高效、安全、可控。

3.5.3　物流追溯服务中的物联网应用

追溯系统是物联网技术在物流领域全面应用后的重要服务，其核心任务是在产品出现质量问题时可以正向找到问题所处的物流链环节，并迅速定位到最终的使用客户，为商家的主动召回提供有力保障。追溯系统也可以通过部分产品信息为商品迅速找到物流环节，以界定责任或了解流通情况，是应对目前产品质量问题频出的有力技术保障。

追溯系统是利用条形码、RFID 等标识技术，依托网络技术、数据库技术，实现信息融合、查询、监控，并按照物流链的整个过程，为产品从生产阶段、分销到最终消费领域的过程中提供针对每件货品安全性、产品成分、来源及库存控制的合理决策，实现产品安全预警机制的系统。追溯系统是现代物流业的典型服务，它以 RFID 和条码的识别技术贯穿于产品供应链始终，包括生产、加工、存储、流通、消费各环节，实施全过程严格控制，建立了一个完整的产业链的产品安全控制体系，以保证向终端消费者提供可靠的产品，并可确保供应链的高质量数据交流，彻底实现产品的源头追溯，如图 3-32 所示。

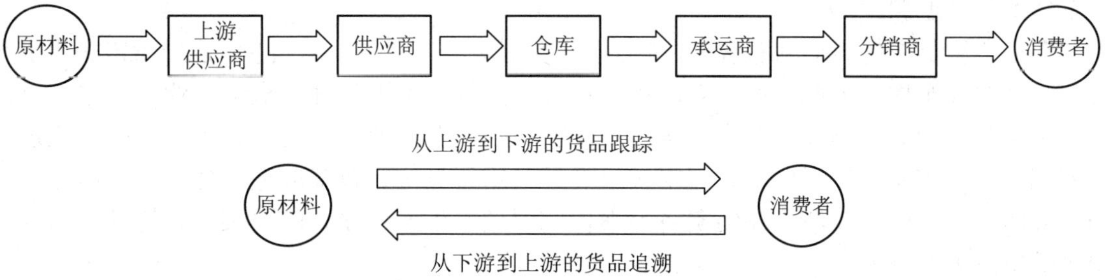

图 3-32 物流追溯的各个环节

要实施产品的跟踪与追溯，需要在产品供应链的各个环节上对产品信息进行全面的标识、采集、传递和关联管理。其实质就是要形成一条完整的信息链，使产品的信息流、物流联系起来，根据产品的信息追查产品的实体。其主要包括：对产品从生产到最终客户的所有渠道进行有效的信息标识；建立完整全面的信息系统，对产品信息进行收集和处理，并形成有效的关联，以及有效的信息传递、交换与集成。

然而，一般产品供应链环节较多、管理困难，依靠人工控制产品生产的每一过程是不切实际的。物联网可以从标识、传输及管理等 3 个方面为物流的追溯服务提供支撑，如 RFID 技术可以有效地完成智能识别功能，将电子标签作为产品的信息载体，能够有效地实施跟踪与追溯，提高产品安全和监控水平。

追溯服务在现代物流业中使用最为全面，消费者常用的是邮件、快递的追溯，可以让用户快速了解目前邮递的状态。实际上，追溯在很多安全敏感的领域有非常多的应用，下面将介绍物联网在酒类防伪和汽车零部件追溯方面的应用。

1. 酒类产品追溯与防伪

随着消费者需求的日益增长，酒类产品，特别是高端白酒产品的需求量也越来越大，同时出现的假冒问题也日益明显。由于假酒的利润很高，仿造、假冒产品和串货现象大量出现，严重影响了消费者和商家的利益，扰乱了市场。伴随着市场需求的不断变化，酒类行业在未来几年将面临供销同质化、品牌和终端竞争愈发激烈、国外品牌不断涌入、冒牌伪劣酒泛滥的挑战。酒类产品的追溯与防伪技术为酒类市场的平稳运行提供了可能。

酒类防伪有很多种技术，其中基于 RFID 的技术在近几年获得了重要应用。在企业内部信息处理过程中，RFID 的标识从生产线上就开始全面使用。其一般做法是将防伪标签 A

粘贴在每一个酒瓶上，通过防伪标签 A 的数据读写设备实现标签 A 内数据的“写入”，防伪标签 B 将粘贴在多瓶酒包装在一起的纸箱外包装上，B 标签内部数据与纸箱内部单瓶酒的数据保持一一对应。A、B 标签数据读写设备分别对 A、B 标签进行读/写操作，并记录到数据库中。由于 B 标签在销售时已“写入”经销商编码信息与销往地信息，在进入销售环节的产品进入消费者手中后，消费者通过 A 标签数据读取设备获取标签信息，由短信方式发送到企业内部的产品信息系统平台，经过 RFID 防伪系统一系列的判断，将短信中的标签信息与酒厂内部数据库相应信息做出比对后，以短信方式发回给 A 标签数据读设备，给予消费者明确的答复，或者直接将真伪信息发送到消费者手机终端。应用系统将读取记录 ERP(Enterprise Resource Planning，企业资源计划)系统中的“产品批次”“产品编码”“产品名称”“经销商编码”“经销商名称”“销售地编码”“销售地名称”等信息，以实现对产品个体的信息追溯。

在整个酒类防伪与追溯系统中，RFID 技术扮演了十分重要的角色。由于 RFID 比条码具有更好的安全性，因此其被仿造的可能性大大降低。追溯管理在众多行业正在被广泛使用，虽然其原理大同小异，但具体与行业工艺、生产、流通、消费等进行结合的方式也千差万别，这就需要对标识技术、网络技术乃至应用服务进行较多的适应性改变，而这一切同样要结合各自的产业环境及消费者习惯，需要相关生产厂家、流通渠道、管理部门及消费者做出巨大的努力。

2．汽车生产线零配件跟踪管理

产品追溯能力是汽车制造行业中最重要的一环，只有具备了产品追溯能力，汽车企业才能实现良好的生产质量管理。2010 年初，丰田汽车召回事件给全球汽车制造企业敲响了警钟。超过 1000 万辆的召回规模、约 300 起的车辆故障投诉、近 100 人的死亡人数，使得丰田成为汽车史上的“召回王”，也令各大汽车制造企业重新审视车辆检测与生产管理，不惜成本主动召回。召回已经成为汽车行业的常态。

当某批次汽车出现问题时，汽车制造厂商有义务对全部车辆实施召回，厂商只有跟踪到每个汽车的各个零部件的具体生产时间及零部件的型号，才可能进一步定位到具体可能产生什么样的问题及问题的原因，而这也将成为汽车生产厂商采取弥补措施的重要依据。车辆召回一个最重要的前提条件就是汽车制造企业具备生产质量管理系统，能提供产品全面的生产和质量管理，涵盖来料管理、发动机加工及装配、冲压、焊装、喷漆、总装、检测试车、售后服务等汽车生产和销售涉及的各个环节。

(1) 冲压车间、机械加工车间环节的零部件管理，生产批次管理和关键零部件的批次追踪是在企业内部的追溯管理，可以在出现问题时及时对相关零部件或加工生产环节进行有效定位并及时制定处理策略。

(2) 焊接车间环节的主要控制点是焊接缺陷和精度设备。喷涂车间环节的主要控制点为工艺参数和车身缺陷。本阶段主要解决生产工艺或责任人的有效追溯。

(3) 总装车间管理环节是整车最后的生产环节，是保证汽车出厂质量和生产进度的重中之重，其控制点是装配过程发生的缺陷和装配力矩、加注量/加注参数等。

(4) 各车间现场建立统一中心数据库，作为物品流通的信息平台，以便于整体规范管理。在工业环节，利用各种标识技术为每一个在制品零部件赋予一个识别编号，即将该部件在信息网络中的名字、生产状态、库存情况映射到信息网络中，登记在现场中心数据库里，再传送到信息体系中等。

(5) 产品追溯要求有详细的生产现场记录，包括生产、质量、物料各个方面。根据 RFID 标签信息可以实时查询到该车在总装车间各关键工位的生产制造信息，如生产时间、操作工、检验员、批次、系列号、质量数据、工艺数据、测试数据等，并了解制造流程的信息，如返修及处理结果等。根据各种标识信息，可以查询该车在重要工位的质量信息，包括缺陷数据和计量数据等。

汽车生产线零配件跟踪是汽车质量管理和追溯召回的重要依据，它要求在生产过程中能够对每一项零配件、每一流程结合物联网技术进行有效跟踪和管理，对整车在整个生命周期的质量进行系统的管理、控制、评价和追溯，以帮助提高生产率、降低消耗、保持产品质量的稳定及提高产品的质量水平，以有效的标识信息为纽带，建立一个支持全生命周期的产品信息管理平台，实现产品信息的前追后溯。

物联网技术的很多思想来源于物流产业，而物联网的全面应用也将给物流产业带来一场全新的变革，可以给传统物流业带来极大的提升。以智能化为核心目标，从数据采集、互联互通、智能化处理等层面推广物联网技术的应用，可以实现传统物流向智慧物流的变革。物流行业具有规模大、范围广、体制及内容复杂、安全要求高、实时性要求强等特点，这给物联网的发展也提供了较多的发展思路。随着智慧物流的全面推广，物联网也将焕发出更大的生机。

第四章

智慧交通系统中的关键技术

交通运输系统的发展水平是国家兴旺发达的重要标志之一。过去 10 年来，随着我国经济的持续快速发展，汽车保有量迅速增加，人们的出行范围在不断扩大。道路拥堵、尾气污染和交通安全事故等车和路、交通与环境的矛盾已经成为制约社会和经济正常运转的因素之一。智慧交通将先进的传感、通信和数据处理等物联网技术应用于交通运输领域，以此来构建一个安全、畅通和环保的交通运输系统，这是解决未来交通运输问题的有效方案。

4.1 背景概述

1886 年 6 月，德国曼海姆晨曦的薄雾还未散尽，原本静谧的大街上传来阵阵发动机的声响。好奇的人们走近了才发现声音原来是一辆造型奇特的三轮“马车”发出的，“马车”车座底下安装了一台发动机，正在“突突”地冒烟。当时的道路交通工具还是马车，这辆不需要马就能以 16 km/h“高速”行驶的车震惊了整个城市。这就是德国工程师卡尔·本茨发明的最早的汽车，它宣告了汽车时代的来临，开创了道路交通运输的新纪元。

在随后的 130 多年里，汽车工业得到了高速发展，并成为人们出行和货物运输的重要交通工具之一。我国也将汽车工业确立为经济支柱产业，并加大道路基础设施的建设，使得汽车保有量迅速增加。1978 年底，全国民用汽车保有量是 135.84 万辆；而截至 2021 年底，全国汽车保有量已达到 3.02 亿辆。道路交通系统的高速发展大大促进了物流和人际往来，缩短了出行时间，提高了工作效率，为中国经济的高速发展提供了巨大的推动力。

然而，道路交通系统由于其固有的接入随意性，几乎处在完全随机的状态。相比之下，铁路、航空、水路等其他交通方式的组织化程度都比较高，可以通过集中道路交通系统的管理和调度方式来保证整个交通系统的高效运行。随着汽车数量的不断增加，道路交通的管理和控制面临越来越多的问题，如交通拥堵和交通事故等。此外，道路交通的低效还带来了另一个严重的负面影响，即汽车尾气排放造成的环境行染。在低碳和环保经济理念不断普及的今天，这些问题已经成为世界经济实现可持续发展面临的严峻挑战。

4.1.1 我国道路交通系统面临的挑战

我国目前的道路交通系统主要面临以下几个问题。

1．汽车车速慢，路网运行效率低

高效的交通是城市经济竞争力的核心，严重的拥堵不仅延长了人们的出行时间，还降低了路网的运行效率。据《2021 年中国主要城市交通分析报告》数据显示，我国南通市高峰平均车速排名全国第一，达到 35.72 km/h，是唯一一个高峰平均车速超过 35 km/h 的城市。我国的大多数大城市市区内的平均行车速度未达到 35 km/h，有些路段甚至只有 7～8 km/h。

2．汽车能耗高，尾气排放量大

我国交通运输行业的石油消费量仅次于工业，占总消耗量的 25%左右。能源利用率较低，其中 30%的汽油消耗在堵车时。道路拥堵也加重了汽车尾气排放，这是因为它一方面延长了汽车的在路时间，堵车时汽车发动机仍然保持运转；另一方面，堵车导致汽车频繁起、停，而发动机在起动或加速的一瞬间所排放的尾气量最大。

3．交通安全事故发生频率高

世界卫生组织的报告指出，在全球范围内，每 24 s 就有人因交通事故丧命，每年因交通事故丧命的人数达到 135 万人，5～29 岁儿童及年轻人最主要的死亡原因是交通事故。而据中国统计年鉴、智研咨询整理，2020 年我国交通发生数量为 244 674 起，交通事故直接财产损失金额为 131 360.6 万元。其中，中国交通事故死亡人数为 61 703 人，交通事故受伤人数为 250 723 人。2020 年中国道路交通事故万车死亡人数为 1.66 人，道路交通事故对社会经济发展造成了严重影响。

面对这些交通运输系统带来的拥堵、能耗、污染以及安全问题，简单地通过限制车辆增加或增大路网覆盖率是远远不够的。要解决复杂的交通运输问题，必须将道路、车辆、出行者作为一个有机的整体加以考虑，利用系统工程的方法改造传统的交通运输系统，寻找实现交通系统优化的方案。

4.1.2 智慧交通与物联网技术

面对机动化水平提高带来的交通拥堵和道路安全等问题，世界各国政府和交通专家都开始研究电子通信技术在交通领域的应用，形成了早期的智慧交通系统。20 世纪 60 年代后期，美国运输部和通用汽车公司研发了电子路线诱导系统，该系统利用道路和车载电子装置进行路、车之间的交通信息交换，尝试构建路车信息通信系统。20 世纪 70 年代，日本通产省进行了路、车双向通信汽车综合控制系统的研发，欧洲则进行了高速公路网诱导系统的研发，但由于技术和成本原因均未能实现实用化。20 世纪 80 年代的信息技术革命不仅带来了技术进步，还对交通发展传统理念产生了冲击。

发达国家纷纷认识到，将电子通信技术和信息技术引入交通领域应用中，不但有助于缓解交通拥堵问题，而且对交通安全、交通事故的处理与救援、高速公路收费系统等方面都将产生巨大的影响。20 世纪 90 年代，在总结了信息与通信技术在交通系统中的应用经验的基础上，尤其以美国研究的智能车辆道路系统(Intelligent Vehicle-Highway Systems，IVHS)为代表，人们最终提出了“智慧交通系统”(Intelligent Transportation System，ITS)的概念，并于 1994 年在巴黎举行了第一届 ITS 世界大会，在世界范围内掀起了 ITS 的研究和开发热潮。

然而，从世界范围看，很难给 ITS 下一个准确的定义，相关文献对 ITS 的整体表述如下：ITS 考虑运输系统动态的、相互作用的所有要素——汽车、基础设施和驾驶员，其总体功能是通过改进(通畅是实时的)交通管理者和其他用户的决策来改善整个运输系统的运行。另一个相似的表述认为ITS通过对关键基础理论模型的研究，将信息技术、通信技术、电子控制技术和系统集成技术等有效地应用于交通运输系统，从而建立起在大范围内发挥作用的实时、准确、高效的交通运输管理系统。

物联网技术为 ITS 的实现提供了核心的技术支撑。ITS 需要各类传感器来实现对交通数据的采集，需要感知交通流量、交通基础设施状态和出行者行为等，还需要各种局域网、广域网实现交通信息的传输，更离不开智能信息处理等控制手段实现对交通运输的监控和管理。ITS 正是利用了物联网技术将车辆、驾驶员、道路设施及管理部门有机地连接起来，通过把握交通流背后的信息流，以交通信息的采集、传输、处理、发布为主线，实现运输智能化、自动化，以满足人们交通出行的安全、畅通和环保需求。ITS 作为现代交通运输发展的趋势，在全球交通发展中正扮演着越来越重要的角色。

据初步估计，智慧交通系统能够提高路网运行效率，使交通堵塞减少约 60%，使现有道路的通行能力提高 2～3 倍。通过智慧交通控制，平均车速的提高带来了燃料消耗量和排出废气量的减少，汽车油耗也可由此降低 15%。同时，顺畅的交通将大幅度减少车辆在路上的停滞时间和汽车尾气排放，从而有助于空气质量的改善。

4.1.3 智慧交通的市场前景

作为未来交通系统发展的大趋势，国家对发展智慧交通产业高度重视，各相关部门都采取了多种措施予以积极推动，提出将智慧交通作为我国未来交通运输领域发展的重要方向和优先领域予以支持。早在“十五”计划中，科技部科技教育发展重点专项就规划把智慧交通系统列为 20 个重点发展的项目之一，并正式实施国家科技攻关“智慧交通系统关键技术开发和示范工程”。

智慧交通对于提高交通管理效率、缓解交通拥挤、减少环境污染、确保交通安全起到了非常重要的作用，符合国家建设“智慧城市”的要求，得到了政策面的大力支持，同时政府和企业加大了对其的投资规模。据 ITS114 前瞻产业研究院统计显示，截至 2020 年 12 月底，我国智慧交通千万项目(不含公路信息化)市场规模约为 296.12 亿，项目数为 1400 个，市场项目平均规模约为 2115.12 万。

巨大的市场面前，众多互联网、金融、科技企业纷纷抢滩入驻，并且在头部已经诞生了几家巨头，如阿里、腾讯、百度、华为、平安、高德等，具体业务布局如表 4-1 所示。

表 4-1　企业布局智慧交通业务情况

企业	业务布局
华为	以硬件起家，在构建基础设施的同时也能提供协同 ICT(Information and Communication Technology，信息和通信技术)产品解决方案
阿里	“城市大脑”致力于打通城市数据管道，发掘数据背后更多的价值
腾讯	手握微信，连接一切，在小程序乘车码、停车场无感支付等领域已经走在行业前列

续表

企业	业务布局
平安	以专属交通云和人工智能、区块链等先进技术，全新构建了平台智慧交通“1+7+C”(“1”个智慧交通运行监控与可视化指挥系统、“7”个智能管理和交通“C”云)一体化管理平台
百度	凭借百度地图构建智慧交通城市生态圈，开源 Apollo 车路协同方案，全面构筑“人—车—路”全域数据感知的智能路网
高德	凭借多元大数据库建立起了一个可以无缝连接整个交通出行行业中的人、车、路、警的网络和生态。此外，高德联合阿里推出城市大脑·智慧交通应用，提供城市交通治理解决方案和城市智慧出行解决方案

在国家政策的大力支持，以及社会需求、技术的大力推动下，近年来我国智慧交通行业发展迅速。据相关机构报道，预计 2027 年智慧交通行业市场规模有望超过 6500 亿元。智慧交通与各种新技术的结合愈加紧密，产生出多项具有显著社会和经济效益的产品，未来市场潜力巨大，预计 2023 年行业市场规模有望超 1400 亿元。

新技术的发展和应用可为出行者提供更加精细、准确、完善和智能的服务，将是智能交通系统面向公众服务的重要方向。这些服务的提供将加速交通产业生态圈的跨界融合，汽车制造业、汽车服务业、交通运营服务、互联网、信息服务、智能交通等行业的融合发展将是大趋势。

4.2　图像识别技术

4.2.1　概述

图像识别技术是人工智能的一个重要领域，它是指对图像进行对象识别，以识别各种不同模式的目标和对象的技术。图像识别技术以图像的主要特征为基础，每个图像都有它的特征，如字母 A 有个尖、P 有个圈，而 Y 的中心有个锐角等。对图像识别时眼动的研究表明，视线总是集中在图像的主要特征上，即集中在图像轮廓曲度最大或轮廓方向突然改变的地方，这些地方的信息量最大。另外，眼睛的扫描路线也总是依次从一个特征转到另一个特征上。由此可见，在图像识别过程中，知觉机制必须排除输入的多余信息，抽出关键的信息。同时，在大脑里必定有一个负责整合信息的机制，它能把分阶段获得的信息整理成一个完整的知觉映象。

在人类图像识别系统中，对复杂图像的识别往往要通过不同层次的信息加工才能实现。对于熟悉的图形，由于掌握了它的主要特征，就会把它当作一个单元来识别，而不再注意它的细节。这种由孤立的单元材料组成的整体单位称为组块，每一个组块是同时被感知的。在文字材料的识别中，人们不仅可以把一个汉字的笔画或偏旁等单元组成一个组块，而且能把经常在一起出现的字或词组成组块单位来加以识别。

1. 技术发展

图像识别技术是人工智能的一个重要领域。为了编制模拟人类图像识别活动的计算机程序，人们提出了不同的图像识别模型，如模板匹配模型。模板匹配模型认为，要识别某个图像，必须在过去的经验中有这个图像的记忆模式，又称模板。当前的刺激如果能与大脑中的模板相匹配，该图像即可被识别。例如，对于字母 A，如果在大脑中有一个 A 模板，字母 A 的大小、方位、形状都与这个 A 模板完全一致，则字母 A 即可被识别。图像识别中的模式识别(Pattern Recognition)是一种从大量信息和数据出发，在专家经验和已有认识的基础上，利用计算机和数学推理方法对形状、模式、曲线、数字、字符格式和图形自动完成识别、评价的过程。

模式识别包括两个阶段，即学习阶段和实现阶段。其中，前者是对样本进行特征选择，寻找分类的规律；后者是根据分类规律对未知样本集进行分类和识别。模式识别的模板匹配模型简单明了，也容易得到实际应用。但这种模型强调图像必须与大脑中的模板完全符合才能加以识别，而事实上人不仅能识别与大脑中的模板完全一致的图像，也能识别与模板不完全一致的图像。例如，人们不仅能识别某一个具体的字母 A，也能识别印刷体的、手写体的、方向不正、大小不同的各种字母 A。同时，人能识别的图像是大量的，如果所识别的每一个图像在大脑中都有一个相应的模板，也是不可能的。

为了解决模板匹配模型存在的问题，格式塔心理学家又提出了一个原型匹配模型。这种模型认为，在长时记忆中存储的并不是所要识别的无数个模板，而是图像的某些“相似性”。从图像中抽象出来的“相似性”就可作为原型，用其来检验所要识别的图像。如果能找到一个相似的原型，该图像也就被识别。这种模型从神经上和记忆探寻的过程上来看都比模板匹配模型更适宜，而且还能说明对一些不规则的，但某些方面与原型相似的图像的识别。但是，这种模型没有说明人是怎样对相似的刺激进行辨别和加工的，其也难以在计算机程序中得到实现。因此，又有人提出了一个更复杂的模型，即“泛魔”识别模型，本节不对其展开介绍，感兴趣的读者可自行查阅相关资料。

2. 基本过程

图像识别过程如图 4-1 所示。

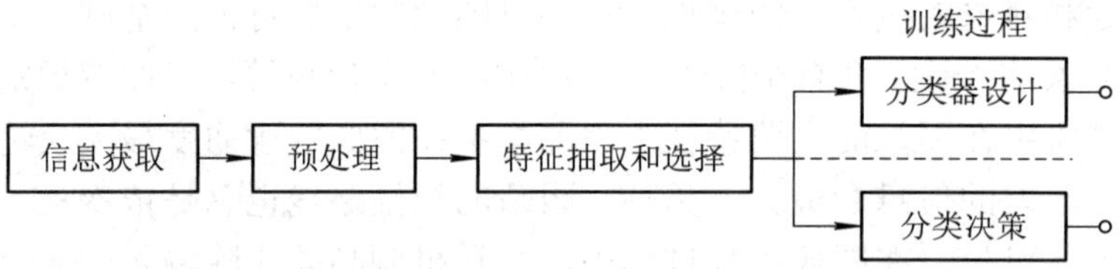

图 4-1　图像识别过程

(1) 信息获取：通过传感器将光或声音等信息转化为电信息。信息可以是二维的图像，如文字、图像等；可以是一维的波形，如声波、心电图、脑电图等；也可以是物理量与逻辑值。

(2) 预处理：包括 A/D、二值化、图像的平滑、变换、增强、恢复、滤波等，主要指图像处理。

(3) 特征抽取和选择：在模式识别中，抽取及选择图像特征。图像具有种类多样的特点，如果想采用一定方式将其分离，就要识别图像的特征，获取特征的过程就被称为特征抽取。

(4) 分类器设计：通过训练确定判决规则，使按此类判决规则分类时错误率最低。

(5) 分类决策：在特征空间中对被识别对象进行分类。

3. 主要应用领域

图像识别技术是立体视觉、运动分析、数据融合等实用技术的基础，在导航、地图与地形配准、自然资源分析、天气预报、环境监测、生理病变研究等许多领域有重要的应用价值。

(1) 遥感图像识别：航空遥感和卫星遥感图像通常用图像识别技术进行加工，以便提取有用的信息。该技术主要用于地形地质探查，森林、水利、海洋、农业等资源调查，灾害预测，环境污染监测，气象卫星云图处理以及地面军事目标识别等。

(2) 通信领域的应用：包括图像传输、电视电话、电视会议等。

(3) 军事、公安刑侦等领域的应用：图像识别技术在军事、公安刑侦方面的应用很广泛，如军事目标的侦察、制导和警戒系统，自动灭火器的控制及反伪装，公安部门的现场照片、指纹、手迹、印章、人像等的处理和辨识，历史文字和图片档案的修复和管理等。

(4) 生物医学图像识别：图像识别技术在现代医学中的应用非常广泛，它具有直观、无创伤、安全方便等特点。在临床诊断和病理研究中广泛借助图像识别技术，如 CT (Computed Tomography，计算机断层扫描)技术等。

(5) 机器视觉领域的应用：作为智能机器人的重要感觉器官，机器视觉主要进行 3D 图像的理解和识别，该技术也是研究的热门课题之一。机器视觉的应用领域十分广泛，如用于军事侦察、危险环境的自主机器人，邮政、医院和家庭服务的智能机器人。此外，机器视觉还可用于工业生产中的工件识别和定位、太空机器人的自动操作等。

4.2.2　光学字符识别

OCR(Optical Character Recognition，光学字符识别)是指电子设备(如扫描仪或数码相机)检查纸上打印的字符，通过检测暗、亮的模式确定其形状，然后用字符识别方法将形状翻译成计算机文字的过程，即针对印刷体字符，采用光学的方式将纸质文档中的文字转换成为黑白点阵的图像文件，并通过识别软件将图像中的文字转换成文本格式，供文字处理软件进行进一步编辑加工的技术。如何除错或利用辅助信息提高识别正确率，是 OCR 最重要的课题，ICR(Intelligent Character Recognition，智能字符识别)一词也因此而产生。衡量一个 OCR 系统性能好坏的主要指标有拒识率、误识率、识别速度、用户界面的友好性、产品的稳定性、易用性及可行性等。

1. 发展简史

OCR 的概念是在 1929 年由德国科学家 Tausheck 最先提出来的，后来美国科学家 Handel 也提出了利用技术对文字进行识别的想法。而最早对印刷体汉字识别进行研究的是 IBM 公司的 Casey 和 Nagy，1966 年他们发表了第一篇关于汉字识别的文章，其采用模板匹配法识别了 1000 个印刷体汉字。

早在 20 世纪六七十年代，世界各国就开始对 OCR 进行研究。在 OCR 研究初期，多以文字的识别方法研究为主，且识别的文字仅为 0～9 的数字。以同样拥有方块文字的日本为例，其 1960 年左右开始研究 OCR 的基本识别理论，初期以数字为对象，直至 1965—1970

年才开始有一些简单的产品，如印刷文字的邮政编码识别系统，识别邮件上的邮政编码，帮助邮局做区域分信的作业。也因此，至今邮政编码一直是各国所倡导的地址书写方式。

20 世纪 70 年代初，日本的学者开始研究汉字识别，并做了大量的工作。中国在 OCR 技术方面的研究工作起步较晚，在 20 世纪 70 年代才开始对数字、英文字母及符号的识别进行研究，70 年代末开始进行汉字识别的研究。到 1986 年，我国提出“863”高新科技研究计划，汉字识别的研究进入一个实质性的阶段。清华大学的丁晓青教授和中科院分别开发研究，相继推出了中文 OCR 产品，现为中国最领先的汉字 OCR 技术。

早期的 OCR 软件，由于识别率及产品化等多方面的因素，未能达到实际要求。同时，由于硬件设备成本高，运行速度慢，也没有达到实用的程度，只有个别部门，如信息部门、新闻出版单位等使用 OCR 软件。进入 20 世纪 90 年代以后，随着平台式扫描仪的广泛应用，以及我国信息自动化和办公自动化的普及，大大推动了 OCR 技术的进一步发展，使 OCR 的识别正确率、识别速度满足了广大用户的要求。

2．软件结构

随着扫描仪的普及与广泛应用，OCR 软件只需提供与扫描仪的接口，利用扫描仪驱动软件即可。因此，OCR 软件主要由下面几个部分组成。

(1) 图像输入、预处理。

图像输入：不同的图像格式有不同的存储格式及不同的压缩方式，目前有 OpenCV、CxImage 等开源项目。

预处理：主要包括二值化、噪声去除、倾斜校正等。

(2) 二值化。摄像头拍摄的图片大多数是彩色图像，所含信息量巨大，我们可以简单地将内容分为前景与背景。为了让计算机更快更好地识别文字，需要先对彩色图像进行处理，使图片只有前景信息与背景信息，可以定义前景信息为黑色，背景信息为白色，这个过程就是二值化，处理后的图片就是二值化图。

(3) 噪声去除。对于不同的文档，对噪声的定义可以不同。根据噪声的特征进行去噪的过程就是噪声去除。

(4) 倾斜校正。由于一般用户在拍摄文档时都比较随意，因此拍摄出来的图片不可避免地会产生一定程度的倾斜，这就需要文字识别软件进行校正。

(5) 版面分析。将文档图片分段落，这个过程就称为版面分析。由于实际文档的多样性、复杂性，因此目前还没有一个固定的、最优的切割模型。

(6) 字符切割。由于拍照条件的限制，经常造成字符粘连、断笔，因此极大地限制了识别系统的性能，这就需要文字识别软件有字符切割功能。

(7) 字符识别。字符识别研究起步较早，早期以模板匹配为主，后来以特征提取为主。由于文字的位移、笔画的粗细、断笔、粘连、旋转等因素的影响，因此字符识别有一定难度。

(8) 版面恢复。人们希望识别后的文字仍能像原文档图片那样排列着，段落不变、位置不变、顺序不变地输出到 Word 文档、PDF 文档等，这一过程就称为版面恢复。

(9) 后处理。后处理就是根据特定的语言上下文的关系对识别结果进行最后的校正。

3．工作流程

OCR 系统的目的很简单，就是把影像中的文字转换成计算机文字，从而减少影像资料的储存量，输出的文字可再使用及分析，节省因键盘输入而产生的人力与时间。

从影像到结果输出，必须经过影像输入、影像前处理、文字特征抽取、对比识别等过程，最后经人工校正将认错的文字更正，将结果输出。

1) 影像输入

使用 OCR 处理的标的物须透过光学仪器，如影像扫描仪、传真机或其他摄影器材，将影像转入计算机。随着科技的进步，扫描仪等的输入装置已制作得愈来愈精致，轻薄短小，品质也高，对 OCR 有相当大的帮助。拥有高分辨率的扫描仪使影像更清晰，可以提升扫描速度，增加 OCR 处理的效率。

2) 影像前处理

影像预处理是 OCR 系统中最复杂的一个模块。处理系统可将影像中的图片、表格及文字区域分离出来，也可将文章的编排方向、文章的提纲及内容主体区分开，甚至可将原文件的文字大小及字体辨别出来。

对待识别图像进行如下前处理，可以降低特征提取算法的难度，并能提高识别的精度。

(1) 二值化：由于彩色图像所含信息量过于巨大，在对图像中的印刷体字符进行识别处理前，需要对图像进行二值化处理，使图像只包含黑色的前景信息和白色的背景信息，提升识别处理的效率和精确度。

(2) 图像降噪：由于待识别图像的品质受限于输入设备、环境以及文档的印刷质量，因此在对图像中的印刷体字符进行识别处理前，需要根据噪声的特征对待识别图像进行去噪处理，提升识别处理的精确度。

(3) 倾斜校正：由于扫描和拍摄过程涉及人工操作，输入计算机的待识别图像或多或少都会存在一些倾斜，在对图像中印刷体字符进行识别处理前，就需要进行图像方向检测，并校正图像方向。

3) 文字特征抽取

单以识别率而言，特征抽取可以说是 OCR 的核心，用什么特征、怎么抽取直接影响识别的好坏。所以，在 OCR 研究初期，特征抽取的研究报告特别多。特征可以说是识别的筹码，其简易的区分可分为两类。

(1) 统计的特征，如通过统计文字区域内的黑/白点数比来辨别文字。当把文字区分成若干个区域时，这一个个区域中的黑/白点数比就可以构成空间的一个数值向量，通过基本的数学理论就可以分辨这些区域中的文字。

(2) 结构的特征，如文字影像细线化后，可以取字的笔画端点、交叉点的数量及位置，或以笔划段为特征，配合特殊的比对方法进行比对，就可以区分这些文字。市面上的线上手写输入软件多使用这种方式进行文字识别。

4) 对比识别

当输入的图像完成特征提取后，不管是用统计还是结构的特征，输出结果都须再与比对数据库或特征数据库进行比对。数据库的内容应包含所有欲识别的文字，且数据库中的文字特征提取方法与欲识别文字特征提取方法相同。

对比识别是可充分发挥数学运算理论的一个模块，根据不同的特征特性，选用不同的数学对比方法，如欧式空间的比对方法、松弛比对法(Relaxation)、动态程序比对法(Dynamic

Programming, DP)、隐马尔可夫模型(Hidden Markov Model, HMM)等著名方法。为了使识别的结果输出更稳定，也有所谓的“专家系统”(Experts System)被提出，这些系统利用各种特征比对方法的相异互补性，使识别出的结果可靠性特别高。

同时，为了增加 OCR 识别的准确性，OCR 系统中也添加了一些除错甚至帮助更正的功能模块。例如，字词后处理功能模块，其可根据前后文字逻辑，在相似候选字群中选择正确的文字，实现更正的功能。

5) 人工校正

人工校正是识别流程的最后关卡，在此之前，使用者可能只是拿着鼠标，跟着软件设计的节奏操作或仅是观看。而在此环节，使用者需要投入更多的时间及精力，去更正甚至找寻识别错误的地方。

一个好的 OCR 软件，除了有一个稳定的影像处理及识别核心，以降低错误率外，也需要一个高效的人工校正功能。系统通过提供文字影像与识别文字的对照、识别文字的候选字、标注可能有问题的字词等功能，可以提高使用者的工作效率。当然，不是说人工校正后的文字就一定正确，就像完全由键盘输入的工作人员也会有出错的时候，这时要重新校正一次或允许一定的错误。

6) 结果输出

输出的结果是多样的，可以是一般的文字文件，也可以是和输入文件一模一样的文件，抑或是 Excel 等表格文件。无论怎么变化，都只是输出文件格式的变化而已。

4.2.3 车牌识别系统

车牌识别系统(Vehicle License Plate Recognition, VLPR)是计算机视频图像识别技术在车辆牌照识别中的一种应用。车牌识别系统是指能够检测到受监控路面的车辆并自动提取车辆牌照信息(含汉字字符、英文字母、阿拉伯数字及号牌颜色)进行处理的技术。车牌识别是现代智慧交通系统中的重要组成部分之一，应用十分广泛。它以数字图像处理、模式识别、计算机视觉等技术为基础，对摄像机所拍摄的车辆图像或者视频序列进行分析，得到每一辆汽车唯一的车牌号码，从而完成识别过程。其通过一些后续处理手段可以实现停车场收费管理、交通流量控制指标测量、车辆定位、汽车防盗、高速公路超速自动化监管、闯红灯电子警察、公路收费站等功能，对于维护交通安全和城市治安，防止交通堵塞，实现交通自动化管理有着现实的意义。

汽车牌照号码是车辆的唯一“身份”标识，牌照自动识别技术可以在汽车不做任何改动的情况下实现汽车“身份”的自动登记及验证，这项技术已经应用于公路收费、停车管理、称重系统、交通诱导、交通执法、公路稽查、车辆调度、车辆检测等场合。

1. 车牌识别系统的应用

1) 监测报警

对于纳入“黑名单”的车辆，如被通缉或挂失的车辆、欠交费车辆、未年检车辆、肇事逃逸及违章车辆等，只需将其车牌号码输入应用系统中，将车牌识别设备安装于指定的路口、卡口或由执法人员随时携带按需要放置，系统就将识读所有通过车辆的牌照号码并与系统中的“黑名单”比对，一旦发现指定车辆立刻发出报警信息。系统可以全天不间断工作，不会疲劳，错误率极低；可以适应高速行驶的车辆；可以在车辆行驶过程中完成任务，不影响正常交通；整个监视过程中司机不会觉察，保密性高。应用这种系统将极大地提高执法效率。

2) 超速违章处罚

车牌识别技术结合测速设备可以用于车辆超速违章处罚，一般用于高速公路。其具体应用如下：在路上设置测速监测点，抓拍超速的车辆并识别车牌号码，将违章车辆的牌照号码及图片发往各出口；在各出口设置处罚点，用车牌识别设备识别通过车辆并将号码与已经收到的超速车辆的号码比对，一旦号码相同即启动警示设备，通知执法人员处理。与传统的超速监测方式相比，这种应用可以节省警力，降低执法人员的工作强度，而且安全、高效、隐蔽，司机需时刻提醒自己不能超速，极大地减少了因超速引发的事故。

3) 车辆出入管理

车辆识别系统在出入口的应用如图 4-2 所示。将车牌识别设备安装于出入口，记录车辆的牌照号码、出入时间，并与自动门、栏杆机的控制设备结合，实现车辆的自动管理。车牌识别系统应用于停车场可以实现自动计时收费，也可以自动计算可用车位数量并给出提示，实现停车收费自动管理，节省人力，提高效率；应用于智能小区可以自动判别驶入车辆是否属于本小区，对非内部车辆实现自动计时收费。在一些单位，这种应用还可以同车辆调度系统相结合，自动地、客观地记录本单位车辆的出车情况。车牌识别系统采用了车牌识别技术，可以实现不停车、免取卡，有效提高车辆出入通行效率。

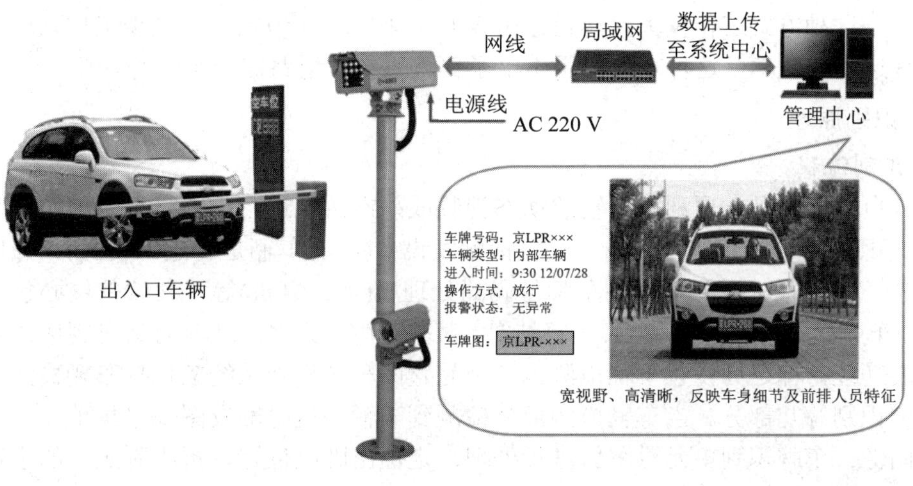

图 4-2 车辆识别系统在出入口的应用

车牌识别停车场管理系统对摄像机在入口拍摄的车辆车牌号码图像进行自动识别并转换成数字信号，做到一卡一车。车牌识别的优势在于可以把卡和车对应起来，使管理提高一个档次。卡和车对应的优点在于长租卡须和车配合使用，杜绝一卡多车使用的漏洞，提高物业管理的效益；同时，自动比对进出车辆，防止偷盗事件的发生。升级后的摄像系统可以采集更清晰的图片，作为档案保存，可以为一些纠纷提供有力的证据；方便管理人员在车辆出场时进行比对，大大增强了系统的安全性。

4) 自动放行

将指定的牌照信息输入系统，系统自动识读经过车辆的牌照号码并查询内部数据库。对于需要自动放行的车辆，系统驱动电子门或栏杆机让其通过；对于其他车辆，系统会给出警示，由值勤人员处理。车牌识别系统可用于特殊单位(如军事管理区、保密单位、重点保护单位等)、路桥收费卡口、高级住宅区等。

5) 高速公路收费管理

在高速路的各个出入口安装车牌识别设备，车辆驶入时识别车辆牌照号码，将入口资料存入收费系统；车辆到达出口时再次识别其牌照号码，并根据牌照信息调用入口资料，结合出入口资料实现收费管理。这种应用可以实现自动计费并可防止作弊，避免了应收款的流失。

高速公路已开始实施联网收费，随着联网范围的扩大，不同车型的收费差额也越来越高，司机利用现有收费系统的漏洞通过中途换卡进行逃费的问题越来越突出，而利用车牌识别技术是解决此类问题的根本方法。

6) 计算车辆旅行时间

在交通管理系统中，可以将车辆在某条道路的平均旅行时间作为判断该道路拥堵状况的一个参数。安装车牌识别设备于道路的起止点，识读所有通过车辆并将牌照号码传回交通指挥中心，指挥中心的管理系统根据这些结果就可计算出车辆平均旅行时间。

7) 牌照号码自动登记

交通监管部门每天都要处理大量的违章车辆图片，一般由人工辨识车牌号码后再输入管理系统，这种方式工作量大，容易疲劳误判。采用自动识别可以减少工作强度，大幅度提高处理速度和效率。这种功能可用于电子警察系统、道路监控系统等。

2. 识别原理

1) 识别流程

车牌自动识别是一项利用车辆的动态视频或静态图像进行牌照号码、牌照颜色自动识别的模式识别技术。其硬件基础一般包括触发设备(监测车辆是否进入视野)、摄像设备、照明设备、图像采集设备、识别车牌号码的处理机(如计算机)等，其软件核心包括车牌定位算法、车牌字符分割算法和 OCR 算法等。某些车牌识别系统还具有通过视频图像判断是否有车的功能，称之为视频车辆检测。一个完整的车牌识别系统应包括车辆检测、图像采集、车牌识别等几部分。当车辆检测部分检测到车辆到达时触发图像采集单元，采集当前的视频图像；车牌识别单元对图像进行处理，定位出牌照位置，再将牌照中的字符分割出来进行识别，组成牌照号码并输出。

2) 车辆检测

车辆检测可以采用埋地线圈检测、红外检测、雷达检测、视频检测等多种方式。采用视频检测可以避免破坏路面，不必附加外部检测设备，不需矫正触发位置，节省开支，而且更适合移动式、便携式应用的要求。

系统要进行视频车辆检测，需要具备很高的处理速度并采用优秀的算法，在基本不丢帧的情况下实现图像采集、处理。若处理速度慢，则导致丢帧，使系统无法检测到行驶速度较快的车辆，同时也难以保证在有利于识别的位置开始识别处理，影响系统识别率。因此，将视频车辆检测与牌照自动识别相结合具备一定的技术难度。

3) 号码识别

(1) 牌照定位。自然环境下，汽车图像背景复杂，光照不均匀，如何在自然背景中准确地确定牌照区域是整个识别过程的关键。首先对采集到的视频图像进行大范围相关搜索，找到符合汽车牌照特征的若干区域作为候选区；然后对这些候选区域做进一步分析、评判；最后选定一个最佳的区域作为牌照区域，并将其从图像中分离出来。

(2) 牌照字符分割。完成牌照区域的定位后，将牌照区域分割成单个字符，并进行识别。字符分割一般采用垂直投影法。由于字符在垂直方向上的投影必然在字符间或字符内的间隙处取得局部最小值的附近，并且该位置应满足牌照的字符书写格式、字符、尺寸限制和一些其他条件，因此利用垂直投影法对复杂环境下的汽车图像中的字符进行分割有较好的效果。

(3) 牌照字符识别方法。牌照字符识别方法主要有基于模板匹配算法和基于人工神经网络算法。基于模板匹配算法首先将分割后的字符二值化并将其尺寸缩放为字符数据库中模板的大小，然后与所有的模板进行匹配，选择最佳匹配作为结果。基于人工神经网络的算法有两种：一种是先对字符进行特征提取，然后用所获得的特征训练神经网络分配器；另一种方法是直接把图像输入网络，由网络自动实现特征提取，直至识别出结果。

实际应用中，车牌识别系统的识别率还与牌照质量和拍摄质量密切相关。牌照质量会受到各种因素的影响，如生锈、污损、油漆剥落、字体褪色、牌照被遮挡、牌照倾斜、高亮反光、多牌照、假牌照等；实际拍摄过程也会受到环境亮度、拍摄方式、车辆速度等因素的影响。这些影响因素不同程度上降低了车牌识别的识别率，也正是车牌识别系统的困难和挑战所在。为了提高识别率，除了不断地完善识别算法外，还应该想办法克服各种光照条件，使采集到的图像最利于识别。

3．技术路线

采用计算机视觉技术识别车牌的流程通常包括车辆图像采集、车牌定位、字符分割、光学字符识别、输出识别结果 5 个步骤。车辆图像的采集方式决定了车牌识别的技术路线。国际 ITS 通行的两条主流技术路线是自然光和红外光图像采集识别。自然光和红外光不会对人体产生不良的心理影响，也不会对环境产生新的电子污染，属于绿色环保技术。

自然光路线是指白天利用自然光线，夜间采用辅助照明光源，用彩色摄像机采集车辆真彩色图像，用彩色图像分析处理方法识别车牌。自然光真彩色识别技术路线与人眼感光习惯一致，并且真彩色图像能够反映车辆及其周围环境真实的图像信息，不仅可以用来识别车牌照，而且可以用来识别车牌照颜色、车流量、车型、车颜色等车辆特征。用一个摄像机采集的图像，可以同时实现所有前端基本视频信息采集、识别和人工辅助图像取证判别，前瞻性地为未来的智能交通系统工程预留接口。

红外光路线是指利用车牌反光和红外光的光学特性，用红外摄像机采集车辆灰度图像。由于红外特性，车辆图像上几乎只能看见车牌，采用黑白图像处理方法识别车牌。950 nm 的红外照明装置可抓拍到很好的反光车牌照图像。由于红外光是不可见光，因此它不会对驾驶员产生视觉影响。另外，红外照明装置提供的是不变的光，不论是在一天中最明亮的时候，还是在一天中最暗的时候，所抓拍的图像都是一样的。其唯一的例外是在白天，有时会看到一些牌照周围的细节，这是因为晴朗天气时受太阳光外光波的影响。采用红外灯的缺点就是所捕获的车牌照图像不是彩色的，不能获取整车图像，并且严重依赖车牌反光材料。

4．触发方式

车牌识别系统有两种触发方式，即外设触发和视频触发。

1) 外设触发

外设触发方式是指采用线圈、红外或其他检测器检测车辆通过信号，车牌识别系统接收到车辆触发信号后采集车辆图像，自动识别车牌，以及进行后续处理。该方式的优点是触发率高，性能稳定；缺点是需要切割地面铺设线圈，施工量大。

2) 视频触发

视频触发方式是指车牌识别系统采用动态运动目标序列图像分析处理技术，实时检测车道上的车辆移动状况，发现车辆通过时捕捉车辆图像，识别车牌照，并进行后续处理。视频触发方式不需借助线圈、红外或其他硬件车辆检测器。该方式的优点是施工方便，不需要切割地面铺设线圈，也不需要安装车检器等零部件；但其缺点也十分显著，由于算法的极限，该方案的触发率与识别率较外设触发都要低很多。

5．识别方式

1) 间接法

间接法指通过识别安装在汽车上的 IC 卡或条形码中所存储的车牌信息来识别车牌及相关信息。IC 卡技术识别准确度高，运行可靠，可以全天候作业；但其整套装置价格昂贵，硬件设备十分复杂，不适用于异地作业。条形码技术具有识别速度快、准确度高、可靠性强以及成本较低等优点，但其对扫描器要求很高。此外，二者都需要制定出全国统一的标准，并且无法核对车、条形码是否相符，这也是技术上存在的缺点，故将其在短时间内推广存在困难。

2) 直接法

基于图像的车牌识别技术属于直接法，其是一种无源型汽车牌照智能识别方法，能够在无任何专用发送车牌信号的车载发射设备情况下，对运动状态车辆或静止状态车辆的车牌号码进行非接触性信息采集并实时智能识别。与间接法识别系统相比，首先，这种系统节省了设备安置费用，从而提高了经济效益；其次，由于采用了先进的计算机应用技术，因此可提高识别速度，较好地解决了实时性问题；再次，它是根据图像进行识别的，所以通过人的参与可以解决系统中的识别错误，而其他方法难以与人交互。

直接法一般有图像处理技术、传统模式识别技术及人工神经网络技术等几种。

(1) 图像处理技术。运用图像处理技术解决汽车牌照识别的研究最早始于 20 世纪 80 年代，但国内外均只是就车牌识别中的某一个具体问题进行讨论，并且通常仅采用简单的图像处理技术来解决，并没有形成完整的系统体系。其识别过程是先使用工业电视摄像机拍下汽车的正前方图像，然后交给计算机进行简单的处理，并且最终仍需要人工干预。例如车辆牌照中省份汉字的识别问题，1985 年有人利用常见的图像处理技术提出汉字识别的分类是在抽取汉字特征的基础上进行的，首先根据汉字的投影直方图选取浮动闭值，抽取汉字在竖直方向的峰值，利用树形查表法进行汉字的粗分类；然后根据汉字在水平方向的投影直方图选取适当闭值，进行量化处理后，形成一个变长链码；再用动态规划法求出与标准模式链码的最小距离，实现细分后完成汉字省名的自动识别。

(2) 传统模式识别技术。传统模式识别技术指结构特征法、统计特征法等。20世纪90年代，由于计算机视觉技术的发展，开始出现汽车牌照识别的系统化研究。1990年，A S. Johnson等运用计算机视觉技术和图像处理技术实现了车辆牌照的自动识别系统。该系统分为图像分割、特征提取和模板构造、字符识别等3个部分。利用不同阈值对应的直方图不同，经过大量统计实验确定出车牌位置的图像直方图的阈值范围，从而根据特定阈值对应的直方图分割出车牌，再利用预先设置的标准字符模板进行模式匹配识别出字符。

(3) 人工神经网络技术。计算机及相关技术发达的一些国家开始探讨用人工神经网络技术解决车牌自动识别问题，如1994年M.M.M.FANHY等就成功地运用了BAM (Bidirectional Associative Memory，双向联想记忆)神经网络方法对车牌上的字符进行自动识别。BAM神经网络是由相同神经元构成的双向联想式单层网络，每一个字符模板对应着唯一个BAM矩阵，通过与车牌上的字符进行比较，可以识别出正确的车牌号码。这种采用BAM神经网络方法的技术的缺点是无法解决识别系统存储容量和处理速度相矛盾的问题。

4.3　GPS

GPS是一种以人造地球卫星为基础的高精度无线电导航的定位系统，它在全球任何地方以及近地空间都能够提供准确的地理位置、车行速度及精确的时间信息。GPS自问世以来，就以其高精度、全天候、全球覆盖、方便灵活吸引了众多用户。GPS不仅是汽车的“守护神”，同时也是物流行业管理的“智多星”。随着物流业的快速发展，GPS的作用越来越重要，成为继汽车市场后的第二大主要消费群体。

4.3.1　概述

美国的GPS从20世纪70年代开始研制，历时20年，耗资数百亿美元，于1994年全面建成，是具有海、陆、空全方位实时三维导航与定位功能的新一代卫星导航与定位系统。近10年来GPS在我国测绘等部门的使用表明，GPS以全天候、高精度、自动化、高效益等显著特点赢得了广大测绘工作者的信赖，并成功地应用于大地测量、工程测量、航空摄影测量、运载工具导航和管制、地壳运动监测、工程变形监测、资源勘察、地球动力学等多种学科，从而给测绘领域带来了一场深刻的技术革命。

GPS是美国第二代卫星导航系统，它是在子午仪(Transit)卫星导航系统的基础上发展起来的，采纳了子午仪卫星导航系统的成功经验。按目前的方案，GPS的空间部分使用24颗高度约2.02万千米的卫星组成卫星星座。24颗卫星均为近圆形轨道，运行周期约为11小时58分，分布在6个轨道面上(每个轨道面4颗)，轨道倾角为55°。卫星的分布使得在全球任何地方、任何时间都可观测到4颗以上的卫星，并能保持良好定位解算精度的几何图形，这就为GPS提供了在时间上连续的全球导航能力。

1．GPS的发明

20世纪70年代，美国国防部为了给陆、海、空三大领域提供实时、全天候和全球性的导航服务，并进行情报收集、核爆监测和应急通信等，开始研制“导航卫星定时和测距全球定位系统”，简称全球定位系统(GPS)。1973 年，美国国防部开始进行设计、试验。1989 年 2 月 4 日，第一颗 GPS 卫星发射成功，到 1993 年底建成了实用的 GPS 网，即(21+3GPS)星座，并开始投入商业运营。

2．GPS 的发展历史

GPS 是指利用 GPS 卫星，向全球各地全天候、实时性地提供三维位置、三维速度等信息的一种无线电导航定位系统。GPS 的前身是 1958 年美国军方研制的一种子午仪卫星定位系统，该系统于 1964 年正式投入使用，其用 5～6 颗卫星组成的星网工作，每天最多绕地球 13 圈，并且无法给出高度信息，在定位精度方面也不尽如人意。然而，子午仪卫星定位系统使得研发部门对卫星定位取得了初步的经验，并验证了由卫星系统进行定位的可行性，这就为 GPS 的研制做了铺垫。由于卫星定位显示出在导航方面的巨大优越性以及子午仪卫星导航系统在潜艇和舰船导航方面存在巨大缺陷，美国陆、海、空三军及民用部门都迫切需要一种新的卫星导航系统。

20 世纪 70 年代，陆、海、空三军联合研制了新一代 GPS。GPS 已经经历了第一代和第二代，现在已升级到第三代，以保持其在导航定位系统领域的霸主地位。从目前来看，GPS 是全球范围内精度最高、覆盖范围最广的导航定位系统。

GPS 如图 4-3 所示。最初的 GPS 计划是在美国联合计划局的领导下制订的，该方案将 24 颗卫星放置在互成 120° 的 3 个轨道上，每个轨道上有 8 颗卫星，地球上任何一点均能观测到 6～9 颗卫星。这样，粗码精度可达 100 m，精码精度为 10 m。由于预算的压缩，GPS 计划不得不减少卫星发射数量，改为将 18 颗卫星分布在互成 60° 的 6 个轨道上，然而这一方案保障不了卫星的可靠性。1988 年又对 GPS 进行了最后一次修改：21 颗工作卫星和 3 颗备用卫星工作在互成 60° 的 6 个轨道面上，这也是目前 GPS 卫星所使用的工作方式。

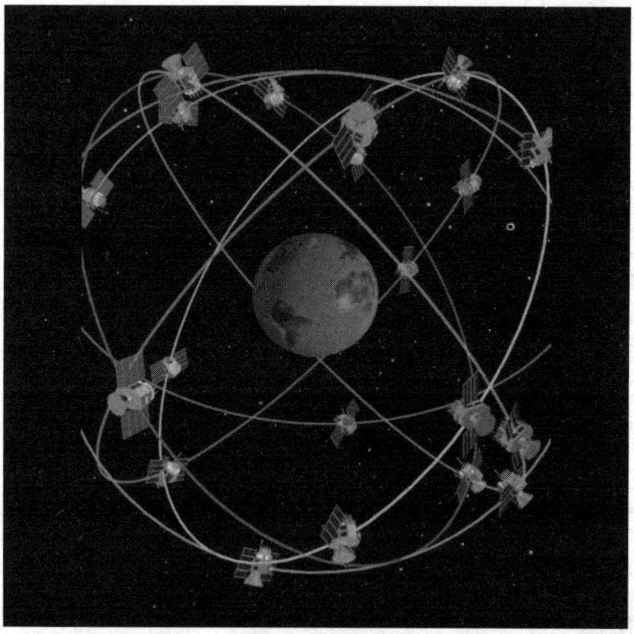

图 4-3　GPS

3．定位原理

GPS 定位包括伪距单点定位、载波相位定位和实时差分定位。

1) 伪距测量及伪距单点定位

伪距测量就是测定卫星到接收机的距离，即由卫星发射的测距码信号到达 GPS 接收机的传播时间乘以光速所得的距离。伪距单点定位就是利用 GPS 接收机在某一时刻测定与 4 颗以上 GPS 卫星的伪距，以及从卫星导航电文中获得的卫星瞬时坐标，采用距离交会法求出天线在 WGS-84 坐标系中的三维坐标。

2) 载波相位测量及载波相位定位

载波相位测量就是测定 GPS 卫星载波信号到接收机天线之间的相位延迟。GPS 卫星载波上调制了测距码和导航电文，接收机接收到卫星信号后，将载波上的测距码和卫星电文去掉，重新获得载波，称为重建载波。GPS 接收机将卫星重建载波与接收机内由振荡器产生的本振信号通过相位计比相，即可得到相位差。

3) 实时差分定位

GPS 实时差分定位的原理是在已有的精确地心坐标点上安放 GPS 接收机(称为基准站)，利用已知的地心坐标和星历计算 GPS 观测值的校正值，并通过无线电通信设备(称为数据链)将校正值发送给运动中的 GPS 接收机(称为流动站)。流动站利用校正值对自己的 GPS 观测值进行修正，以消除上述误差，从而提高实时定位精度。GPS 动态差分方法有多种，主要有位置差分、伪距差分(Real Time Difference，RTD)、载波相位实时差分(Real Time Kinematic，RTK)和广域差分等。

4.3.2　GPS 的组成部分

GPS 由以下 3 个部分组成：空间部分(GPS 卫星)、地面监控部分和用户部分。GPS 卫星可连续向用户播发用于进行导航定位的测距信号和导航电文，并接收来自地面监控系统的各种信息和命令以维持系统的正常运转。地面监控系统的主要功能是跟踪 GPS 卫星，对其进行距离测量，确定卫星的运行轨道及卫星钟改正数，进行预报后，再按规定格式编制成导航电文，并通过注入站送往卫星。地面监控系统还能通过注入站向卫星发布各种指令、调整卫星的轨道及时钟读数、修复故障或启用备用件等。用户则用 GPS 接收机测定从接收机至 GPS 卫星的距离，并根据卫星星历所给出的观测瞬间卫星在空间的位置等信息求出自己的三维位置、三维运动速度和钟差等参数。目前，美国正致力于进一步改善整个系统的功能，如通过卫星间的相互跟踪来确定卫星轨道，以减少对地面监控系统的依赖程度，增强系统的自主性。

1．空间部分

GPS 卫星的主体呈圆柱形，两侧有太阳能帆板，能自动对日定向。太阳能电池为卫星提供工作用电。每颗卫星都配备有多台原子钟，可为卫星提供高精度的时间标准。卫星上带有燃料和喷管，可在地面控制系统的控制下调整自己的运行轨道。GPS 卫星的基本功能是：接收并存储来自地面控制系统的导航电文，在原子钟的控制下自动生成测距码和载波，并将测距码和导航电文调制在载波上播发给用户；按照地面控制系统的命令调整轨道、调整卫星钟、修复故障或启用备用件以维护整个系统的正常工作。不同型号的卫星的外形也各不相同。

GPS 卫星可分为试验卫星和工作卫星两类，这两种卫星的基本特征如下。

(1) 试验卫星。试验卫星也称原型卫星。试验卫星质量为 774 kg(包括 310 kg 的燃料)，设计寿命为 5 年。为满足方案论证和整个系统试验、改进的需要，美国 1978—1985 年间从加利福尼亚州的范登堡空军基地用 Atlas 火箭先后发射了 11 颗试验卫星。其中，第 7 颗卫星发射失败，未进入预定轨道。1995 年底，最后一颗试验卫星停止工作。

(2) 工作卫星。工作卫星 Block Ⅱ 卫星质量约 1.5 t，设计寿命为 7.5 年，每颗卫星耗资 4800 万美元。1989 年 2 月至 1990 年 10 月间，从佛罗里达州的肯纳维拉尔空间基地用 Delta Ⅱ 火箭发射了 9 颗 Block Ⅱ 卫星。与试验卫星相比，Block Ⅱ 卫星做了许多改进，卫星可存储 14 天的导航电文，并具有实施 SA 和 AS 的能力。Block Ⅱ A(Advanced)卫星质量约 17 t，卫星设计寿命为 7.5 年，卫星具备互相通信的能力，卫星存储导航电文的能力增加至 180 天。SVN35 和 SVN36 卫星上配备了激光反射棱镜，可以通过激光测距来分析卫星钟和卫星星历的误差，检验 GPS 测距的精度。其反射棱镜的大小为 24 cm × 20 cm。

2. 地面监控部分

地面监控部分由分布在世界各地的 5 个地面站组成，按功能可分为监测站、主控站和注入站 3 种。监测站内设有双频 GPS 接收机、高精度原子钟、气象参数测试仪和计算机等设备，主要任务是完成对 GPS 卫星信号的连续观测，并对搜集的数据和当地气象观测资料进行处理后传送到主控站。主控站除了协调管理地面监控系统外，还负责对监测站的观测资料进行联合处理，推算卫星的星历、卫星钟差和大气修正参数，并将这些数据编制成导航电文送到注入站；另外，它还可以调整偏离轨道的卫星，使之沿预定轨道运行，调度备用卫星，以替代失效的卫星开展工作。注入站的主要任务是将主控站编制的导航电文、计算出的卫星星历和卫星钟差的改正数等通过直径为 3.6m 的天线注入相应的卫星。

3. 用户部分

用户设备主要由 GPS 接收机、硬件和数据处理软件、微处理机及终端设备组成。GPS 接收机由主机、天线和电源组成。用户部分的主要任务是捕获、跟踪并锁定卫星信号；对接收的卫星信号进行处理，测量出 GPS 信号从卫星到接收机天线间传播的时间；译出 GPS 卫星发射的导航电文，实时计算接收机天线的三维位置、速度和时间。

4.3.3 GPS 的特点

GPS 是世界上第一个卫星定位系统，被誉为人类定位技术的一个里程碑。归纳起来，GPS 系统具有以下特点：

(1) 全球、全天候连续不断的导航定位能力。GPS 能为全球任何地点或近地空间的各类用户提供连续的、全天候的导航定位能力，用户不用发射信号，因而能满足多用户使用。

(2) 实时导航，定位精度高，观测时间短。利用 GPS 定位时，在 1 s 内可以取得几次位置数据，这种近乎实时的导航能力对于高动态用户具有很大的意义，同时能为用户提供连续的三维位置、三维速度和精确的时间信息。目前利用 C/A 码的实时定位精度可达 20～50 m，速度精度为 0.1 m/s，利用特殊处理可达 0.005 m/s，相对定位精度可达毫米级。

随着GPS的不断完善和软件的不断更新，目前20 km以内相对静态定位仅需15～20 min。快速静态相对定位测量时，当每个流动站与基准站相距在15 km以内时，流动站观测时间只需1～2 min，然后可随时定位，每站观测只需几秒。

(3) 测站无需通视。GPS测量只要求测站上空开阔，不要求测站之间互相通视，因此可节省大量的造标费用(一般造标费用占总经费的30%～50%)。由于无需点间通视，点位位置根据需要可疏可密，这就使得选点工作变得非常灵活，也可省去经典测量中的传算点、过渡点的测量工作。

(4) 可提供全球统一的三维地心坐标。GPS测量可同时精确测定测站平面位置和大地高程，目前GPS水准可满足四等水准测量的精度。另外，GPS定位是在全球统一的WGS-84坐标系中计算的，因此全球不同地点的测量成果是相互关联的。

(5) 仪器操作简便。随着GPS接收机的不断改进，GPS测量的自动化程度越来越高。在观测中测量员只需安置仪器、连接电缆线、量取天线高、监视仪器的工作状态，而其他观测工作，如卫星的捕获、跟踪观测和记录等均由仪器自动完成。结束测量时，仅需关闭电源，收好接收机，即可完成野外数据采集任务。

如果在一个测站上需做长时间的连续观测，还可以通过数据通信方式将所采集的数据传送到数据处理中心，实现全自动化的数据采集与处理。另外，接收机的体积也越来越小，相应的质量也越来越小，极大地减轻了测量作业者的劳动强度，使野外工作变得更为轻松。

(6) 抗干扰能力强，保密性好。GPS采用扩频技术和伪码技术，用户只需接收GPS信号，自身不会发射信号，因而不会受到外界其他信号源的干扰。

(7) 功能多，应用广泛。GPS是军、民两用系统，其应用范围十分广泛，具体的应用实例包括汽车导航和交通管理、巡线车辆管理、道路工程、个人定位以及导航仪等。

4.3.4　北斗卫星导航系统

北斗卫星导航系统(BeiDou Navigation Satellite System，BDS)是中国自行研制的全球卫星导航系统，也是继GPS、GLONASS之后的第3个成熟的卫星导航系统。北斗卫星导航系统、美国GPS、俄罗斯GLONASS和欧盟GALILEO是联合国卫星导航委员会已认定的供应商。

北斗卫星导航系统由空间段、地面段和用户段3部分组成，可在全球范围内全天候、全天时为各类用户提供高精度、高可靠定位、导航、授时服务，并且具备短报文通信能力。目前，北斗卫星导航系统已经初步具备区域导航、定位和授时能力，定位精度为分米、厘米级别，测速精度为0.2 m/s，授时精度为10 ns。

北斗卫星导航系统是中国着眼于国家安全和经济社会发展需要，自主建设、独立运行的卫星导航系统，是为全球用户提供全天候、全天时、高精度的定位、导航和授时服务的国家重要空间基础设施。

随着北斗系统建设和服务能力的发展，相关产品已广泛应用于交通运输、海洋渔业、水文监测、气象预报、测绘地理信息、森林防火、通信系统、电力调度、救灾减灾、应急搜救等领域，逐步渗透到人类社会生产和人们生活的方方面面，为全球经济和社会发展注入新的活力。

卫星导航系统是全球性公共资源，多系统兼容与互操作已成为发展趋势。中国始终秉持和践行“中国的北斗，世界的北斗”的发展理念，服务“一带一路”建设发展，积极推进北斗系统国际合作。与其他卫星导航系统携手，与各个国家、地区和国际组织一起，共同推动全球卫星导航事业发展，让北斗系统更好地服务全球、造福人类。

1. 系统标志创意说明

北斗卫星导航系统标志由正圆形、写意的太极阴阳鱼、北斗星、网格化地球和中英文文字等要素组成，如图 4-4 所示。其圆形构型象征中国传统文化中的“圆满”，深蓝色的太空和浅蓝色的地球代表航天事业，太极阴阳鱼则蕴含了中国传统文化。

图 4-4　北斗卫星导航系统标志

北斗星自远古时起就是人们用来辨识方位的依据。司南是中国古代发明的世界上最早的导航装置，两者结合既彰显了中国古代科学技术成就，又象征着卫星导航系统星地一体，为人们提供定位、导航、授时服务的行业特点，同时还寓意着中国自主卫星导航系统的名字——北斗。网格化地球和中英文文字代表了北斗卫星导航系统开放兼容、服务全球。

2. 北斗系统建设

我国高度重视北斗系统的建设发展，北斗系统建设如图 4-5 所示。

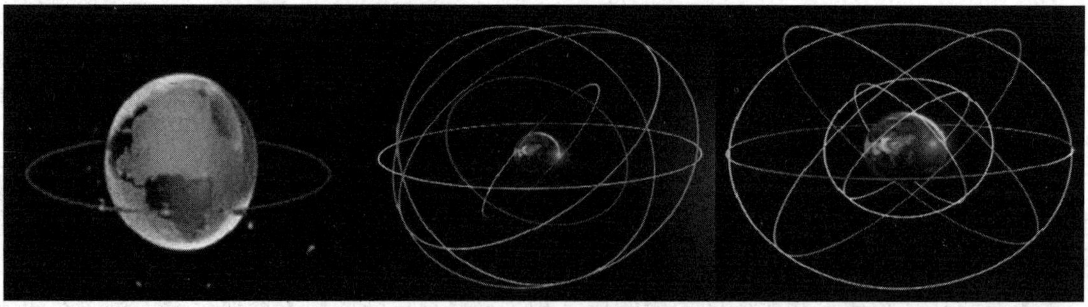

北斗一号系统　　北斗二号系统　　北斗三号系统

图 4-5　北斗系统建设

我国自 20 世纪 80 年代开始探索适合国情的卫星导航系统发展道路，形成了“三步走”

发展战略：2000 年年底，建成北斗一号系统，向中国提供服务；2012 年年底，建成北斗二号系统，向亚太地区提供服务；2020 年，建成北斗三号系统，向全球提供服务。

第一步，建设北斗一号系统。1994 年，启动北斗一号系统工程建设；2000 年，发射 2 颗地球静止轨道卫星，建成系统并投入使用，采用有源定位体制，为中国用户提供定位、授时、广域差分和短报文通信服务；2003 年，发射第 3 颗地球静止轨道卫星，进一步增强系统性能。

第二步，建设北斗二号系统。2004 年，启动北斗二号系统工程建设；2012 年年底，完成 14 颗卫星(5 颗地球静止轨道卫星、5 颗倾斜地球同步轨道卫星和 4 颗中圆地球轨道卫星)发射组网。北斗二号系统在兼容北斗一号系统技术体制的基础上增加了无源定位体制，为亚太地区用户提供定位、测速、授时和短报文通信服务。

第三步，建设北斗三号系统。2009 年，启动北斗三号系统建设；2018 年年底，完成 19 颗卫星发射组网，完成基本系统建设，向全球提供服务；2020 年，完成 30 颗卫星发射组网，全面建成北斗三号系统。北斗三号系统继承北斗有源服务和无源服务两种技术体制，能够为全球用户提供基本导航(定位、测速、授时)、全球短报文通信、国际搜救服务，中国及周边地区用户还可享有区域短报文通信、星基增强、精密单点定位等服务。

从 2017 年底开始，北斗三号系统建设进入了超高密度发射阶段。北斗系统正式向全球提供 RNSS 服务，在轨卫星共 39 颗。

2020 年 6 月 16 日，北斗三号最后一颗全球组网卫星发射任务因故推迟。

2020 年 6 月 23 日 9 时 43 分，我国在西昌卫星发射中心用长征三号乙运载火箭成功发射北斗系统第 55 颗导航卫星暨北斗三号最后一颗全球组网卫星，至此北斗三号全球卫星导航系统星座部署比原计划提前半年全面完成。

2020 年 7 月 31 日上午 10 时 30 分，北斗三号全球卫星导航系统建成暨开通仪式在人民大会堂举行，中共中央总书记、国家主席、中央军委主席习近平宣布北斗三号全球卫星导航系统正式开通。

2021 年 3 月 4 日，解放军报记者从中国卫星导航系统管理办公室获悉，北斗三号全球卫星导航系统开通以来，系统运行稳定，持续为全球用户提供优质服务，开启了全球化、产业化新征程。

预计 2035 年，中国将建设完善更加泛在、更加融合、更加智能的综合时空体系，进一步提升时空信息服务能力，为人类走得更深更远做出中国贡献。

3．北斗应用与产业化

中国积极培育北斗系统的应用开发，打造由基础产品、应用终端、应用系统和运营服务构成的产业链，持续加强北斗产业保障，推进和创新体系建设，不断改善产业环境，扩大应用规模，实现融合发展，提升卫星导航产业的经济和社会效益。

中国卫星导航定位协会发布的《2022 中国卫星导航与位置服务产业发展白皮书》显示，2021 年我国卫星导航与位置服务产业总体产值达到 4690 亿元，较 2020 年增长 16.29%。

1) 基础产品及设施

北斗基础产品已实现自主可控，国产北斗芯片、模块等关键技术全面突破，性能指标与国际同类产品相当。多款北斗芯片实现规模化应用，工艺水平达到 28 ns。截至 2021 年底，国产北斗兼容型芯片及模块销量已超过 2 亿片，季度出货量突破 1000 万片，具有北斗定位功能的终端产品社会总保有量已超过 12 亿台/套(含智能手机)，国内厘米级应用北斗高精度芯片、模块和板卡的总出货量持续增长，达到 120 万片。

截至 2019 年 12 月，在中国范围内已建成 2500 余个北斗地基增强系统基准站，在交通运输、地震预报、气象测报、国土测绘、国土资源、科学研究与教育等多个领域为用户提供基本服务，包括米级、分米级、厘米级的定位导航和后处理毫米级的精密定位服务。

2) 行业及区域应用

北斗系统自提供服务以来，已在交通运输、农林渔业、水文监测、气象测报、通信系统、电力调度、救灾减灾、公共安全等领域得到广泛应用，融入国家核心基础设施，产生了显著的经济效益和社会效益。

(1) 交通运输方面，北斗系统广泛应用于重点运输过程监控、公路基础设施安全监控、港口高精度实时定位调度监控等领域。截至 2021 年年底，全国超过 780 万道路营运车辆、4 万多辆邮政快递干线车辆、47 000 多艘船舶应用北斗系统；长江干线北斗增强系统基准站和水上导航设施数量超过 13 106 座；近 500 架通用航空器应用北斗系统。共享单车也是北斗大众化应用的典型领域，据统计，搭载国产北斗高精度定位芯片的北斗高精度共享单车投放已突破 500 万辆并全面覆盖全国 450 余座城市。

(2) 农林渔业方面，基于北斗的农机作业监管平台实现农机远程管理与精准作业，服务农机设备超过 5 万台，精细农业产量提高 5%，农机油耗节约 10%。定位与短报文通信功能在森林防火等应用中发挥了突出作用。北斗系统为渔业管理部门提供船位监控、紧急救援、信息发布、渔船出入港管理等服务，全国 7 万余只渔船和执法船安装了北斗终端，累计救助 1 万余人。

(3) 水文监测方面，北斗系统成功应用于多山地域水文测报信息的实时传输，提高了灾情预报的准确性，为制定防洪抗旱调度方案提供重要支持。

(4) 气象测报方面，研制一系列气象测报型北斗终端设备，形成系统应用解决方案，提高了国内高空气象探空系统的观测精度、自动化水平和应急观测能力。

(5) 通信系统方面，突破光纤拉远等关键技术，研制出一体化卫星授时系统，开展北斗双向授时应用。

(6) 电力调度方面，开展基于北斗的电力时间同步应用，为电力事故分析、电力预警系统、电力保护系统等对时间有高精度需求的领域提供了支撑。

(7) 救灾减灾方面，基于北斗系统的导航、定位、短报文通信功能，提供实时救灾指挥调度、应急通信、灾情信息快速上报与共享等服务，显著提高了灾害应急救援的快速反应能力和决策能力。

(8) 公共安全方面，全国 40 余万部警用终端联入警用位置服务平台。北斗系统在亚太经济合作组织会议、二十国集团峰会等重大活动安保中发挥了重要作用。

3) 大众应用

北斗系统大众服务发展前景广阔。基于北斗的导航服务已被电子商务、移动智能终端制造、位置服务等厂商采用，广泛进入中国大众消费、共享经济和民生领域，深刻改变着人们的生产生活方式。

2019 年 5 月 10 日，由中国联通与华大北斗共同成立的“5G+北斗高精度定位开放实验室”将运营商、芯片模组商、设备商、垂直行业应用商、研究机构及高校联合起来，构建基于 5G 和北斗的合作生态系统，共同推动“5G+北斗”的高精度定位在垂直行业的应用落地。

在电子商务领域，国内多家电子商务企业的物流货车及配送员应用北斗车载终端和手环，实现了车、人、货信息的实时调度。

在智能手机应用领域，国内外主流芯片厂商均推出兼容北斗的通导一体化芯片。北斗地基增强信息已进入智能手机，可实现米级定位。2021 年，国内智能手机出货量中支持北斗系统的已达 3.24 亿部，占国内智能手机总出货量的 94.5%。

在智能穿戴领域，多款支持北斗系统的手表、手环等智能穿戴设备，以及学生卡、老人卡等特殊人群关爱产品不断涌现，北斗系统得到广泛应用。

4.4　蓝牙技术与网络

4.4.1　概述

蓝牙(Bluetooth)是一种无线技术标准，可实现固定设备、移动设备和个人区域网之间的短距离数据交换(使用 2.4～2.485 GHz 的 ISM 波段的 UHF 无线电波)。蓝牙技术最初由电信巨头爱立信公司于 1994 年创立，当时是作为 RS-232 数据线的替代方案，用于连接多个设备，以克服数据同步的难题。

如今蓝牙由蓝牙技术联盟(Bluetooth Special Interest Group, BSIG)管理。蓝牙技术联盟在全球拥有超过 25 000 家成员公司，它们分布在电信、计算机、网络和消费电子等多重领域。蓝牙技术联盟负责监督蓝牙规范的开发、管理认证项目并维护商标权益，制造商的设备必须符合蓝牙技术联盟的标准才能以“蓝牙设备”的名义进入市场。蓝牙技术拥有一套专利网络，可发放给符合标准的设备。

4.4.2　蓝牙的特点

蓝牙是一种短距离无线通信的技术规范(一般 10 m 内)，能在包括移动电话、PDA (Personal Digital Assistant，个人数字助理)、无线耳机、笔记本计算机、相关外设等众多设备之间进行无线信息交换。在制定蓝牙规范之初就建立了统一全球的目标，并向全球公开发布，工作频段为全球统一开放的 2.4 GHz ISM 频段。从目前的应用来看，由于蓝牙体积小、功率低，其应用已不局限于计算机外设，几乎可以被集成到任何数字设备之中，特别是那些对数据传输速率要求不高的移动设备和便携设备。蓝牙数据传输速率为 1 Mb/s，采用时分双工传输方案实现全双工传输。

蓝牙技术的特点可归纳为如下几方面。

(1) 全球范围适用。蓝牙工作在 2.4 GHz 的 ISM 频段，全球大多数国家 ISM 频段的范围是 2.4～2.4835 GHz，使用该频段时无需向各国的无线电资源管理部门申请许可证。

(2) 可同时传输语音和数据。蓝牙采用电路交换和分组交换技术，支持异步数据信道、三路语音信道以及异步数据与同步语音同时传输的信道。每个语音信道数据传输速率为 64 kb/s，语音信号编码采用脉冲编码调制(Pulse Code Modulation，PCM)或连续可变斜率增量调制(Continuous Variable Slope Delta Modulation，CVSD)方法。当采用非对称信道传输数据时，速率最高为 721 kb/s，反向为 57.6 kb/s；当采用对称信道传输数据时，速率最高为 342.6 kb/s。

(3) 可以建立临时性的对等连接。根据蓝牙设备在网络中的角色，可将其分为主设备(Master)与从设备(Slave)。主设备是组网连接主动发起连接请求的蓝牙设备，几个蓝牙设备连接成一个皮网(Piconet)时，只有一个是主设备，其余的均为从设备。皮网是蓝牙最基本的一种网络形式，最简单的皮网是一个主设备和一个从设备组成的点对点的通信连接。

(4) ISM 频段是对所有无线电系统都开放的频段，因此使用其中的某个频段都会遇到不可预测的干扰源。图 4-6 所示为蓝牙的 ISM 频段。

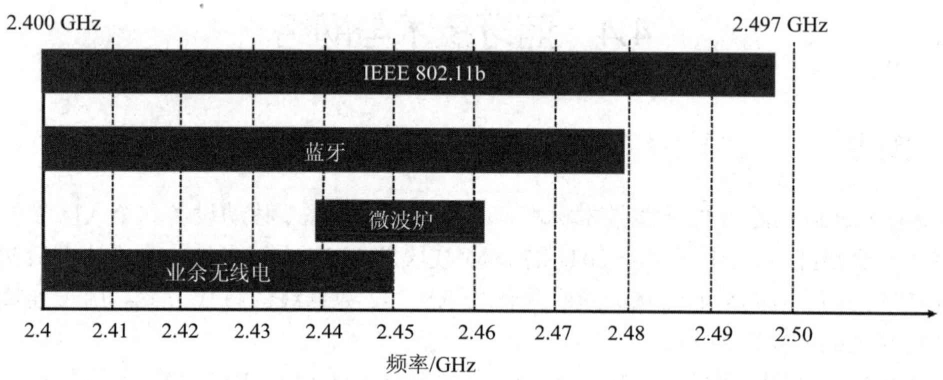

图 4-6　蓝牙的 ISM 频段

例如，某些家电、无绳电话、汽车开门器、微波炉等都可能是干扰。为此，蓝牙特别设计了快速确认和跳频(Frequency Hopping)方案以确保链路稳定。跳频技术是把频带的 2.402～2.48 GHz 频段分成 79 个频点，相邻频点间隔 1 MHz。无线电收发器按一定的码序列(技术上称其为伪随机码，即“假”的随机码)不断地从一个信道“跳”到另一个信道，每秒频率改变 1600 次，每个频率持续 625 μs，只有收发双方是按这一规律进行通信的，而其他的干扰不可能按同样的规律进行干扰。跳频的瞬时带宽很窄，但通过扩展频谱(Spread Spectrum)技术可使该窄带宽成百倍地扩展成宽频带，使干扰可能的影响变得很小。蓝牙采用了跳频方式来扩展频谱。

4.4.3　蓝牙协议栈

制定蓝牙技术规范的目的是使符合该规范的各种应用之间能够实现互操作，互操作的远端设备需要使用相同的协议栈，不同的应用需要不同的协议栈。但是，所有的应用都要使用蓝牙技术规范的数据链路层和物理层。蓝牙协议栈的体系结构由底层硬件模块、中间协议层和高端应用层 3 部分组成(图 4-7)。

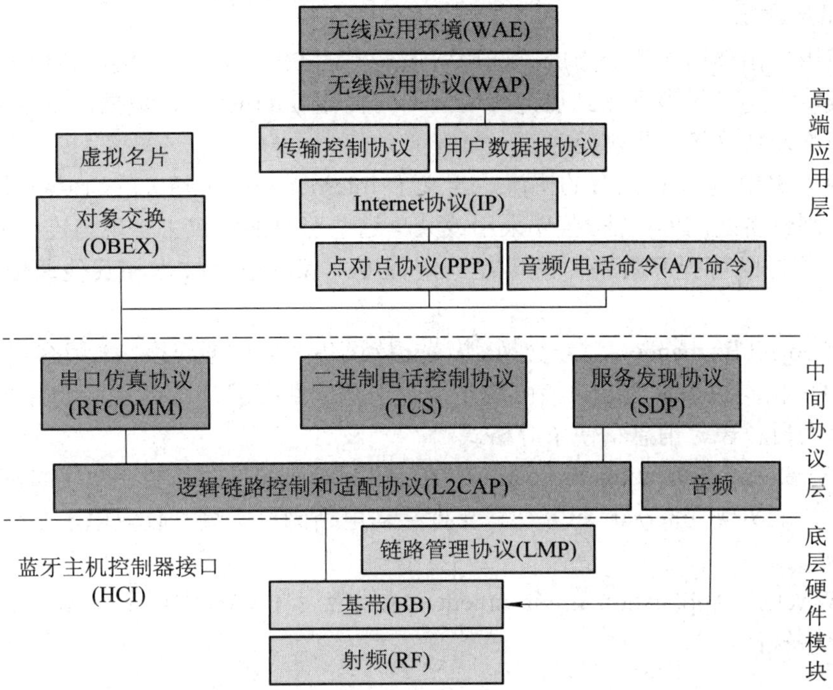

图 4-7　蓝牙协议栈的体系结构

1. 底层硬件模块

底层硬件模块包括链路管理协议(Link Management Protocol，LMP)、基带(Base Band，BB)、射频(Radio Frequency，RF)等 3 部分。

射频通过 2.4 GHz 的 ISM 频段实现数据流的过滤和传输。

基带提供两种不同的物理链路，即同步面向连接链路(Synchronous Connection Oriented，SCO)和异步无连接链路(Asynchronous Connection Less，ACL)，负责跳频、蓝牙数据及信息帧的传输，且对所有类型的数据包提供不同层次的前向纠错码(Forward Error Correction，FEC)或循环冗余度差错校验(Cyclic Redundancy Check，CRC)。

链路管理协议负责两个或多个设备链路的建立和拆除及链路的安全和控制，如鉴权和加密、控制和协商基带包的大小等，它为上层软件模块提供了不同的访问入口。主机控制器接口(Host Controller Interface，HCI)是蓝牙协议中软硬件之间的接口，提供了一个调用下层基带、链路管理协议、状态和控制寄存器等硬件的统一命令，上下两个模块接口之间的消息和数据的传递必须通过 HCI 的解释才能进行。

2. 中间协议层

中间协议层由逻辑链路控制和适配协议(Logical Link Control and Adaptation Protocol，L2CAP)、服务发现协议(Service Discovery Protocol，SDP)、串口仿真协议(Radio Frequency Communication，RFCOMM)(或称线缆替换协议)、二进制电话控制协议(Telephony Control-protocol Spectocol，TCS)等构成。L2CAP 位于基带之上，向上层提供面向连接的和无连接的数据服务，主要完成数据的拆装、服务质量控制、协议的复用、分组的分割和重组及组提取等功能。

3. 高端应用层

高端应用层由选用协议层组成。选用协议层中的 PPP 由封装、链路控制协议、网络控制协议组成。它定义了串行点到点链路应当如何传输 Internet 协议数据，主要用于 LAN 接入、拨号网络及传真等应用规范。

TCP/IP、UDP 是 3 种已有的协议，定义了 Internet 与网络相关的通信及其他类型计算机设备和外围设备之间的通信。蓝牙采用或共享这些已有的协议去实现与连接 Internet 的设备的通信，这样既可提高效率，又可在一定程度上保证蓝牙技术和其他通信技术的互操作性。

OBEX(Object Exchange，对象交换)协议支持设备间的数据交换，采用客户/服务器模式提供与 HTTP 相同的基本功能。该协议作为一个开放性标准，还定义了可用于交换的电子商务卡、个人日程表、消息和便条等格式。

WAP(Wireless Application Protocol，无线应用协议)的目的是要在数字蜂窝电话和其他小型无线设备上实现 Internet 业务。它支持移动电话浏览网页、收取电子邮件和其他基于 Internet 的协议。

WAE(Wireless Application Environment，无线应用环境)提供用于 WAP 电话和 PDA 所需的各种应用软件。

4.4.4 蓝牙应用模式

1. 文件传输模式

文件传输的目的是使两个终端之间的数据交换成为可能，传输时使用的协议如图 4-8 所示，可传送的文件有 DOC、JPG、PPT、XLS、WAV 等，还包括远端文件夹浏览功能。传输文件的设备可归结成 C/S(Client/Server，客户端/服务器)结构。客户可从服务器下载文件，或向服务器上传文件。服务器是一种使用 OBEX 协议文件夹列表格式的远端蓝牙设备，其支持目标交换服务、文件夹浏览功能，还允许客户修改、创建文件或文件夹。

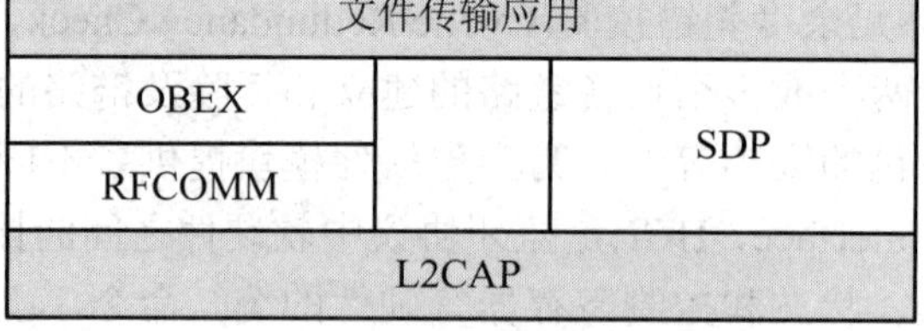

图 4-8　文件传输协议栈

2. Internet 网桥模式

这种用户模式可通过手机或无线调制解调器向 PC 提供拨号入网和收发传真功能，而不必与 PC 有物理上的连接。拨号上网需要两列协议栈(不包括 SDP)，如图 4-9 所示。AT 命令集用来控制移动电话或调制解调器以及传送其他业务数据的协议栈。传真采用类似协议栈，但不使用 PPP 及基于 PPP 的其他网络协议，而由应用软件利用 RFCOMM 直接发送。

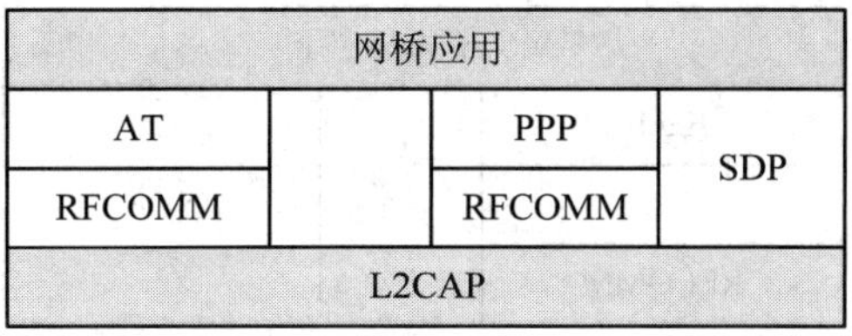

图 4-9　Internet 网桥模式协议栈

3．头戴式设备模式

使用该模式，用户打电话时可自由移动。通过无线连接，头戴式设备通常作为蜂窝电话、无线电话或 PC 的音频输入/输出设备。头戴式设备模式协议栈如图 4-10 所示，语音数据流不经过 L2CAP 层而直接接入基带协议层。头戴式设备必须能收发并处理 AT 命令，且能接收相应的编码信号。

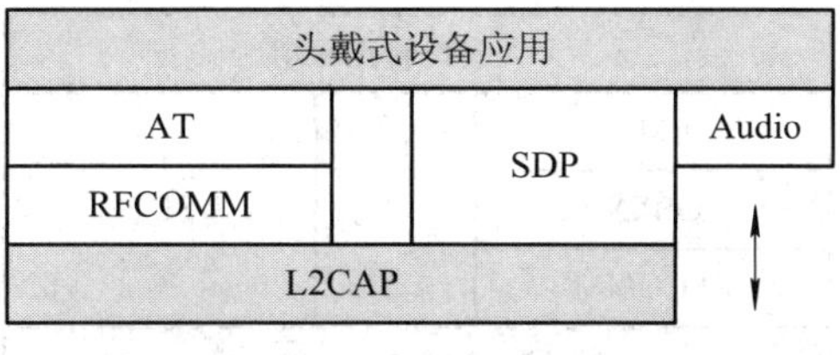

图 4-10　头戴式设备模式协议栈

4．蓝牙手机模式

蓝牙手机可接入公用电话网与其他座机或手机通话，也可在基站内使用。由此所需的应用协议栈如图 4-11 所示，其中音频数据信号不经过 L2CAP 层，而直接与基带协议层连接。

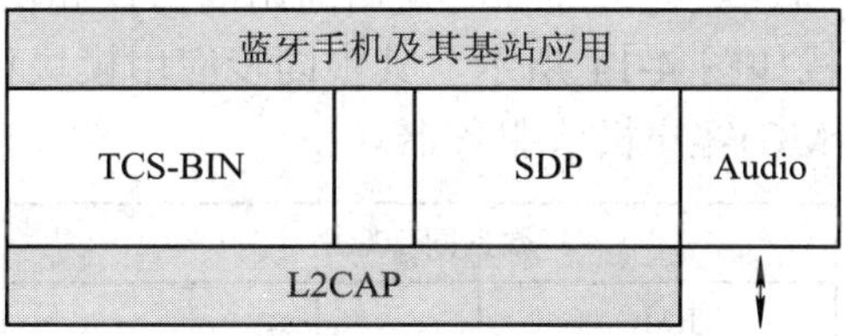

图 4-11　蓝牙手机模式协议栈

5．局域网访问模式

无线接入过程类似于拨号接入。蓝牙设备欲访问局域网，需遵从蓝牙协议中定义的 PPP。PPP 可解决接入网络时的授权、加密、数据压缩等操作，在连接时也应采用相同的 PPP 结构。局域网接入点(LAN Access Point，LAP)起着 PPP 服务器的作用，其提供的接入服务包括家庭网络 USB、电缆 MODEN(调制解调器)、1394 接口、以太网以及光纤令牌网等；数据终端则起着 PPP 客户的作用，与一个 LAP 建立起 PPP 连接，构成局域网接入，接入后数据终端就能享受 LAP 提供的服务。笔记本计算机、PAD、PC 是常见的数据终端。其相应的应用协议栈如图 4-12 所示。

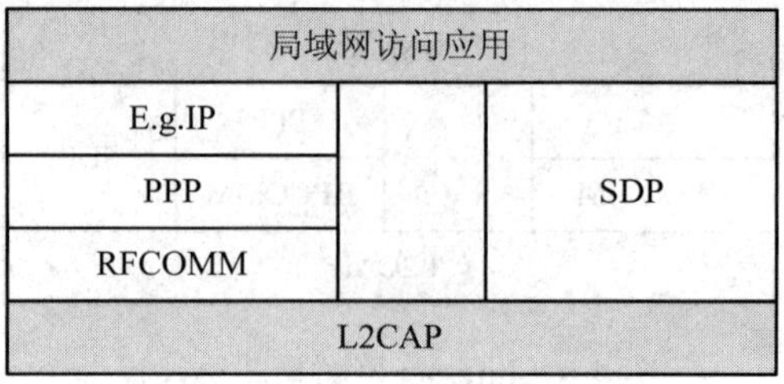

图 4-12　局域网访问模式协议栈

6. 个人资料管理模式

常见的个人资料管理有电话簿记录查询、日历、任务通知和名片的输入及更新，传送的协议或格式由收发双方共同确认。例如，当移动通信设备靠近笔记本计算机时，允许其自动与笔记本计算机同步。其相应的协议栈如图 4-13 所示。

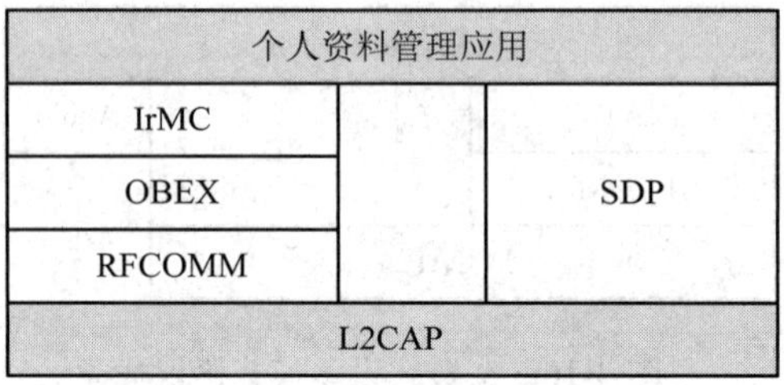

图 4-13　个人资料管理模式协议栈

7. 数据同步模式

数据同步模式提供设备到设备的个人资料管理(Personal Information Management，PIM)的同步更新功能，其典型应用如电话簿、日历、通知和记录等。它要求 PC、蜂窝电话和 PDA 在传输和处理名片、日历及任务通知时使用通用的协议和格式，格式由收发双方共同确认。数据同步模式协议栈如图 4-14 所示，其中同步应用模块代表红外移动通信(Infrared Mobile Communication，IrMC)客户机或服务器。

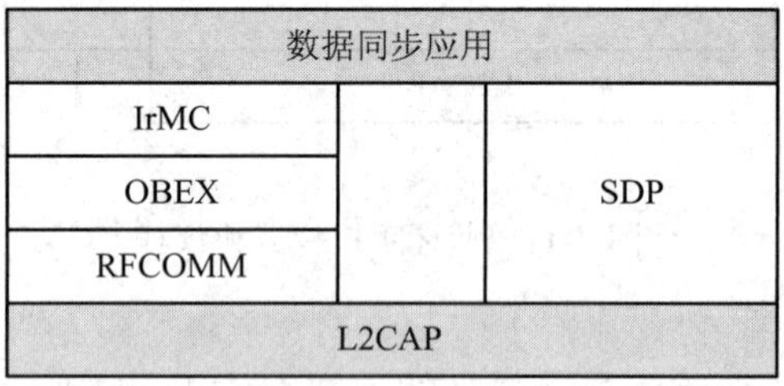

图 4-14　数据同步模式协议栈

4.5　智慧交通中的物联网案例

智慧交通物联网的应用层可以支持多种多样的智慧交通服务，本节选取典型的 5 类应用加以介绍，分别是区域交通控制系统、动态交通信息服务、智能电子收费系统、公共交通管理系统与智能车辆。

4.5.1　区域交通控制系统

许多城市在发展早期，由于机动车数量的增加，在城市路口都出现过类似的情景：道路交叉路口上，一个方向已经没有车，可绿灯仍然亮着；而另一个方向道路上的车辆却排起长龙在红灯下等候。这就需要引入高效的区域交通控制系统。区域交通控制系统通过控制交通信号对交通流进行有效的引导和调度，实现多向车流的时空分离，是解决城市交通拥堵最直接有效的手段。区域交通控制的核心是获得最优的配时方案，即红绿灯持续时间比。

传统的交通控制方法主要包括定时控制、多时段控制、感应或半感应控制、绿波带控制和区域静态控制。定时控制是最简单的控制方法，它使用完全固定的配时方案。多时段控制实际上是一种分段定时控制。通常情况下，城市居民的出行呈现明显的规律性，如交通流量的高峰往往发生在一天的早晨、中午和傍晚，因此可以为每一个时段选择一个最优配时方案(红绿灯持续时间比)，实施多时段控制。感应控制则是只要在绿灯信号时检测到车辆到达，就给出一个单位绿灯延时，否则转到下一个相位，能减少绿灯的浪费。绿波带控制的目标是保证干线上的车辆延误最小，通过对干线上一批相邻交叉路口的交通信号进行协调配时，使得进入干线的车队按某一车速行驶时能不遇或少遇红灯。区域静态控制的典型代表是英国道路运输研究所研制的 TRANSYT(Traffic Network Study Tool，交通网络研究工具)，该软件通过将已有的交通量统计数据和交通参数输入内置的交通模型，计算出最优配时方案，然后存入控制计算机内对整个区域实施控制。

以上几种区域交通控制方案大多是离线控制，方法简单、可靠，但不能及时响应交通流的随机变化，因此当交通量数据过时后，控制效果会明显下降。智能区域交通控制系统通过引入物联网思想，通过路网上的车辆检测器实时采集交通量数据，并传输到区域交通控制服务器进行交通模型识别，进而建模成与配时参数有关的优化问题，实时计算合适的配时方案，然后对区域内的交通信号实施控制。

基于上述思想实现的一个早期交通控制系统是英国运输和道路研究所与 3 家公司联合在 TRANSYT 基础上研制出的一种自适应控制系统——SCOOT，其目前已经在全世界超过 170 个城市运行。SCOOT 通过安装在本路口上游交叉口的车辆检测器来实时检测交通量数据，利用交通模型优化信号配时参数，并依靠通信网络、信号控制机等硬件设备来实施控制。因此，当前路口的交通模型是一个短期预测模型，具有较高的准确性。据统计，SCOOT 系统可使平均车辆延误时间降低 12%。

然而，SCOOT 和悉尼开发的具有类似功能的 SCATS 系统依然只是一个物联网在智慧交通领域应用的雏形。真正的智慧交通控制系统将不仅仅是一个实现反馈控制的信号控制系统，而是转变为以交通诱导为主，从而实现真正的智能交互。图 4-15 所示为一个典型的智能区域交通控制系统，其由主控中心、路口信号控制机、信号控制管理中心等组成。该系统不仅可以利用检测到的车流量等交通信息参数调控路口信号配比，还可以综合交通限行、禁行等指路标志，利用后台服务器完成与交通参与者之间的信息交换，向交通参与者显示道路交通信息、停车场信息，提供给交通参与者合理的行驶线路，以达到均衡道路交通负荷的主动控制策略。

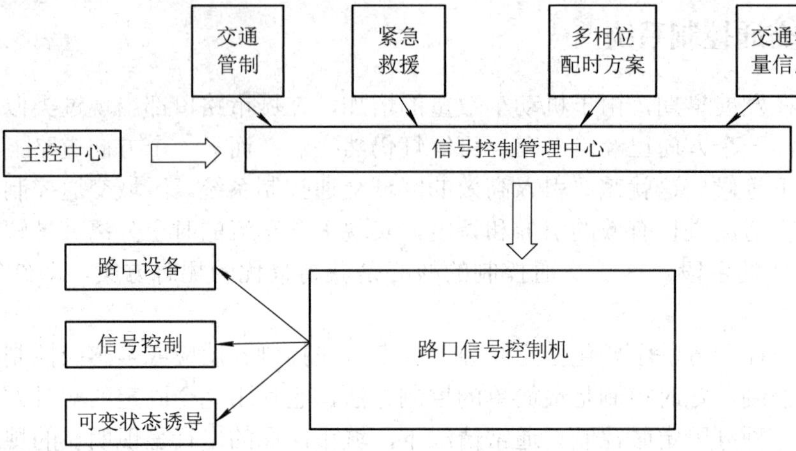

图 4-15　智能区域交通控制系统

以北京市的智能区域交通控制系统为例，北京市五环路以内的 1535 个路口都部署了静态的线圈感应设备，用于检测通过的即时车流量，并传到路口的信号机设备上；该设备再以有线方式传到交通管理中心，管理中心的计算机得出数据后再发到路口的信号灯上，调节红绿灯的变化。通过交通信号控制系统，全市近 2000 台信号机协调联动，根据实时路况自动控制路口放行速度，使得车辆延误时间和停车次数极大降低，通行效率显著提高。同时，该系统还考虑了一些先验知识，通过计算行人过街路口上下游车流速度，系统会自动给出行人过街的放行信号，使行人过街的放行时间不少于安全时间。就某一个区域来说，系统会自动将该区域的所有路口作为优化的目标范围，通过对车流量的计算，根据路口的交通热点以及不同交通对象的需求，采取不同相位的控制，形成信号灯变化的最佳周期，实现区域路网的优化协调控制，最终实现点、线、面的优化控制。目前，北京五环路内 80% 的路口已经实现了协同控制，路网综合通行能力提高了 15%。

4.5.2　动态交通信息服务

交通信息服务系统主要是指对实时采集的交通流信息进行加工和处理后，形成有利于出行者出行的交通信息，并将这些信息及时传递给出行者。随着 20 世纪 90 年代智慧交通的提出，“车—路”信息系统一直是智慧交通发展的重点领域，国际上很早就开始了通过车辆和道路之间建立有效的信息通信来实现交通信息服务。

欧洲的代表性交通信息系统有 SOCRATES 和 TrafficMaster。SOCRATES 通过广播向行驶在基础站 2～3 km 范围内，搭载了 SOCRATES 装置的车辆提供详细的道路交通状况信息，用于计算驾驶者的最优路线；TrafficMaster 则采用通过全国道路网络中带有车牌识别装置的路边图像探测器和其他传感器获得交通信息，通过测定已知位置间的平均旅行时间来提供旅行时间信息，并利用现有的寻呼网络提供交通信息，并且在车载终端装置上显示。

英国的视频信息高速公路(Video Information Highway，VIH)将大量摄像机安装在高速公路和道路主干网络上，各种系统使用者(包括交通执法部门、高速公路管理部门等)可以自由操控摄像机，能够对路网进行实时控制、事先控制和远程监视；公众也可以通过互联网查看 VIH 网络摄像机拍摄的交通状况真实画面，作为出行参考。

日本从 1996 年开始建设车辆信息与通信系统(Vehicle Information and Communication System，VICS)，提供交通信息作为导航系统的先导。其运行机制是交通管理者和道路管理者双方提供交通信息，经日本道路交通信息中心集中到 VICS 中心，并通过广播通信等多种方法发布给司机和车载装置。经过多年的发展，VICS 已经遍布日本全国范围内的高速公路和主要城市，可以进行多种出行信息的实时发布和服务，包括实时路况和旅行时间预测、停车场信息、交通事件和天气状况等，在改善交通安全、缓解拥堵和环境保护方面做出了巨大的贡献。

这些交通信息系统主要集中在车路(尤其是高速公路)交通信息提供上，但目前交通问题的重点和主要压力来自城市道路交通引发的拥堵问题。本节以城市交通出行诱导系统和智能停车诱导系统两个应用实例来说明物联网技术的应用。

1．城市交通出行诱导系统

交通研究者们早就发现，在交通高峰时期，城市道路并不是全都发生交通拥堵，有相当一部分道路仍然很畅通。如果能及时地将道路网的交通信息告诉出行者，并提示他们绕行哪些路段，就能有效地引导车辆在道路网中运行，使车辆均衡地分配在道路网络上，从而减少车辆在道路上的行驶时间。

交通出行诱导服务依托物联网强大的交通状态感知和处理技术，通过实时采集城市道路交通流量、可用停车位等数据持续进行建模和分析，并实时分析路网交通状态和交通事件，向出行者提供实时交通信息和路径引导信息。交通出行诱导服务通过诱导出行者的出行行为来改善道路交通状况，实现路网交通流的均衡分配。

交通出行诱导系统的工作流程如图 4-16 所示。首先，交通采集设备采集到的原始交通数据经过前述的数据融合，形成准确的交通数据；然后，基于交通流量历史数据库、行程时间历史数据库、城区路网地理数据库等基本信息，根据预先设定的自动诱导模型进行处理、运算及预测，自动生成旅行时间、拥堵状况等交通诱导信息；最后，通过各种传播媒体发布给出行者，这些媒体包括接入互联网的计算机、无线广播、用户手持终端设备、路边的可变信息板和车载导航设备等。

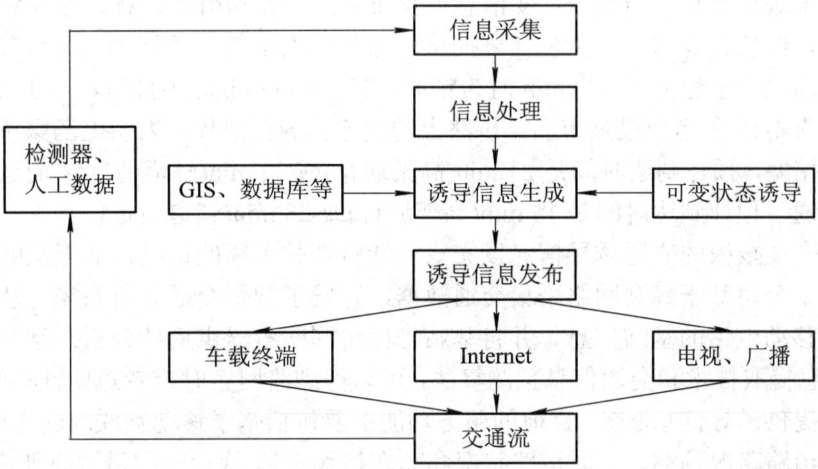

图 4-16　交通出行诱导系统的工作流程

图 4-17 显示了一个典型的城市交通出行综合诱导系统处理流程。通过线圈、摄像头、GPS 浮动车和蜂窝移动网络等交通信息采集手段采集到动态交通信息，通过交通信息传输系统传输到交通信息控制中心，经过复杂的路网交通信息分析后，计算出新的交通诱导策略，再通过交通信息传输系统将交通诱导信息发布出去。

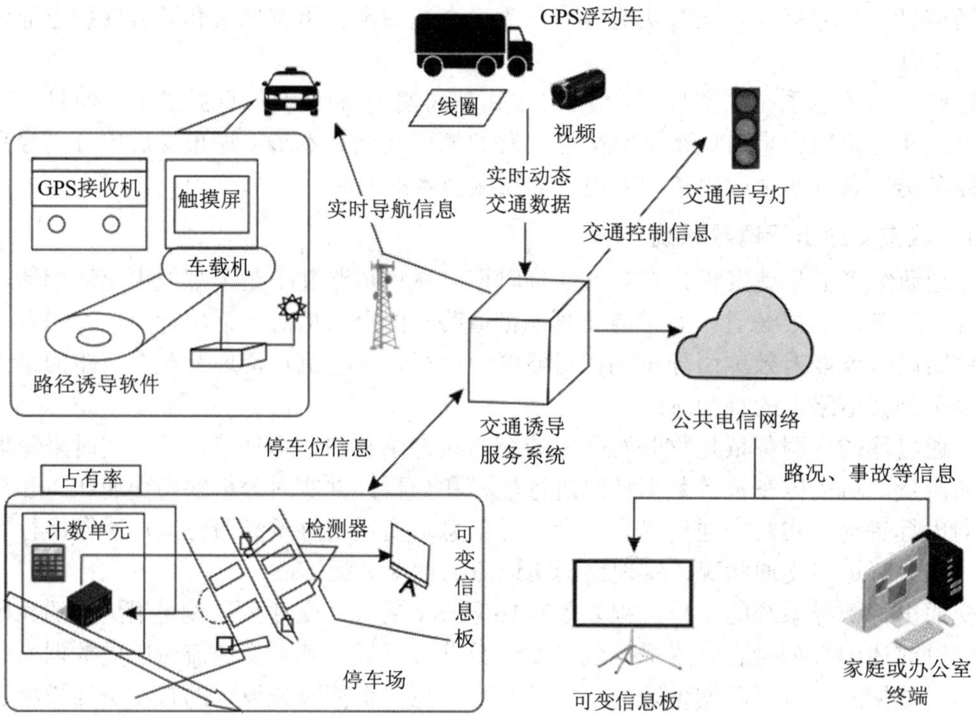

图 4-17 城市交通出行综合诱导系统处理流程

交通诱导信息主要包括车辆速度和旅行时间，一般通过可变信息板、用户移动终端和互联网等方式进行发布。当使用可变信息板发布时，一般利用红、黄、绿 3 种颜色表示交通拥堵情况，红色代表堵塞，黄色代表拥挤，绿色代表畅通。通常颜色是与车速对应的，如在高速公路上，车速大于 40 km/h 时为畅通，20～40 km/h 时为拥挤，小于 20 km/h 时则表示堵塞。图 4-18 所示为温州市汤家桥路上的交通诱导信息板，表明由汤家桥路去往龙湾机场的道路堵塞，预计到达时间是 21 min(高架通行)或 32 min(辅道通行)；而通往动车南站的道路则畅通，预计到达时间是 15 min(高架通行)或 28 min(辅道通行)。

基于可变情报板的交通诱导信息发布只能针对驾驶车辆的司机，而无法随时获得动态交通信息。某公司基于蜂窝网络采集交通数据，开发了智慧交通分析系统，从移动通信网络实时采集移动电话的基站信息，并将基站坐标传回服务器供后续分析，结合地图匹配技术、交通信息提取技术和交通信息预测算法，可以得到路网实时或者短期预测的交通状况，为交通出行提供诱导信息服务。目前的服务功能主要包括基于移动互联网的交通信息发布、最长 7 天的道路路况预测、实时道路状况和动态路线规划(旅行时间最短原则)等。

图 4-18　交通诱导信息板

2．智能停车诱导系统

交通“停车难”日益成为制约我国大中城市经济发展的瓶颈。在大中城市，尤其是繁华的市中心或商业区、商务区，大多数驾车者会因找不到停车位而烦恼，以致长时间在密集车流中绕行，增加了道路负担，同时也大幅度增加了 CO_2 的排放量。

通过引入物联网技术实时采集停车场的车位信息，将结果融合后发布给驾驶者，以构建智能停车系统。作为城市智慧交通的组成部分，其能合理地安排停车，提高停车设施泊位利用率，促使停车设施利用均衡化，减少驾驶者寻找停车泊位的时间消耗，从而减少市中心为停车而附加的交通量。

以德国科隆的停车诱导系统为例，该系统通过 250 个动态诱导显示牌和 180 个静态诱导显示牌连接 37 个停车场(17 000 个停车泊位)。该系统的结构组成和主要服务内容如图 4-19 所示。每个停车场均设有计算机计数器，用以感应汽车驶进、离开停车场的状况，并将停车场剩余的车位数据传输给市政府的交通监控中心。所有停车场送来的信息经过交通中心综合处理后，再将这些数据及综合信息输送到城市街道上的每个动态信息板，所以每

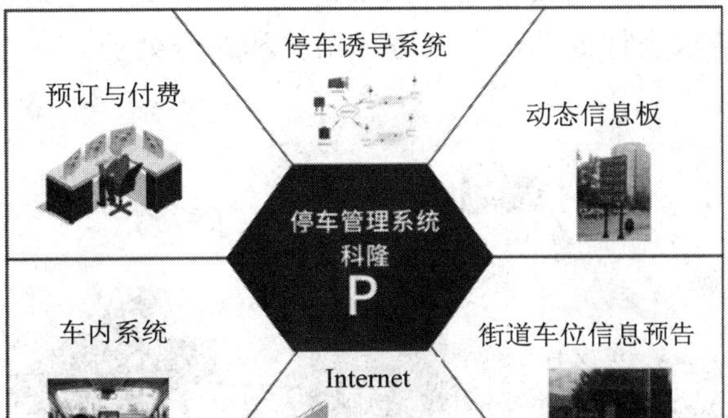

图 4-19　科隆停车诱导系统的结构组成和主要服务内容

个区域以及区域外的停车场使用情况的信息是实时动态的。在科隆的系统中有 110 个显示动态停车容量的指示牌和 170 个方向指示牌，科隆市的交通信息是公开、共享的，通过图文电视、广播、电话、电台都能获得交通信息，甚至通过互联网访问还可得到系统内每个停车场的使用情况。

停车诱导系统的实施对于科隆市停车问题起到了相当大的缓解作用。据统计，超过 90%的去城市中心的驾驶员知道该系统的存在，有 75%的驾驶员已经使用过该系统。与没有停车诱导系统相比，每年因车辆寻找停车位所产生的车辆里程减少了 9400 万 km，这降低了城市中心交通总量的 3.2%，每年可节约 6100 万欧元。

4.5.3 道路电子收费系统

电子收费系统(Electronic Toll Collection，ETC)是物联网技术在道路收费中的应用。在车辆上安装具有身份标识的标签，在收费口安装对应的通信和计费装置，通过自动识别通信车辆并使用电子货币结算即可实现道路不停车收费。使用该系统的车辆只驶过收费道口即可，收费过程可由无线通信和计算机操作自动完成，避免了以前先停车后缴费的现象。ETC 主要应用在高速公路收费站和城市交通拥堵收费等场景中。

1．高速公路电子收费系统

高速公路收费站前通常可以见到长长的车龙缓缓而行，每辆车都需要经历“停靠—缴费—通行”一系列步骤才能通过收费站。据相关部门统计，一辆车停车缴费最快也需要 8～10 s 的时间，繁忙公路上大量车辆的通行不仅会造成收费口的拥堵，排队车辆的多次起步停车也会导致汽车尾气排放的激增。

高速公路 ETC 系统框架如图 4-20 所示，它由 4 个部分组成：车载单元(On Board Unit，OBU)、路边装置(Road Side Unit，RSU)、ETC 管理中心以及后端银行结算系统。OBU 一般使用 IC 卡加 CPU 单元组成的“双片式”结构，其中 IC 卡存储账号、余额等信息，CPU 单元存储车主、车型等物理参数并为 OBU 与 RSU 之间的高速数据交换提供保障；车道控制单元的 RSU 与 OBU 完成高速通信，它实时读取通过车辆 OBU 的数据，进行合法性判断后，发送控制信号到车道控制单元，并将车辆通信信息发送到管理中心；ETC 管理中心对整个系统进行监控和管理，与银行收费系统进行通信和业务处理数据交换；后端银行结算系统对收到的扣费请求进行处理，并且进行结算和对账处理。

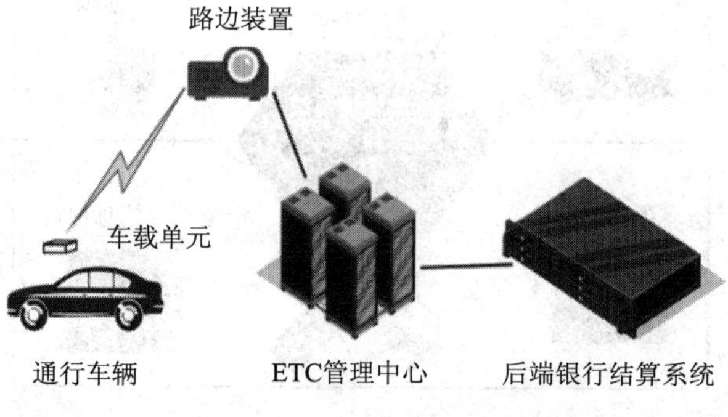

图 4-20　高速公路 ETC 系统框架

整个 ETC 运行过程如下：

(1) 用户前往发行安装部门申请安装车载装置，预缴通行费或设立事后付费账户，相应的信息被存入车载装置中，然后该车便可上路。

(2) 在进入收费站时，车辆按规定限速通过收费车道。路边装置识别车辆相关信息，并通过无线通信与车载单元双向通信来完成收费过程。

(3) 每次收费操作都需将收费操作的相关信息递交收费计算机，事后付款方式的收费数据将定时(或实时)递送给后台系统，以便生成转账清单向金融机构请求支付。

数据显示，目前我国 ETC 用户数已经超过 2.57 亿，高速公路收费站 ETC 全覆盖。图 4-21 所示为一个典型的高速公路 ETC 车道。

图 4-21　高速公路 ETC 车道

ETC 系统既可用于高速公路收费站的自动收费，也被一些城市引入城市交通管理中作为调节城市拥堵路段流量的手段。针对城市交通拥堵地段内的车辆征收交通拥堵费，调节车辆出行路线是缓解城市交通压力的有效手段。以下分别介绍新加坡和斯德哥尔摩市的拥堵收费系统应用。

2．新加坡的电子道路收费系统

“新加坡是城市公共交通的典范。”国际公共交通协会主席皮勒·卡尔维特 2018 年曾这样称赞新加坡的交通。无独有偶，麦肯锡公司也有相关的调查。该公司依据基础设施的可用性、财政可行性、有效性、方便性和安全性等 5 个指标调查评估得出“新加坡是全世界交通系统最发达的城市，其次是巴黎和中国香港”的结论。

新加坡是一个城市化岛国，国土面积为 719.1 km^2，全国人口大约 560 万人，截至 2021 年年底，其机动车保有量是 532 204 辆，每 1000 人约保有机动车 95 辆。如果这些车都上路，整个国家就会变成一个巨大的停车场，根本跑不起来。为此，新加坡开发了电子公路收费(Electronic Road Pricing，ERP)系统，针对高峰时段驶入中心商业区、高速公路和交通拥挤区域的车辆征收车辆拥堵费，如图 4-22 所示。

图 4-22　新加坡的 ERP 系统

ERP 系统共包括 3 个部分：车载读卡器(In-Vehicle Unit，IVU)、ERP 道口检测器和中央控制中心。车载读卡器是固定于汽车内的，集现金储值和感应为一体的设备，与每辆车的车牌号对应。驾驶者可以在公共交通“一卡通”中充值后将其插入自己的车载读卡器内，车载读卡器将显示“一卡通”内的余额和驶过路段收费额；ERP 道口检测器设置在限制路段入口处，当车辆经过电子收费路口时，ERP 道口检测器检测到车载读卡器后开始计费，车辆无需停车交钱。当车辆驶离电子收费道口后，ERP 道口检测器将车辆信息数据传送至中央控制中心，经过银行结算系统联网扣除本次通行费。如果车载读卡器的现金卡储存值不足，摄像机就会自动拍摄下车辆的牌号，并自动将照片等信息传到行动中心，执法人员就可以追查出违章的车主。

从 ERP 系统出现以来，新加坡收费区域的交通量下降了 10%～15%，车速提高了将近 30%。收费费率已经根据各条道路监控到的实际数据和目标数据的比对做出了降低收费的调整，尽管下调了费率，却并没有引起交通量的明显回升。未来的 ERP 系统将根据实时的路网交通状况收取拥堵费，实施更为灵活、实时和公正有效的动态收费。

3．斯德哥尔摩电子收费系统

瑞典的斯德哥尔摩是一座由 14 个城镇大小的岛屿组成的城市，该地区的人口正以每年 2 万人的速度增长，每天都有超过 50 万辆汽车涌入城市，城市道路承受的负荷越来越大，导致交通堵塞问题不断加剧，环境也不堪重负。在 IBM 公司的协助下，斯德哥尔摩市开发了一个电子收费系统，该系统在整个市区的 18 个道路点上安装了收费装置，对通行车辆按照车型类别征收通行费。

每个道路点的收费系统由联网的摄像头、激光扫描设备、收发器以及收费系统组成。该系统的工作原理如下：车辆通过该道路时，会阻断扫描设备发出的激光束，触发 RFID

读写头读取车辆上安装的 RFID 标签，并将车辆特征信息、通过时间、日期和收费站登记到收费系统中。同时，摄像头将拍摄并识别车头的车牌号码，当车辆行驶并阻断激光扫描器的激光束时，摄像头将拍摄车尾的车牌号码，然后将车牌号码输入计算机系统，与车辆登记数据匹配并进行收费。对没有登记的车辆，该车牌号码可以作为强制执行收费的证据。驾驶者可通过当地银行、Internet 或 7-Eleven 等便利店交费。

与一般的ETC系统不同，斯德哥尔摩的电子收费系统仅在系统部署的前期使用了 RFID 技术作为车辆信息的交换方式，在系统正式投入使用后完全使用了车牌号码识别技术，不再要求在车辆上安装 RFID 标签。车主只需要将车牌号码在计算机系统中进行登记，识别车辆之后，系统会自动记录车牌号码，并对照车辆登记信息进行收费。

准确识别车牌号码是上述过程中最有挑战性的问题。由于光线强度的不同、天气恶劣或者拍摄视角欠佳，系统可能无法识别道路摄像机拍摄的部分汽车牌照。因此，该系统利用图像增强以及前后车牌比对技术对整个图像进行分析并搜寻预先设定的模式。该算法模拟人眼的机能，不断移动图像直到找出最佳视角并识别出预期的模式，从而还原出通常无法识别的车牌。

电子收费系统对缓解斯德哥尔摩的交通堵塞和提高市民生活的总体质量起到了立竿见影的作用。系统投入运行后，城区的车流量降低了，每天乘坐轨道交通工具或公共汽车的人数增加了。

4.5.4 公共交通管理系统

在许多城市的公交站台总能看到大量的乘客焦急地等着下一班车，而公交车一般总是姗姗来迟，或者扎堆出现在公交车站，公交运营单位却不知道增发哪些班次；在出租车上下站的乘客在上下班高峰期很难看到空车，而一些空车司机正开着空出租车寻找打车乘客。城市公共交通是与人们生活息息相关的重要基础设施，提高公共交通资源利用效率，对于改善城市交通质量和人们的生活质量具有重大意义。

物联网技术可以有效改善公共交通管理水平，利用 GPS 定位技术、通信技术、地理信息系统等技术实现运营公交车、出租车、出行乘客、查询终端、公交站点和管理中心等元素的互联互通。一方面方便广大乘客了解公共交通信息，合理安排出行；另一方面使得公共交通管理机构加强了对运营车辆的指挥调度，提高了运营效率。

以杭州市的公交车智能调度系统为例，其构成如图 4-23 所示。安装在公交车上的车辆行驶状态传感器可以记录车辆行驶速度、空调车厢温度、尾气排放烟度和行驶平稳度等信息；车载 GPS 能够实现车辆自动定位，并每隔 10 s 将定位信息数据打包发送给服务器数据库，同时传送给线路调度员或调度室(调度中心)。当车辆行驶过程中遇到道路阻塞、交通事故、车辆故障、乘客纠纷、拥挤等紧急情况时，司机也可通过车载终端上的相应按键向线路调度员发送信息，直至与调度员直接对话。

调度管理中心的调度员通过平台的电子地图能够实时监测车辆运行状况，并可向车辆发布加速、减速、越站、跨线、折返等指令。后台中心可以对车辆及线路营运情况，以及营运生产实绩和客运服务质量等进行统计和评估，并能把车辆停靠信息等公交服务信息发布到相关媒体，如LED发车显示屏、智能电子站牌、声讯台、公交网站、手机短信等，同步传输给乘客引导乘车。电子站牌的液晶电视和LED屏幕上除实时滚动显示车辆停靠信息外，还能向市民和乘客提供内容丰富的娱乐视频流媒体，以及公交线路调整、天气预报、本日新闻等文字性信息，既为乘客出行提供了便利，节约了乘客出行时间，也能让乘客在“等车”过程中领略精彩纷呈的视频节目，体现公交“以人为本”的精神。

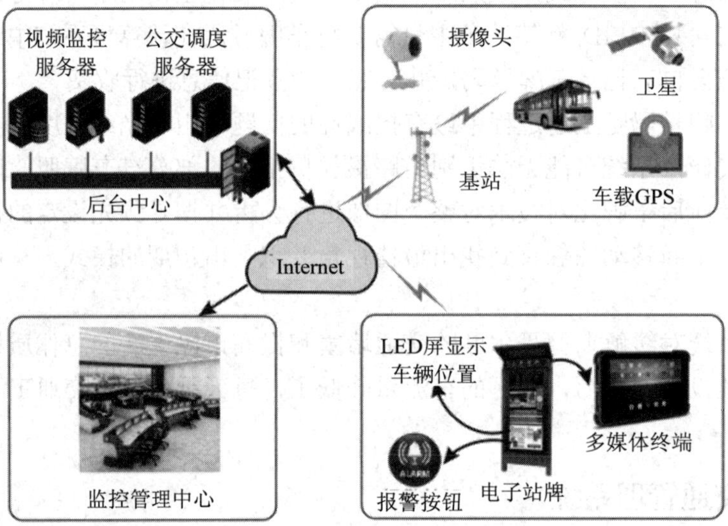

图4-23　公交车智能调度系统

该管理系统的建设使得杭州市公交系统逐步形成了公交全网集中、分级监控、责任明确、措施有效的客运管理新体系，提高了车辆利用率和车辆准点运行率，实现了使更多出行者愿意采用公交方式出行的目标。

4.5.5　智能车辆

与前面所有应用侧重于优化整个交通系统的管理不同，智能车辆主要致力于提高汽车的安全性、舒适性，以及提供优良的人车交互界面。目前已经出现了一些应用广泛的汽车智能化系统，如智能雨刷、自动前照灯、智能空调、智能悬架、防打瞌睡系统等。但这种智能系统只是部署在单个车辆内的辅助驾驶系统，作为交通系统的核心要素，智能车辆需要结合车辆和道路两方面才能使车辆从代步工具转变为真正的智能行驶系统。

智能车辆目前并没有一个很精确的范畴，本小节以基于车载网络的道路安全和车载信息服务系统为例说明物联网在智能车辆中的应用。

1. 安全辅助驾驶

近几年，中国每年交通事故发生数量在200 000起以上，其中2020年中国交通事故发生数量244 674起，同比下降1.2%；交通事故直接财产损失金额为131 360.6万元，同比下降 2.4%。汽车安全辅助驾驶系统的功能就是保证汽车在较差的环境中也能够识别路况信息，并辅助驾驶员安全行车，这对于降低交通事故率具有重要的意义，是智慧交通系统中的一个重要组成部分。

基于车车通信的安全辅助驾驶系统是当前智能汽车领域使用的主流方法。其原理如图 4-24 所示，每个车辆上安装车载装置，将车辆通过自组网方式互相连接。车辆间通过无线通信接口交换车辆行驶信息，包括方向灯转向动作、车速、GPS 以及车辆类型(自行车、卡车、普通车等)等。目前主流的通信技术能够与直线道路上 300～500 m、拐弯处约 30 m 范围内的汽车之间交换数据。无论车辆行驶在笔直的道路还是驾驶员视野容易受限的曲折道路上，都可提前检测到车辆异常行为和突发性危险，并警告驾驶员，降低驾驶员的错误行为，减少车辆追尾事故的发生。

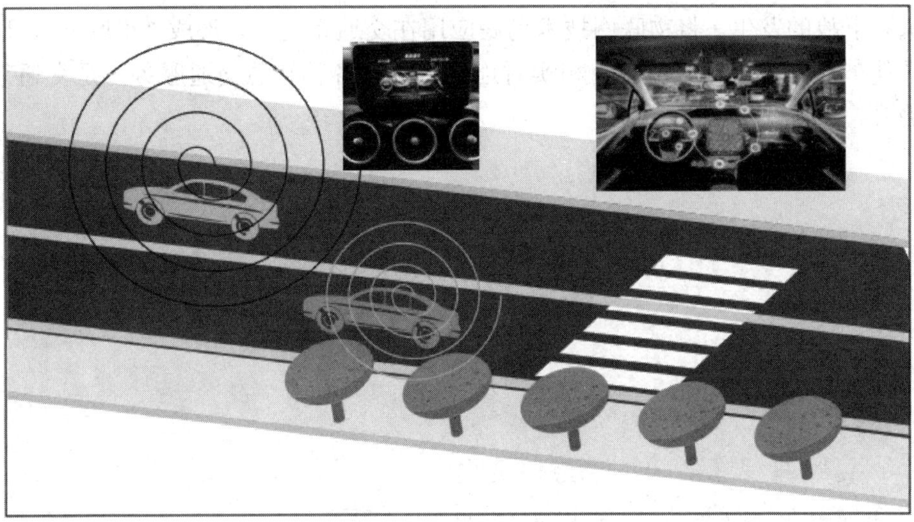

图 4-24　基于车车通信的安全辅助驾驶系统

2. 车载信息服务系统

车载信息服务系统(Telematics)通过内置在汽车上的计算机系统、无线通信技术、卫星导航装置和强大的后台服务系统对搜集到的各项信息和数据进行处理，从而为车主提供行驶导航、实时路况、道路救援、远程故障诊断、安全监视、个性化资讯及娱乐资讯等服务。

国外 Telematics 系统已被广泛应用，且该产业发展成熟度较高。美国是较早推行 Telematics 产业发展的国家之一，早在 1997 年，通用公司就已经推行了 on-star 服务，综合摩托罗拉无线通信模块、车辆定位技术及服务中心，为汽车提供全方位的通信服务。欧洲的 Telematics 产业把交通信息和交通安全作为主攻方向，主要包括 e-Call(紧急救援服务)和 e-Safety 等。日本 Telematics 产业发展呈现出发展快、功能性强的特点，由于日本道路路况复杂，以 G-Book 为代表的 Telematics 系统的导航功能极具优势，Telematics 产业呈现出快速发展态势。

中国的 Telematics 业务处于起步阶段，也没有形成完整的产业链，能享受到 Telemutics 服务的车型还不多。以导航系统为例，普通汽车上的导航设备都只能存储静态的城市地图，无法根据实时路况进行导航；而 Telematics 车载终端则可以下载实时路况信息，并由导航软件将路况信息处理后在地图上显示，如可用红色表示当前道路阻塞，黄色表示当前道路行驶缓慢，绿色表示当前道路畅通。通过提前了解道路堵塞情况，司机可以方便地更换线路行驶，也可自动进行路径规划，根据道路的拥堵情况动态导航。

智慧交通强调利用物联网技术，把握交通流背后的信息流，充分利用现有的交通基础设施来使得交通流在时空上更有效地分配，并为交通参与者提供多样性的服务，实现高效的互联智慧交通运输系统，进而满足车辆智能化、安全性和环保的需求。

尽管物联网技术为未来的交通勾勒了一幅美妙的蓝图，但限于当前的技术和成本等原因，目前的大多数智慧交通系统依然只是物联网的雏形。例如，交通信号控制系统无论如何优化，它始终是一个依赖视觉、可靠性不够、无意外阻止能力的系统，无法从根本上杜绝汽车意外事故的发生。将物联网技术彻底应用在交通系统中，形成“车联网”，通过汽车车载终端使车与路、车与车实现互相实时连接，实现各种智慧交通服务，是交通系统未来的发展趋势。

第五章

智慧城市系统中的关键技术

中国城市化进程发展迅速，国家统计局 2021 年 5 月 11 日公布的数据显示，第七次人口普查结果：我国城市化率已达 63.89%，城镇化成为推动经济社会发展的强大动力。但现代城市发展也面临环境污染、管理复杂、能源短缺、人口增长、经济转型等实质性问题的挑战，当前的发展模式不再是可行的方式。智慧城市是一种发展城市的新思维，政府通过智慧城市建设推进城市生产、生活和管理方式创新，解决城市发展过程中面临的问题，提升政府服务价值，创造产业经济价值，体现民生社会价值，最终达到“强政、兴业、惠民”的目标。各级政府的积极推进是智慧城市建设的推动力，通过智慧城市建设，转变经济发展方式，提升基础设施水平，解决城市交通拥堵、环境保护、节能减排、城市安全、资源发展瓶颈等问题。政府利用信息化手段提升政务执行效率，提高为民服务的水平。

5.1　背景概述

随着经济的迅速发展，我国城市进入加速发展期。目前，我国城市化率突破 60%，城市化对国民经济和社会进步的促进作用明显增强。与此同时，人口膨胀、环境污染、资源短缺、交通阻塞等城市病已逐渐成为制约我国城市发展的主要问题。为了实现城市的可持续繁荣，一方面需要进一步顺应城市的全球化、多样化、社会化和协同化的趋势，建立新型的城市发展模式；另一方面需要借助新技术革命强大的驱动力，奠定新型发展模式的基础。正如诺贝尔经济学奖获得者斯蒂格利茨所言：“在 21 世纪初期，影响世界最大的两件事，一是新技术革命，二是中国的城市化。”把握时代发展的脉搏，让新技术革命和城市化的趋势结合，迫切需要寻求有效解决城市病、遵循城市发展客观规律的综合解决之道，于是智慧城市就成为必然选择。

智慧城市是以具有科学城市治理理念的智慧型服务政府为主导，建构在信息泛在基础之上的新型城市发展模式。智慧城市建设将极大地提高城市的环境承载力，有效驱动经济发展模式调整，全方位提升以人的发展为本的美好城市生活的感知。智慧城市建设注重内生发展动力，不同的城市可以结合自身的区位发展优势演进出自身的智慧路径。

我国早在《国民经济和社会发展第十二个五年规划纲要》中就指出，要遵循城市发展客观规律，科学规划城市群内各城市功能定位和产业布局，坚持以人为本、节地节能、生态环保、安全实用、突出特色；并在政府工作报告中明确提出要大力发展物联网、新能源技术等为代表的战略型新技术产业。

目前，北京市经济和信息化局已发布《北京市“十四五”时期智慧城市发展行动纲要》。根据该行动纲要，到2025年，北京将基本建成统筹规范的城市感知体系，整体数据治理能力和全域场景应用智慧化水平将大幅跃升，北京会成为全球新型智慧城市的标杆城市。

智慧城市基于泛在化的信息网络、智能的感知技术和信息安全基础设施，可透明、充分地获取城市管理、行业、公众用户海量数据，为公众提供共享信息，打造智能生活、智能产业、智能管理的城市信息化应用(图 5-1)。

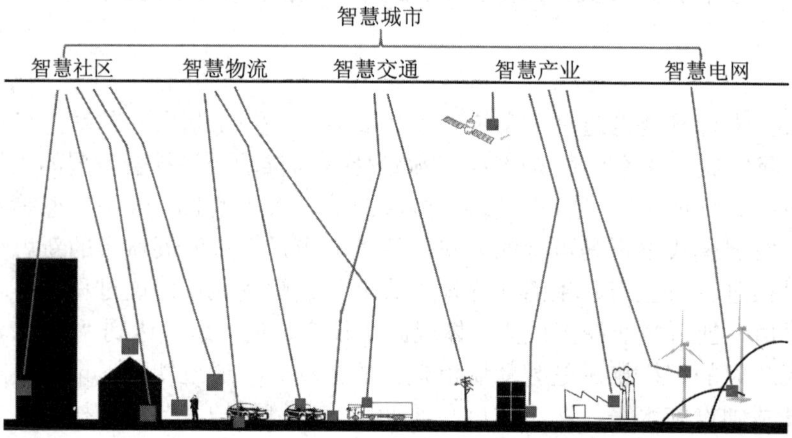

图 5-1　智慧城市

利用智慧技术，建设智慧城市，是当今世界城市发展的趋势和特征。智慧城市的理念就是把城市本身看成一个生态系统，城市中的市民、交通、能源、商业、通信、水资源构成了一个个的子系统，这些子系统形成一个普遍联系、相互促进、彼此影响的整体。在过去的城市发展过程中，由于科技力量的不足，这些子系统之间的关系无法为城市发展提供整合的信息支持。而在未来，借助新一代的物联网、云计算、决策分析优化等信息技术，通过感知化、物联化、智能化的方式，可以将城市中的物理基础设施、信息基础设施、社会基础设施和商业基础设施连接起来，成为新一代的智慧化基础设施，使城市中各领域、各子系统之间的关系显现出来，就好像给城市装上网络神经系统，使之成为可以指挥决策、实时反应、协调运作的“系统之系统”。智慧的城市意味着在城市不同部门和系统之间实现信息共享和协同作业，更合理地利用资源，做出最好的城市发展和管理决策，及时预测和应对突发事件和灾害。

1. 国内智慧城市发展情况

随着智慧城市的建设在全球各地蓬勃发展，中国各大城市也融入智慧城市的建设大潮中，努力借助智慧化理念和方法让自己的城市智慧化地向前发展。目前国内已经提出建设智慧城市的城市中，有的是创新推进智慧城市建设，提出了“智慧宁波”“智慧深圳”“智慧南京”“智慧佛山”等；更多的是围绕各自城市发展的战略需要，选择相应的突破重点，提出了“数字南昌”“健康重庆”“生态沈阳”等，从而实现智慧城市建设和城市既定发展战略目标的统一。

目前国内智慧城市建设主要分为以下几类。

1) 以发展智慧产业为核心

根据《宁波市智慧城市建设“十四五”规划》，到2025年，宁波智慧城市建设将迈入全球领先行列，成为全国数字化改革先行区、数字孪生城市标杆市、数字社会发展先行区、智慧产业发展新高地，建成国内领先的城市大脑，构建全国知名和有影响力的“一次不跑”“一网共治”“一站通服”“一云通惠”等智慧城市品牌。宁波将把智慧城市打造成为当好“模范生”的鲜明标识。

从2015年起，宁波市就以智慧产业发展为突破口，为打造智慧产业创业创新高地，把握“制造+服务”“互联网+”等新机遇，明确智慧城市信息化应用产品与服务、智能产品、电子商务、云服务等重点领域，开展信息经济创业创新园区(基地)建设，着力打造全市创业服务中心，加快发展众创空间等新型创业服务平台。

2) 创新推进智慧城市建设

这类城市将建设智慧城市作为提高城市创新能力和综合竞争实力的重要途径。深圳将建设“智慧深圳”作为推进建设国家创新型城市的突破口，以建设智慧城市为契机，着力完善智慧基础设施，发展电子商务支撑体系，推进智慧交通，培育智慧产业基地，已被有关部委批准为国家三网融合试点城市，并提出近年内实现宽带无线网覆盖率达到100%，组建华南地区的物联网感知认证中心等。

南京提出要以智慧基础设施建设、智慧产业建设、智慧政府建设、智慧人文建设为突破口的“智慧南京”策略。将“智慧南京”建设作为转型发展的载体、创新发展的支柱、跨越发展的动力，以智慧城市建设驱动南京的科技创新，促进产业转型升级，加快发展创新型经济，最终提升城市的综合竞争水平。

3) 以发展智慧管理和智慧服务为重点

昆山智慧城市建设重点包括智慧交通、智慧医疗、服务型电子政务等方面，从而为城市运营和管理提供更好的指导能力和管控能力。昆山作为全国百强县之首，经济发达，但是城市建设管理水平相对滞后，因此昆山通过实施“城市控管指挥中心”“政府并联审批”“城市节能减碳”等三大智慧城市软件解决方案，解决城市管理的现实问题。

佛山市为了打造“智慧佛山”，提出了建设智慧服务基础设施十大重点工程：信息化与工业化融合工程、战略性新兴产业发展工程、农村信息化工程、U-佛山建设工程、政务信息资源共享工程、信息化便民工程、城市数字管理工程、数字文化产业工程、电子商务工程、国际合作拓展工程。

4) 以发展智慧技术和智慧基础设施为路径

2022年7月，上海市人民政府办公厅印发《上海市数字经济发展“十四五”规划》。《上海市数字经济发展“十四五”规划》指出，到2025年底，上海数字经济发展水平稳居全国前列，增加值力争达到3万亿元，占全市生产总值比例大于60%。其中，在云计算等重点领域集中突破一批关键技术。这为智慧城市建设所需要的云计算提供了非常优秀的基础条件，推出适合本土的云计算解决方案，在智慧技术基础上充分支持上海智慧城市建设。

杭州因地制宜地提出了建设“绿色智慧城市”，把“绿色”和“智慧”作为城市发展的突破路径，着力发展以信息、环保和新材料等为主导的智慧产业，加强城市环境保护，从而实现建设“天堂硅谷”和“生活品质之城”的城市发展战略目标。

5) 以发展智慧人文和智慧生活为目标

成都提出要提高城市居民素质，完善创新人才的培养、引进和使用机制，以智慧的人文为构建智慧城市提供坚实的智慧源泉。重庆提出要以生态环境、卫生服务、医疗保健、社会保障等为重点建设智慧城市，提高市民的健康水平和生活质量，打造“健康重庆”。

2．国外智慧城市发展情况

城市的发展历经了传统城市、数字城市阶段，目前正进入智慧城市阶段。美国纽约、日本东京和新加坡等已经在智慧城市的道路上进行了一些有效的实践。

1) 美国

作为世界第一经济强国，美国在智慧城市方面也早有战略布局。奥巴马就任总统后，积极回应 IBM 的“智慧地球”概念，并将其上升为国家战略，这使美国很多陷入困境的企业看到了全新的希望。无论从基础设施、技术水平来说，还是从产业链发展趋势来看，美国在这次新一轮技术创新浪潮中将走在世界各国的前列，趋于完善的互联网络为其物联网的发展创造了良好的先机。美国的《经济复苏和再投资法》中提出，从能源、科技、医疗、教育等方面着手，通过政府投资、减税等措施来改善经济，增加就业机会，带动美国长期发展。

2) 日本

日本早在 2004 年就推出了基于物联网的国家信息化战略，称为 U-Japan，其中“U”指英文单词“Ubiquitous”，意指普遍存在的、无所不在的。该战略是希望催生新一代信息科技革命，实现无所不在的信息社会。U-Japan 由日本信息通信产业的主管机构提出，即物联网战略，通过无所不在的物联网，创建一个新的信息社会。

2010 年以来，日本积极实施 U-Japan 战略，成功完成了追赶世界 IT 先进国家的任务。U-Japan 战略的理念是以人为本，实现所有人与人、物与物之间的连接。为了实现 U-Japan 战略，日本进一步加强官、产、学、研的有机联合，在具体的政策实施上，以“民、产、学”为主，政府的主要职责就是统筹和整合。通过实施 U-Japan 战略，日本希望开创前所未有的网络社会，并成为未来全世界信息社会发展的楷模和标准，在解决其高龄化等社会问题的同时，确保其在国际竞争中的领先地位。

3) 新加坡

自 2006 年开始，新加坡实施“智慧国 2015 计划”，欲将新加坡建设成为以信息通信为驱动的国际大都市。在多年的发展过程中，新加坡在利用信息通信技术促进经济增长与社会进步方面都处于世界领先地位。在智慧城市推进方面，新加坡的成绩更是引人注目。

作为东南亚的重要航运枢纽，新加坡注重利用信息通信技术增强新加坡港口和各物流部门的服务能力，由政府主导，大力支持企业和机构使用 RFID 及 GPS 等多种技术增强管理和服务能力。通过一系列项目和计划的实施，新加坡已在智慧城市建设方面走在了世界前列。

3．智慧城市总体架构

智慧城市是一个有机结合的大系统，涵盖了更透彻的感知、更全面的互联、更深入的智能。物联网是智慧城市中非常重要的元素，它侧重于底层感知信息的采集与传输、城市范围内泛在网方面的建设。物联网是一个基于互联网、传统电信网等信息承载体，让所有能够被独立寻址的普通物理对象实现互联互通的网络。它具有普通对象设备化、终端互联化和服务智能化 3 个重要特征。

物联网为智慧城市提供了坚实的技术基础。物联网为智慧城市提供了城市的感知能力，并使得这种感知更加深入、智能。通过环境感知、水位感知、照明感知、城市管网感知、移动支付感知、个人健康感知、无线城市门户感知、智慧交通的交互感知等，智慧城市才能实现市政、民生、产业等方面的智能化管理。物联网的主要目标之一是实现智慧城市，许多基于物联网的产业和应用都是服务于智慧城市的主流应用的。换句话说，智慧城市是物联网的靶心。

结合国内各地智慧城市建设的发展思路，智慧城市建设的总体架构可概括为“三个基础、两大体系、一大平台、多项应用”(图 5-2)。其中，“三个基础”是指城市基础设施、智慧城市运营管理中心和智慧城市公共资源数据中心；“两大体系”是指智慧城市标准规范体系和智慧城市信息安全体系；“一大平台”是指智慧城市公共信息平台；“多项应用”是指智慧交通、应急联动、环境监测等各行业智慧城市应用体系。

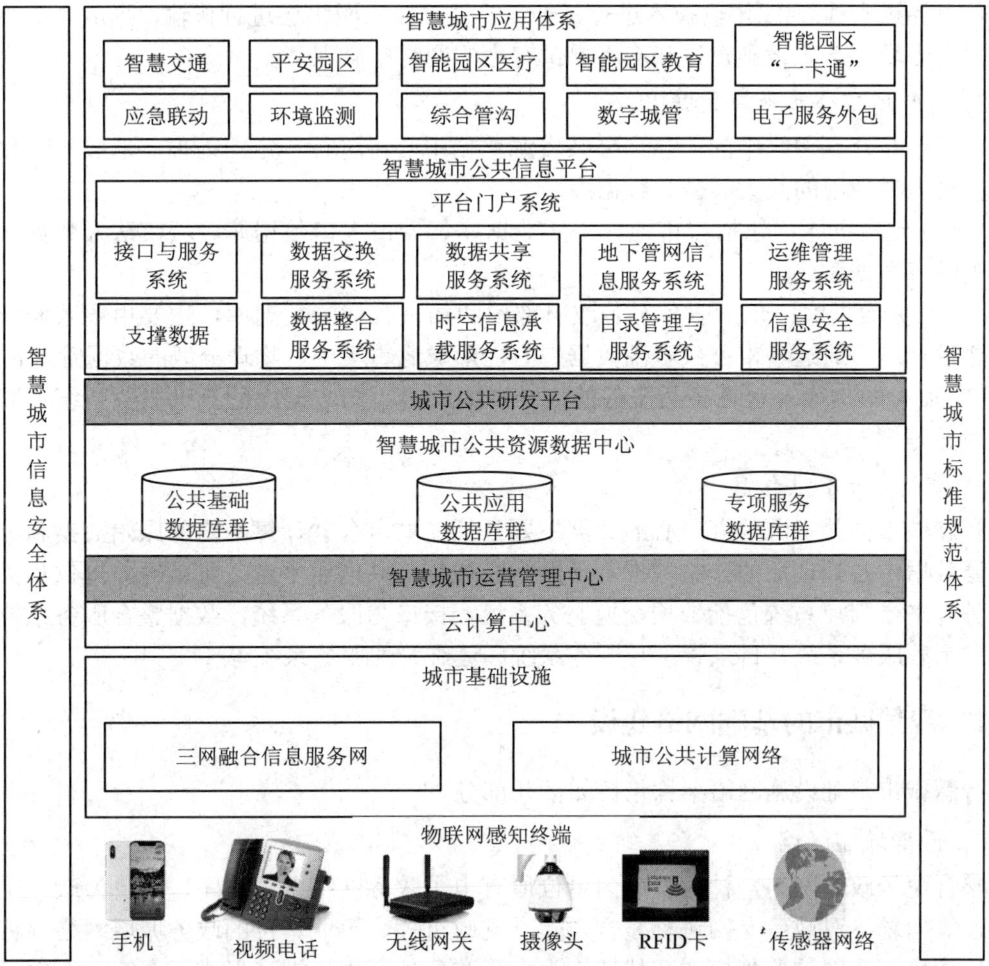

图 5-2　智慧城市体系架构设计

从技术层面来说，智慧城市可简单理解为由分散在大量不同部门、不同物理位置的信息系统和数据库组成，通过政务网、专用网、互联网、无线网、物联网等通信网络资源从信息通路上进行连接。如果部门之间、系统之间通过点对点的方式建立联系，必将重复投入建设一些共性的、基础的功能设施，这对于整个智慧城市建设是非常不经济的。通过构建城市公共信息平台，实现统一规划、统一标准、统一技术、统一平台、统一运维(运行维护，简称“运维”)，将极大地提高智慧城市建设的实际成效，降低成本，提高能力，规范建设，平滑扩展。

智慧城市的基础设施建设以公共信息平台为核心，紧紧围绕数据统一格式化处理与存储、信息高度集成与共享、标准化管理与服务等原则，建立网络化、多维度、精细粒化的信息服务支撑体系。

1) 城市基础设施

深度三网融合，建成多层次、立体化、高带宽、全覆盖的无线基础网络，通过视频、移动终端、RFID 技术等感知手段，对市政基础设施、交通、水务、环保、教育、文化、医疗卫生、社区、物流、城管、公共安全、旅游等感知范围进行智能、全面、深度的感知，采集信息经过有线/无线传输技术进行延伸、扩展，接入网络层进行传输，形成多类感知的物联网，为城市基础设施建设和应用提供有力的网络基础保障。

2) 智慧城市公共资源数据中心

对于公共计算网络中的信息，公共资源数据中心将进行一定的处理，形成规范化的、可以直接提供使用的几大类公共数据库。

(1) 基础数据库：包括城市地理空间数据库、城市人口数据库、城市法人数据库、城市宏观经济数据库。

(2) 业务数据库：包括服务于各政府部门和相关行业的数据库，主要由各政府部门或企业建设管理，通过城市公共资源数据中心，形成逻辑集中、物理分散的数据管理模式。

(3) 服务数据库：包括各类服务的集合，如针对不同数据库的查询服务、统计服务、分析服务等。

3) 智慧城市公共信息平台

智慧城市公共资源数据中心的数据主要包括在城市公共计算网络的原始数据和经过公共资源数据中心处理后的公共数据。借助智慧城市公共信息平台，可以对外提供相关的信息服务。平台门户系统包括数据交换服务系统、接口与服务系统、数据整合服务系统、时空信息承载服务系统、目录管理与服务系统和运维管理服务系统等。

5.1.1 智慧城市的基础网络建设

智慧城市基础设施网络架构包括如下几部分。

1. 政务城域网络

整合电子政务网络，针对各部门单位原有电子政务网络繁杂无序、各自为政、重复投资建设等问题，对政务专网进行整合，建立党政机关、事业单位的政务城域网络。将各部门单位连接互联网的各种模式整体转换为电子政务外网用户端，形成一个统一的电子政务外网(图 5-3)。

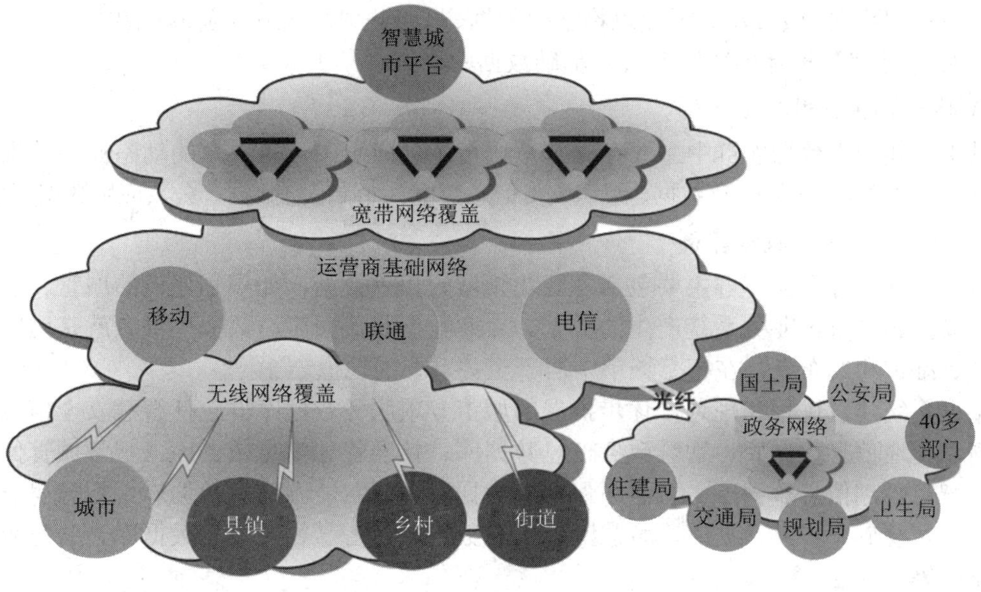

图 5-3　政务城域网络

政务城域网络系统主要包括中心核心网络、专网接入网络、互联网接入网络及服务器存储网络。

2．行业应用专网

行业应用专网向下接入所有行业内部网点，其核心节点通过内外网安全隔离设备，采用双链路连接到中心节点的双路由交换设备。行业应用专网的连接方式可以是行业数据中心对外进行连接，也可以是行业专网网络核心连接中心节点，还有一些行业专网会设定一定的服务内容，通过特定环境(如对外访问安全区)对外提供访问服务(如金融机构)。带宽采用专用网络，租用光纤链路，两端配置链路加密设备，保障信息的安全访问。

3．无线网络

分区域、按步骤部署无线宽带接入网络，加快实施 5G 无线宽带网络的广度和深度覆盖。统筹规划，统一技术规范、接口及协议，推动无线宽带业务在政务、商务、城市管理等各领域广泛应用。

4．宽带网络

在宽带网络全覆盖的基础上，积极推进下一代互联网，建设基于 IPv6 的下一代高速宽带网络及城域高速互联。大力推进有线接入网络宽带升级，加快光纤到户建设。

5.1.2　智慧城市的数据库及平台

1. 智慧城市的数据库

公共基础数据库是智慧城市公共基础数据中心，主要包括城市公共基础数据库群、城市公共应用数据库群以及城市专项服务数据库群。

1) 城市公共基础数据库群

城市公共基础数据库群建设包括基础空间数据、经济基础数据、注册法人基础数据、户籍人口基础数据、城市建成区建筑物基础数据、城市建成区公共设施基础数据(地上设施、地下管网)、法律法规基础数据等公共基础数据库群集。

2) 城市公共应用数据库群

城市公共应用数据库群中主要存储智慧城市各项应用中可以共享的动态业务数据，包括多媒体信息数据、车辆信息数据、组织人员信息数据、终端信息数据等公共应用数据库群集。

3) 城市专项服务数据库群

城市专项服务数据库群主要包括各专业领域的相关数据，如规划建设的城管、能源、教育、安全、畜牧等业务系统产生的数据。专业数据涵盖面广，数据提供者就是这些数据的整理、维护和发布者，在智慧城市中居于至关重要的地位。

根据系统建设进程和规划，逐步扩展的城市专项服务数据库群包括智慧安全信息数据库、智慧交通信息数据库、智慧政务信息数据库、社会管理信息数据库、智慧城管信息数据库、智慧规划信息数据库、智慧环保信息数据库、智慧能源信息数据库、智慧房产信息数据库、智慧矿产信息数据库、智慧医疗信息数据库、智慧物流信息数据库、智慧应急信息数据库等。

2. 智慧城市的公共信息平台

智慧城市的公共信息平台的目标是实现全市性的共性问题的统一处理，解决某个应用单位或机构难以独立完成的城市管理或公共服务问题，为政府、企业和公众的各类应用及其协同提供平台支撑(图 5-4)。

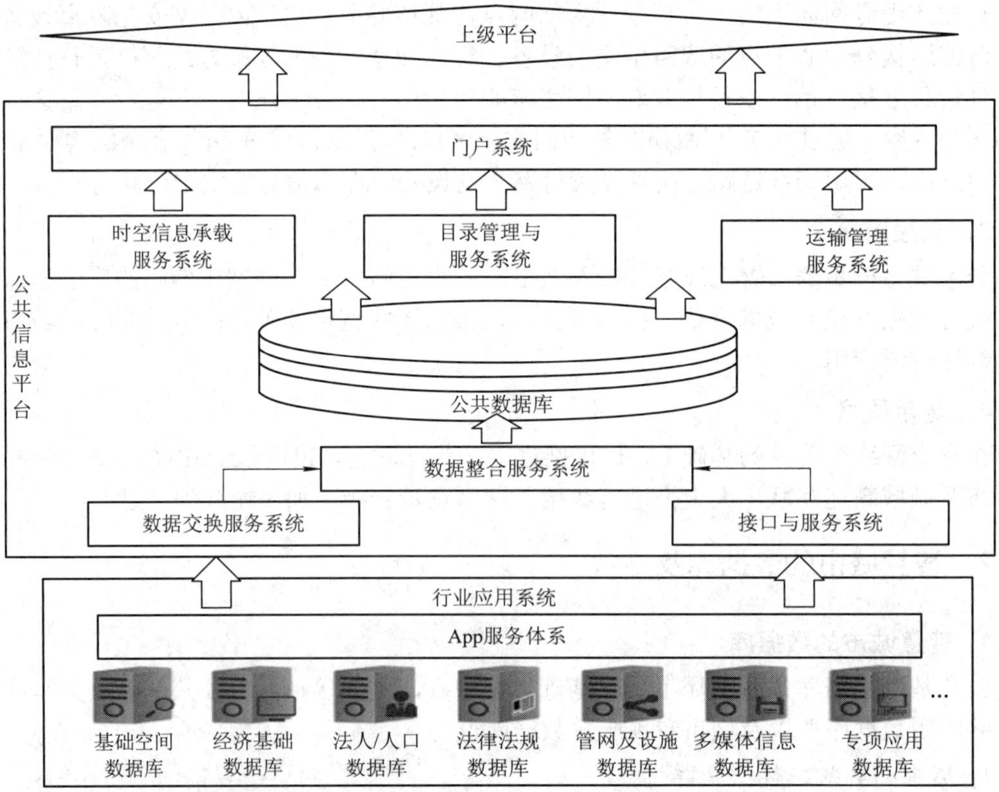

图 5-4 公共信息平台核心内容建设

公共信息平台是智慧城市系统的基础设施，其作用体现为如下 3 点：

(1) 公共信息平台具备支撑多级平台应用能力，通过数据交换服务系统与上级平台实现数据交换共享。

(2) 公共信息平台通过接口与服务系统实现城市公共数据的服务共享，为城市政府专网和公共网络上的各类行业应用系统提供空间信息服务、业务信息服务和专题挖掘服务。

(3) 公共信息平台是城市公共数据进入的通道，通过数据交换服务系统和数据整合服务系统实现城市公共数据的采集、对比、清洗、加工和整合等。

应用单位接入规范提出了应用单位接入公共信息平台所需的环境要求、技术要求、管理要求等规范要求，只有遵循且满足应用单位接入规范的应用单位才允许接入公共信息平台(图 5-5)。

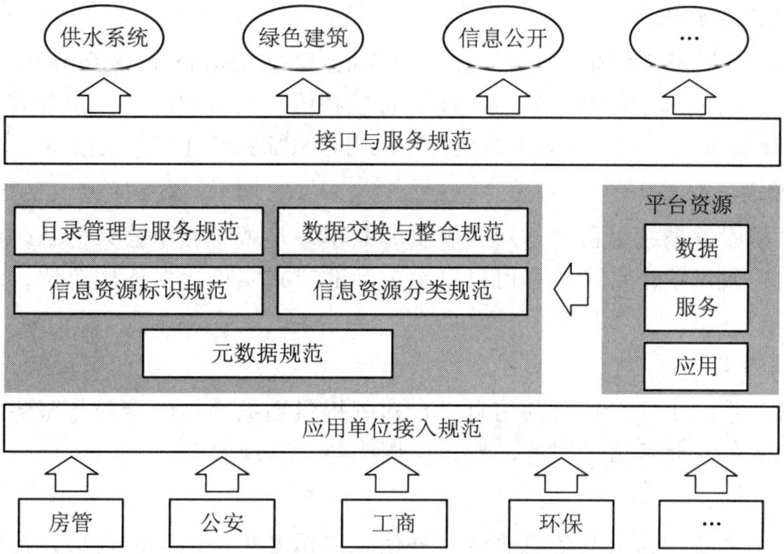

图 5-5　公共信息平台组成架构

1) 支撑数据

支撑数据由元数据、目录数据、交换数据、管理数据和安全数据组成，处于整个基础信息资源数据架构的中间层，对下可以以“物理分散、逻辑集中”或是物理集中方式构建虚拟或物理的城市公共数据库，对上则起到支撑各种业务应用的作用。

2) 数据交换服务

数据交换服务系统的作用在于实现信息资源的统一交换，通过交换实现人口、法人等信息资源的同步更新以及数据比对、清洗、转换、异常处理等交换服务所需的基本功能。

3) 数据整合服务

数据整合服务的作用体现在两个方面，一方面通过数据加工功能能够实现交换所得数据的清洗、转换等，充实公共基础数据库和公共业务数据库；另一方面，通过数据整合、时空关联等功能，能够动态配置实现各类不同主题的信息处理，在人口库、法人库等基础数据库的基础上，通过进行地址匹配、时空化、集成等构建业务应用所需的业务数据，充实公共服务数据库，提升数据的价值，实现数据向信息的转变(图 5-6)。

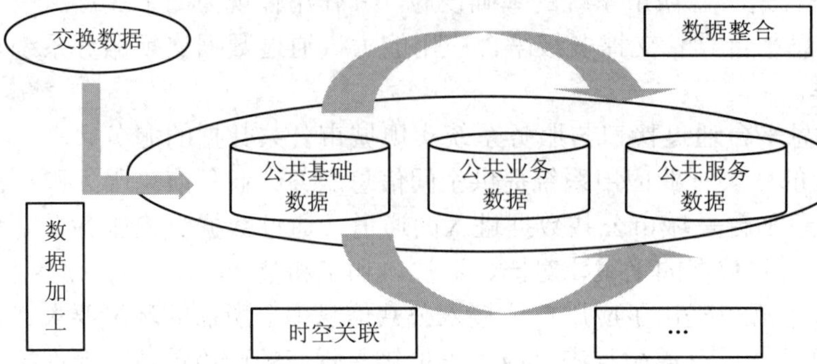

图 5-6　数据整合服务模型

4) 时空信息承载服务

时空信息承载服务系统采用 GIS 和建筑物信息模型(Building Information Modeling，BIM)等技术，从时间和空间两个维度组织、管理和可视化展现海量城市公共数据，实现信息检索、信息比对等核心功能，支撑各类智慧应用。系统要求开放开发接口，具备可扩展性。

5) 目录管理与服务

目录管理与服务系统以目录方式实现资源共享，是智慧城市公共信息平台实现信息资源共享的有效手段。使用目录体系可以以更灵活的方式实现更多应用单位、更多资源的接入与共享。

6) 接口与服务

接口与服务系统主要包括公共信息平台对外提供数据交换的接口与服务：开发接口服务、空间信息服务、业务信息服务、专题挖掘服务、管理服务。

7) 平台门户

平台门户子系统作为公共信息平台对外信息展示及平台运维的窗口，针对管理员、政务用户和公众用户的不同应用需求，集成运维管理服务系统、目录管理与服务系统和时空信息承载服务系统，提供部门编目排行、访问量统计排行等功能，聚合成相应的功能接口集以支撑构建于平台基础上的各类应用，实现公共信息平台“统一门户”的建设目标。

3. 智慧城市的应用平台

应用平台在公共信息平台基础上封装了智慧城市底层应用，隐藏了底层应用中复杂的模型计算及服务，为智慧应用易扩展性提供了上层应用接口，为智慧应用的开发部署提供了软硬件环境，从而加快了智慧应用的集成和应用创新。

1) 空间信息服务平台

空间信息服务平台是指在城市信息化进程中，用以满足各个行业进行与地理空间相关信息的采集、应用、交互、共享，并能提供标准框架数据及运行环境的集合，是城市各行业、各单位和部门进行数据共享和数据交换的公共平台(图 5-7)。城市空间信息服务平台是城市信息化的核心，它以海量数据集成的方式对城市活动进行数字化存储和描述，为城市信息应用提供统一的基础数据框架，突破各职能部门之间的信息封闭，实现广泛的信息共享。

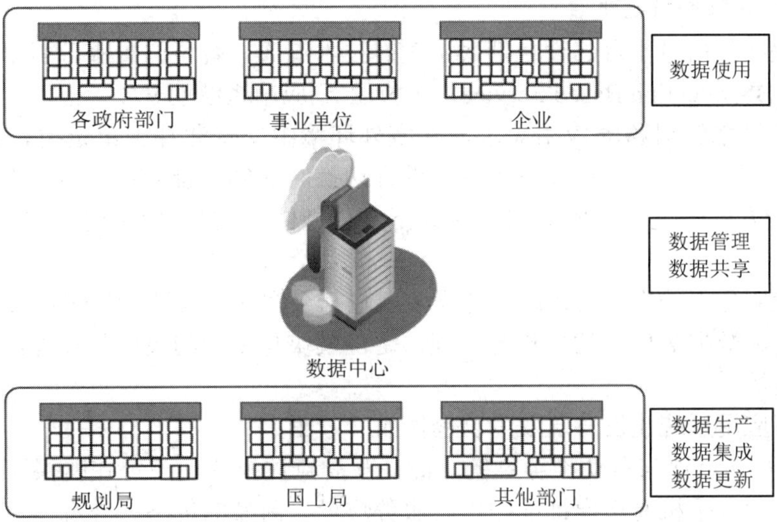

图 5-7　城市空间信息服务平台层次架构

城市空间信息服务平台用于存储公用的空间数据，并通过城域网与各部门进行连接，为它们的业务应用系统提供数据服务，形成一种分布式的空间数据共享应用环境。城市空间信息服务平台中的数据是各部门都需要的数据，因此称其所在的服务器为数据中心节点，相应的其他专业部门的数据节点称为分节点。整个信息平台的体系架构如图 5-8 所示。

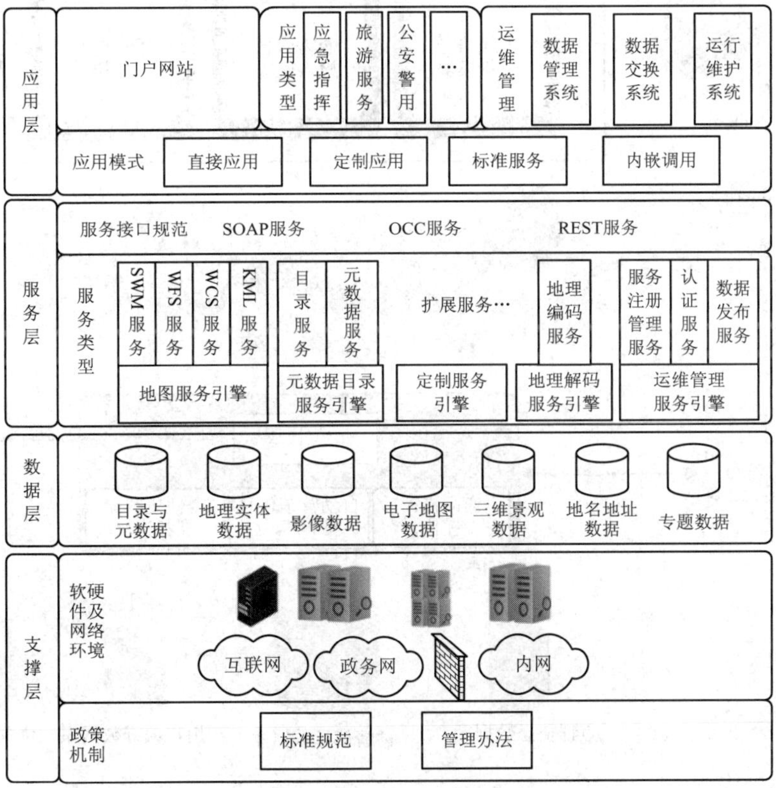

图 5-8　城市空间信息服务平台体系架构

2) 智慧位置服务信息平台

智慧位置服务信息平台建设包括底层关键技术集成、智慧位置服务引擎平台与系统搭建以及上层 LBS(Location Based Service，定位服务)应用系统的开发。

移动定位技术针对移动应用需求，在室外环境中支持北斗卫星定位，在室内环境中为专路 WiFi 定位，同时在室内外环境中进行切换时能够智能切换导航模块及地图数据，实现室内外全方位无缝定位服务引擎，为下一代智能导航移动终端提供技术储备与系统原型。

智慧位置服务引擎平台与系统的建设主要包括全空间无线环境的布设实施，无线数据、用户数据、商品数据等信息的采集与管理，定位模块与系统的集成与实施，相关数据库管理技术的引进等。

移动终端应用系统建设与研发可以包括如下方面：

(1) 商品互动点评与自动推荐系统。商品互动点评模块使用户在购买、使用过商品之后，还可及时通过手机对该商铺的印象、服务质量、商品的价格、外观、质量、体验等进行打分及评论，另外也包括商铺与优惠信息自动推荐；定位模块确定了用户的位置后，自动推荐模块立即检索附近的商家、店铺，并将商家所提供的商品折扣信息、团购信息以及各类促销信息推送给用户(图 5-9)。

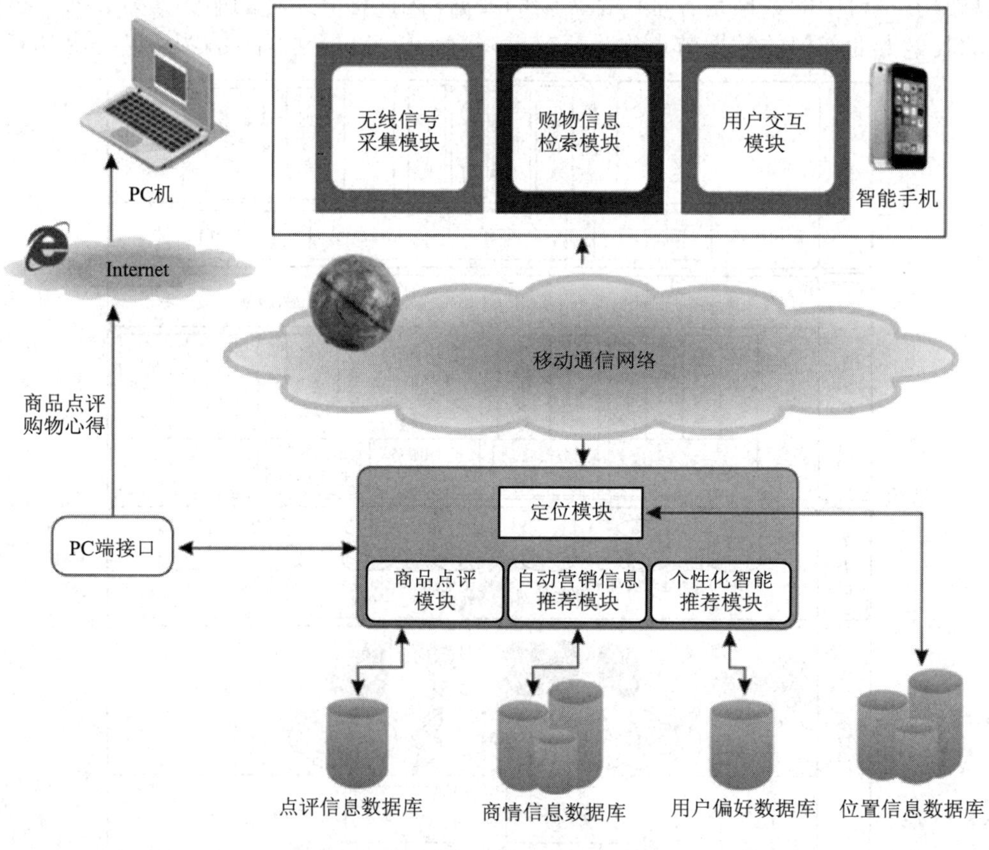

图 5-9　商品互动点评与自动推荐系统

(2) 特殊人监护应用系统。特殊人监护应用系统可实时监测老人、孩子、残障人、病人的行为，对于具有安全隐患的行为或紧急情况进行实时现场声、光提醒，并发送远程报警信息；此外，可远程查看实时状态，记录和分析日常行为习惯优缺点。

特殊人监护应用系统主要由定位感知终端、家用监护终端、后台服务器、监测终端等组成，系统结构如图 5-10 所示。

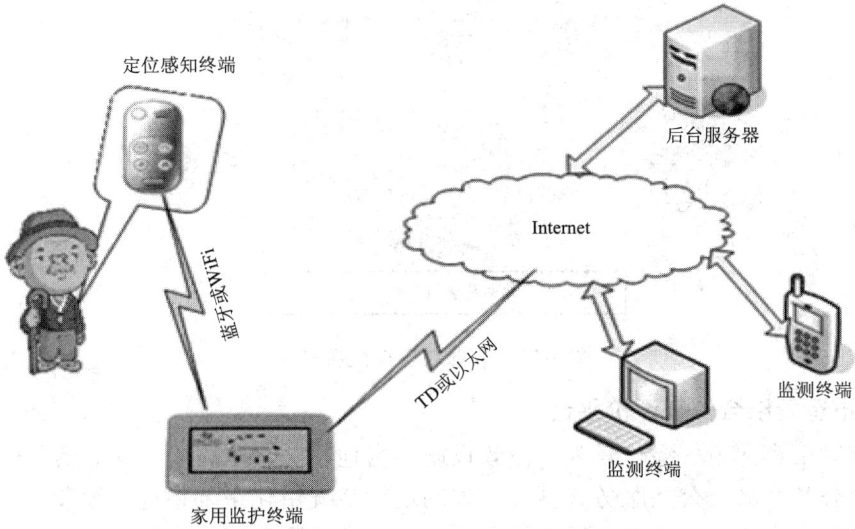

图 5-10 特殊人监护应用系统的结构

(1) 定位感知终端：是佩戴在被监测对象身上的低功耗传感器，具有蓝牙或 WiFi 无线通信功能，用于传输传感器采集的实时数据。

(2) 家用监护终端：负责收集定位感知终端模块的传感器数据，收集自身安装的传感器数据(主要有温度计、麦克风、摄像头、空气质量计等)，对收集到的传感器数据进行分析、处理、压缩并将需要保存的数据分时通过 TD 或以太网上传到服务器，分析的结果出现异常或出现预先设定的事件时给予实时报警并通过 TD 或以太网实时发出报警信息。

(3) 后台服务器：收集家用监护终端数据，对监护终端发出的报警信息以适当方式及时通知监测终端或其他应急抢救机构；对监测对象的日常历史记录进行存储，且能进行阶段性分析、提出建议，并提供监测终端的在线查询功能。

3) 城市数据共享与交换平台

不同部门构建的系统往往会形成信息孤岛，无法进行横向信息联通交换，也难以实现纵向多尺度地理信息数据的适时调用。解决这一问题的有效途径是采取数据共享与交换平台，形成纵、横向互联互通的公共平台，供各有关部门、单位加载专业信息，实现信息资源集成与共享，为灾害预防预测、灾情监测评估、抢险救灾指挥决策和灾后恢复建设等提供全面、准确、及时的综合信息服务。

采用“云计算”理念和技术，打造信息化建设的私有云计算平台，实现跨行业的数据集中、共享和交换；建立智慧城市资源池，并且为管理中心和市政、城管、社管、交通、照明等单位提供主要为 IaaS 和 PaaS 等的服务，实现计算资源统一管理，按需可动态伸缩，以确保数据的跨行业集中、共享与交换以及软件平台的服务共用(图 5-11)。

云计算平台的建立可以有效减少各政府单位的信息化建设软、硬件系统的资金投入，避免重复建设，中心硬件资源能够根据各单位需求自动动态分配，提供 API(Application Program Interface，应用程序接口)或开发平台供各单位在云中创建自己的应用。

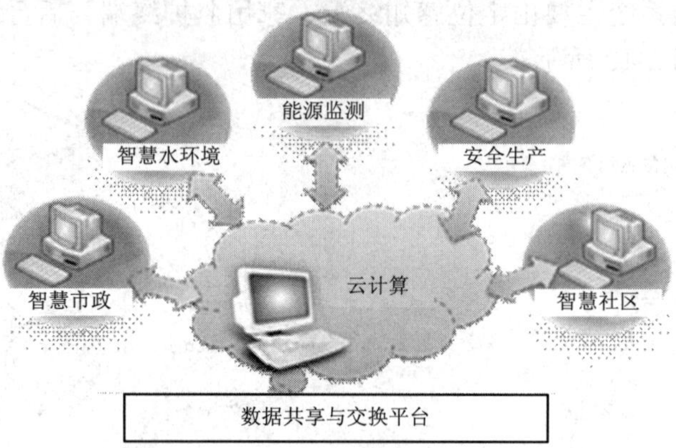

图 5-11　数据共享与交换平台

4．城市运行综合体征评价平台

该平台对市容环卫、绿化景观、市政设施、房地物业、水、电、暖、燃气、环保、防汛、气象等公共产品、公共服务、行业管理的运行状况量化主要指标，编制情况日报，按照标准、预警、应急三级通报，加强动态监控，及时预警应急，确保城市整体运行有序。

5．领导监督和辅助决策平台

在数据集中管理与共享和系统功能综合应用基础上，开发建设领导监督和辅助决策平台，对智慧城市综合应用公共平台、各专业应用平台的数据进行分析、展示，为领导提供实时、有针对性的统计分析数据；设计适合本地区的辅助决策模型，抽取基础数据，按照城市运行管理需要进行各种辅助决策分析，为市领导提供辅助决策依据。领导监督和辅助决策平台采用远程登录访问、领导专用显示终端、手机移动访问或定时发送等方式为领导提供服务。

5.1.3　智慧城市的运营模式分析

智慧城市的运营要统一平台管理、集中资源调度、纵向应用发布，通过面向政府的智慧城市统一云平台管理，形成能够服务全国的支撑体系，探索形成可持续运营发展的商业模式。智慧城市的产业链上包括政府、设备供应商、运营商、软件应用提供商 4 个角色，具体分工如下：

(1) 政府主导。政府在城市规划中起主导性作用，是智慧城市建设的重要力量。

(2) 设备供应商介入。中兴、华为、神州数码等国产设备供应商提供智慧城市软硬件解决方案。

(3) 运营商机遇与挑战共存。运营商依托优势建设智慧平台，整合城市信息资源，提供运营服务。

(4) 软件应用提供商积极参与。社会各方合力提供应用能力，促进产业成熟、健康、可持续发展。

5.1.4 物联网在智能城市领域的应用

城市管理中，采用物联网技术的应用子系统将各种不同类型的感知网络互联结合，应用 GIS、空间信息系统，通过传感节点和城市基础设施相结合，感知它们的环境、状态、位置等信息，有针对性地进行传感数据的连接和信息融合。在建立城市管理各应用子系统的同时，还应该不断进行技术、业务、应用创新，以满足经济、社会发展的需要。

1．重要地点边界监控系统及城市视频监控系统

该系统采用复合传感器、智能视频相结合的方式，通过传送网络对政府、军事单位等重要地点周边边界和区域内重要场所进行全天候、全方位的监控。该系统具备的传感网监测系统前端由大量控制器节点组成，通过无线网络技术进行联网，并通过传感网关进行传感数据的传送和控制信息的接收。该系统可以实现自主组网、无人值守，具有很强的环境适应性和智能性，能够完成入侵目标的监测识别、定位与跟踪，同时还具备消除环境气候、动物等非人入侵者引起的误警率和虚警率。

城市视频监控系统在各类事件频发的地点设置视频监控节点(包括交通要道、街头巷尾、人流密集处等)，经过有线或无线网络将视频信号实时传送到管理系统中，能够与 GIS、卫星定位系统等进行融合，可以一边在大屏幕中显示视频内容，一边在管理系统中显示该视频监控具体位置及周边情况。如遇突发事件(如交通肇事逃逸、街头突发犯罪等)，系统能够提供相关信息做出辅助判断，并利用装备在警方车辆上的卫星定位系统感知该车辆具体位置，以便在最短时间内调动警力来处理事件。

2．危险源监控系统

危险源监控系统通过建立危险源数据采集及监控系统来实现报警、监控、管理和执法监管等功能，如针对城市日常生产，生活中的易燃、易爆、有毒环境以及当前高层楼房的电梯运行安全监控，通过将各类数据采集、探测终端部署在危险源附近，对危险源进行实时数据采集，并通过有线、无线网络等方式传送至管理系统中进行汇总、分析和共享，能够实现事故预防和危险源监控，以充分发挥公共安全监管系统的作用，消除危险隐患，提升公共安全。

3．交通管理及公交、环卫、救护、城管等特种车辆定位系统

随着城市化进程的发展，交通拥堵已经成为城市管理中的一大问题和难题。因此，把物联网技术引入交通管理中，形成智能交通管理，采取交通流信息实时监测、路况情况视频监测、可变交通信息标志、信息发布等系统，可以智能化解决交通拥堵和停车问题，尽量减少噪声和空气污染。

物联网应用于城市管理还有很多方面，如地面井盖自动监测系统、垃圾箱充满自动报警系统、城市户外广告牌管理系统、路灯自动控制及监测系统、食品安全跟踪监测系统等。

5.2 云 计 算

随着大量的感知节点接入物联网中，数据的处理量与日俱增。为实现使用不同采集数据格式的不同设备相互通信，物联网中间件的概念被提出。物联网中间件首先要解决这些异构数据间的格式转化等问题，以便应用系统更高效更方便地处理这些数据。同时，物联网中感知数据的采集将产生数以万计的海量信息，若直接将这些海量的原始数据直接发送给上层应用，势必导致上层应用系统计算处理量的急剧增加，甚至系统崩溃，且原始数据中包含的大量冗余信息也会极大地浪费通信带宽和能量资源等。因此，物联网中间件需要借助云计算、大数据等先进技术来解决数据融合和智能处理等问题。

5.2.1 概述

图 5-12 所示就是目前非常流行的一个概念——云计算，它是一种基于互联网的计算方式。通过这种方式，共享的软硬件资源和信息可以按需提供给计算机和其他设备。

典型的云计算提供商往往提供通用的网络业务应用，可以通过浏览器等软件或者其他 Web 服务来访问，而软件和数据都存储在服务器上。云计算服务通常提供通用的通过浏览器访问的在线商业应用，软件和数据可存储在数据中心。图 5-13 所示为典型的云计算平台结构。

图 5-12　云计算

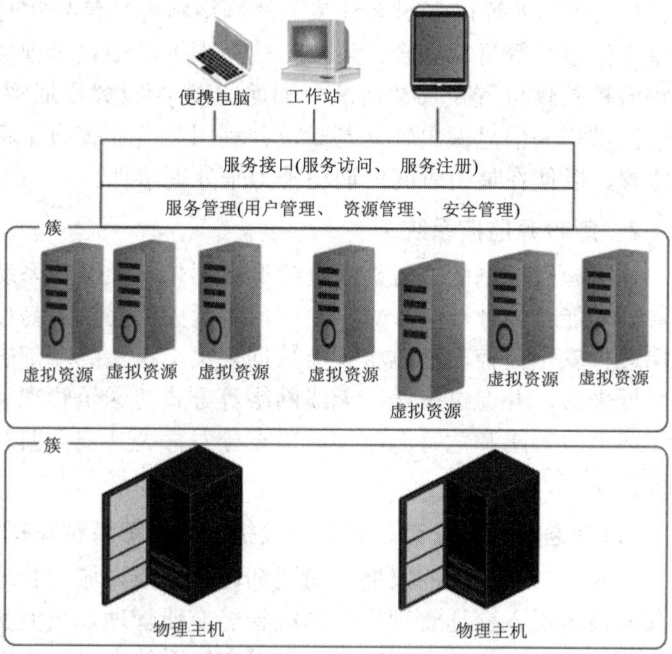

图 5-13　典型的云计算平台结构

云计算的交付和使用模式有两种定义，即狭义和广义云计算。狭义云计算是指 IT 基础设施的交付和使用模式，通过网络以按需、易扩展的方式获得所需的资源(硬件、平台、软件)。提供资源的网络被称为“云”，“云”中的资源在使用者看来是可以无限扩展的，并且可以随时获取、按需使用、随时扩展、按使用付费。广义云计算是指服务的交付和使用模式，通过网络以按需、易扩展的方式获得所需的服务。这种服务可以是 IT 和软件、互联网相关的，也可以是任意其他的服务。

5.2.2 云计算的发展背景和演化

1. 云计算的发展背景

云计算是继20世纪80年代大型计算机到客户端-服务器大转变之后的又一次巨变。云计算的出现并非偶然，早在20世纪60年代，麦卡锡就提出了把计算能力作为一种像水和电一样的公用事业提供给用户的理念，这成为云计算思想的起源。

在20世纪80年代网格计算，20世纪90年代公用计算，21世纪初虚拟化技术、SOA(Service-Oriented Architecture，面向服务的架构)、SaaS(Software as a Service，软件即服务)应用的支撑下，云计算作为一种新兴的资源使用和交付模式，逐渐为学界和产业界所认知。中国物联网校企联盟评价云计算为“信息时代商业模式上的创新”。

继个人计算机变革、互联网变革之后，云计算被看作第三次IT浪潮，是中国战略性新兴产业的重要组成部分。云计算将带来生活、生产方式和商业模式的根本性改变，其已成为当前全社会关注的热点。

2. 云计算的演化

云计算主要经历了4个阶段才发展到现在这样比较成熟的水平，这4个阶段依次是电厂模式、效用计算、网格计算和云计算。

1) 电厂模式阶段

电厂模式就好比利用电厂的规模效应来降低电力的价格，并让用户使用起来更方便，且无需维护和购买任何发电设备。

2) 效用计算阶段

在1960年前后，计算设备的价格非常高昂，远非普通企业、学校和机构所能承受，所以很多人产生了共享计算资源的想法。1961年，“人工智能之父”麦肯锡在一次会议上提出了“效用计算”这一概念，其核心借鉴了电厂模式，具体目标是整合分散在各地的服务器、存储系统以及应用程序来共享给多个用户，让用户能够像把灯泡插入灯座一样来使用计算机资源，并且根据其所使用的量来付费。但由于当时整个IT产业还处于发展初期，很多强大的技术还未诞生，如互联网等，因此虽然这个想法一直为人称道，但是总体而言“叫好不叫座”。

3) 网格计算阶段

网格计算研究如何把一个需要非常巨大的计算能力才能解决的问题分成许多小的部分，然后把这些部分分配给许多低性能计算机来处理，最后把这些计算结果综合起来攻克大问题。可惜的是，由于网格计算在商业模式、技术和安全性方面的不足，使得其并没有在工程界和商业界取得预期的成功。

4) 云计算阶段

云计算的核心与网格计算非常类似，希望IT技术能把巨大的计算能力分配给许多低性能计算机来处理，其成本相对低廉。但与网格计算不同的是，云计算在需求方面已经有了一定的规模，同时在技术方面也已经基本成熟。

5.2.3 云计算常用服务形态解析

云计算包括以下几个层次的服务：基础设施即服务(Infrastructure as a Service，IaaS，即设施云)、平台即服务(Platform as a Service，PaaS，即平台云)和软件即服务(SaaS，即应用云)，具体如图 5-14 所示。

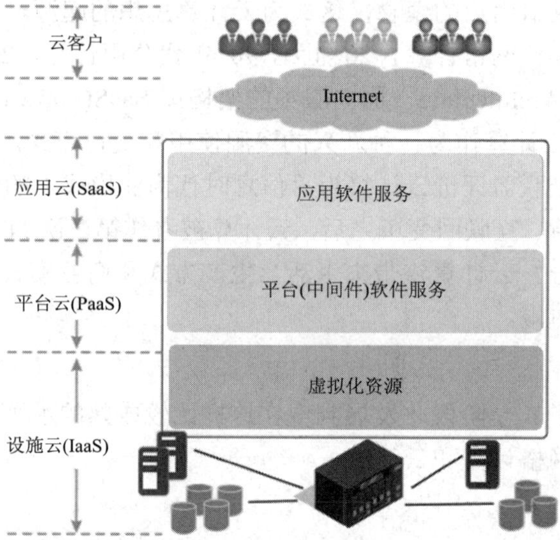

图 5-14 云计算的常见服务形态

1. IaaS

使用 IaaS，消费者通过 Internet 可以从完善的计算机基础设施获得服务。

IaaS 通过网络向用户提供计算机(物理机和虚拟机)、存储空间、网络连接、负载均衡和防火墙等基本计算资源；用户在此基础上部署和运行各种软件，包括操作系统和应用程序(图 5-15)。

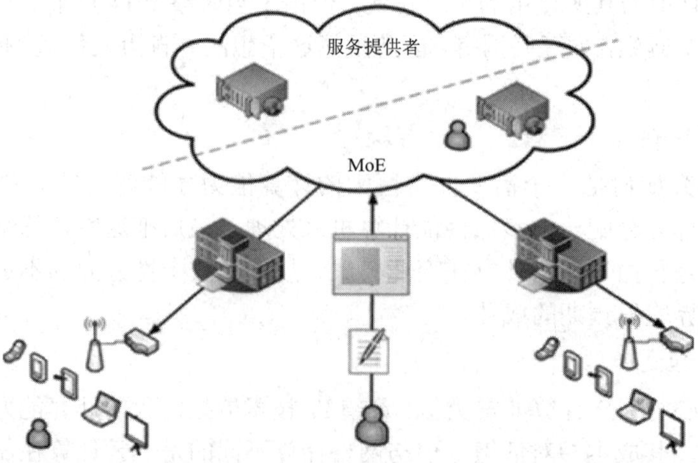

图 5-15 IaaS

2．PaaS

PaaS 实际上是将软件研发的平台作为一种服务，以 SaaS 的模式提交给用户。因此，PaaS 也是 SaaS 模式的一种应用，PaaS 的出现可以加快 SaaS 的发展，尤其是加快 SaaS 应用的开发速度。

该平台通常包括操作系统、编程语言的运行环境、数据库和 Web 服务器，用户可以在此平台上部署和运行自己的应用。用户不能管理和控制底层的基础设施，只能控制自己部署的应用(图 5-16)。

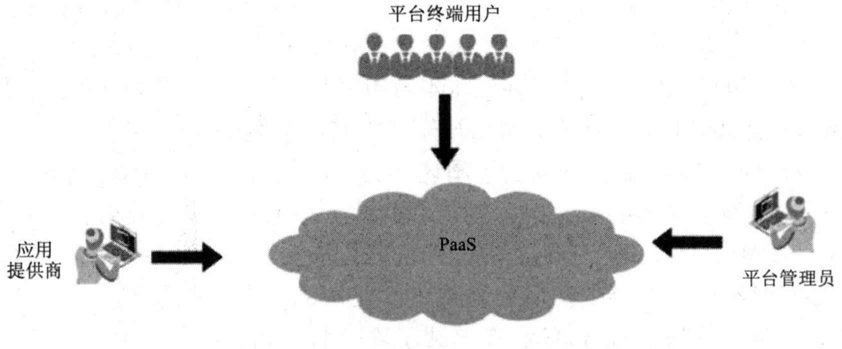

图 5-16　PaaS

3．SaaS

SaaS 是一种通过 Internet 提供软件的模式，用户无需购买软件，而是向提供商租用基于 Web 的软件来管理企业的经营活动。

云提供商在云端安装和运行应用软件，云用户通过云客户端(通常是 Web 浏览器)使用软件。云用户不能管理应用软件运行的基础设施和平台，只能做有限的应用程序设置(图 5-17)。

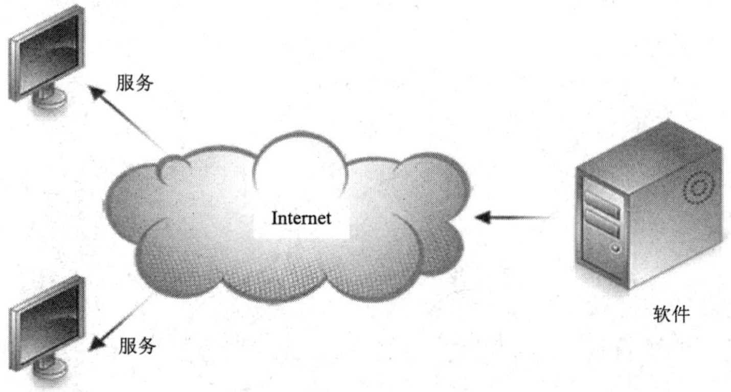

图 5-17　SaaS

除了上述 3 种常用服务形态之外，还有一种 ACaaS(Access Control-as-a-Service，门禁即服务)，它是基于云技术的门禁控制。当今市场有两种典型的 ACaaS：真正的云服务与机架服务器托管。真正的云服务是具备多租户、可扩展及冗余特点的服务，需要构建专用的数据中心。但提供多租户解决方案也是一项复杂工程，会导致高昂的成本，所以大部分ACaaS仍属于机架服务器托管，而非真正的云服务。想要在ACaaS市场中寻找新机会的厂商，首先需要确定提供哪一种主机解决方案、销售许可的方式以及收费模式。

5.2.4 云计算的MapReduce编程模型

1. MapReduce产生的背景

在云计算火热兴起的大环境下，2003年，Google发表了第一篇关于其云计算核心技术GFS(Google File System，Google文件系统)的论文。Apache开源项目Nutch搜索引擎的开发者Doug Cutting等人面临着如何将其架构扩展到可以处理数10亿规模网页的难题，因而在参考GFS技术的基础上，他们在2004年编写了一个开放源代码的类似系统——NDFS(Nutch Distributed File System，Nutch分布式文件系统)。

同样在2004年，Google公开发表了阐述其另一项核心技术MapReduce的论文，让业界第一次真切感受到了MapReduce编程模型在处理大型分布式并行计算问题上的实用性和巨大威力。随后，雅虎公司发现了这两项技术的巨大潜力，将Nutch的开发者Doug Cutting纳入公司，并且组织一支专门的团队为其提供开发协助。在如此条件之下，Nutch的分布式项目被分离出来，成为Apache的一个单独子项目Hadoop。

MapReduce采用了“分而治之”的思想，具体来说，其处理过程可以高度概括为两个函数：Map和Reduce。Map函数的任务是进行初始任务的分解，使之成为多个子任务；而Reduce函数主要负责把这些子任务分解处理后的结果汇总起来。而在并行编程过程中遇到的其他复杂的问题，如负载均衡、工作调度、容错处理、分布式存储、网络通信等都由框架负责解决。值得一提的是，用MapReduce处理的数据集(或任务)必须具备如下特点：等待被处理的任务能够被分解为多个子任务，而且每个子任务都可以进行完全并行的处理。图5-18为MapReduce模型基本原理。

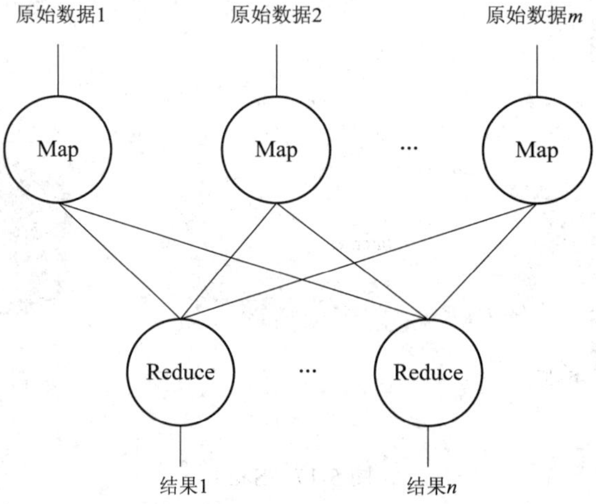

图5-18　MapReduce模型基本原理

MapReduce框架模型的重点是Map和Reduce两个函数，它们可以由用户自己根据需求来定义，最终目标在于只要符合用户自主定义的规则，就把输入的键/值对转换成输出的键/值对。由此可以看出，MapReduce 的思想简单而又直接，Map 对输入的一个数据列表中的每个元素进行一个指定的操作；而 Reduce 将 Map 输出的新数据列表以某种方式进行合并操作，最终将操作的值输出。

2. Google 的 MapReduce 框架

Google 的 MapReduce 不仅是一个简单而强大的函数接口，而且包含了一系列并行处理、容错处理、本地化运行和负载均衡等技术的软件实现，提供了一个完整的大尺度并行运算编程环境。图 5-19 为 Google 的 MapReduce 框架。

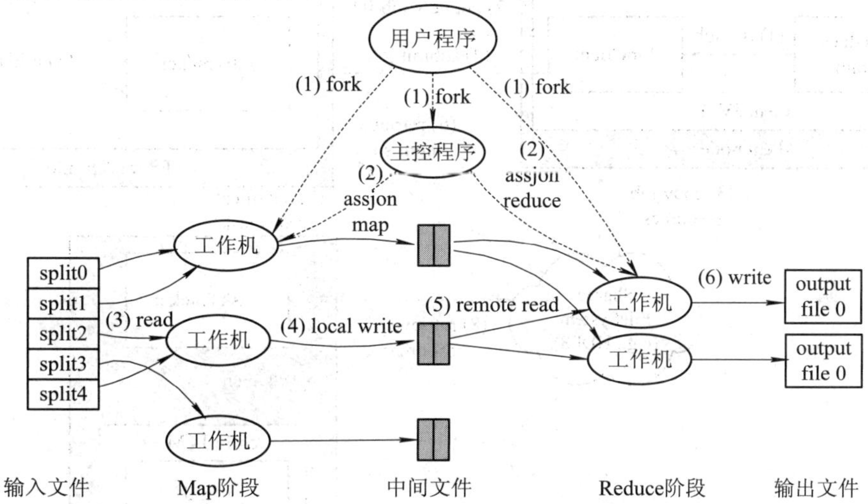

图 5-19　Google 的 MapReduce 框架

在 Google 框架的实现机制中，有两个工作节点比较特殊：一个是工作机(Worker)，用于运行 Map 或 Reduce 任务；另一个是主控程序(Master)，用于将 Map 和 Reduce 分配到合适的工作机上。

图 5-19 清楚地呈现了主控程序、工作机和用户程序(User Program)完成整个 MapReduce 工作的流程：

(1) 用户程序中，MapReduce 库将输入的数据分为 M 个，每个片段的大小为 16～64 MB，然后在集群上启动多个程序副本。

(2) 其中一个程序副本被指定为主控程序，其余的为工作机。主控程序指定 M 个空闲的工作机运行 Map 任务，指定 R 个空闲的工作机运行 Reduce 任务。

(3) 被指定的 Map 工作机从对应的输入文件片段中读取需要处理的数据集并进行处理，获得中间结果。

(4) Map 工作机产生的中间结果先被缓存在内存里，并定期写入每个 Map 工作机本地硬盘。在本地硬盘中写入的中间结果在分区函数的运行下被分为 R 个分区，而后将中间结果在本地硬盘的位置信息发送到主控程序，此时由主控程序通知 Reduce 工作机。

(5) 当主控程序将中间结果位置发送到 Reduce 后，Reduce 工作机通过远程处理请求将 Map 工作机在本地硬盘中的数据读入，准备进行相应处理。

(6) 当 Reduce 把所需要的中间结果全部读取完成后，会对数据进行排序，而后按照指定的 Reduce 函数进行处理，进而将最终结果输出到一个最终文件夹中。

(7) 当 Map 和 Reduce 任务全部执行完成后，主控程序激活用户程序，使其执行回到 MapReduce 请求的发生点。

3. Hadoop 上 MapReduce 的工作机制

相比较于 Google 的 MapReduce 框架，Hadoop 项目编写了大量的代码以实现计算任务的分发、调度、运行、容错等机制。图 5-20 所示为 Hadoop 上 MapReduce 的工作机制。

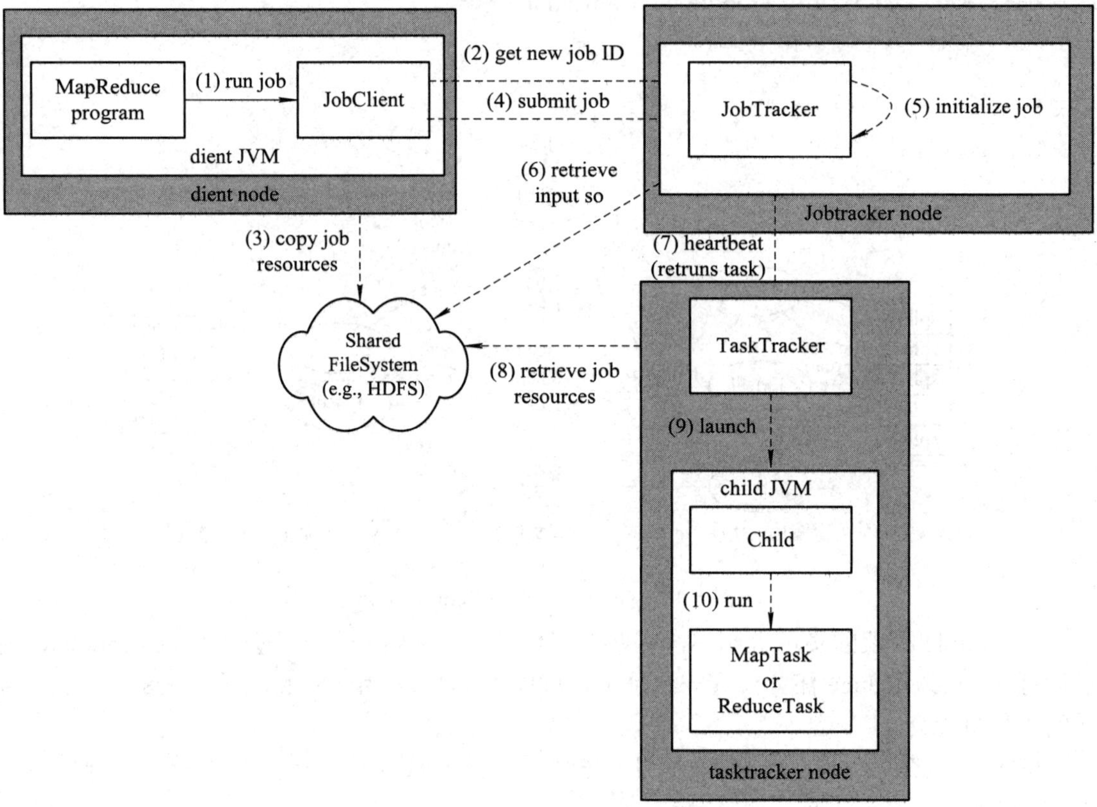

图 5-20　Hadoop 上 MapReduce 的工作机制

MapReduce 运行机制中主要包含以下几个独立的大类组件：

(1) Client：此节点上运行了 MapReduce 程序和 JobClient，主要是将 MapReduce 作业进行提交并为用户显示处理结果。

(2) JobTracker：主要进行 MapReduce 作业执行的协调工作，是 MapReduce 运行机制中进行主控的节点。JobTracker 的功能包括完成 MapReduce 作业计划的制订、分配任务的 Map 和 Reduce 执行节点、监控任务的执行、重新分配失败的任务等。JobTracker 在 Hadoop 集群中是十分重要的节点，并且每个集群中只能有一个 JobTracker。

(3) Map TaskTracker：负责执行由 JobTracker 分配的 Map 任务，系统中可以有多个 Map TaskTracker。

(4) Reduce TaskTracker：负责执行由 JobTracker 分配的 Reduce 任务，系统中可以有多个 Reduce TaskTracker。

(5) 分布式文件存储系统：如 HDFS(Hadoop Distributed File System，Hadoop 分布式文件系统)，在此文件存储系统中存储了应用程序运行所需要的数据文件及其他相关的配置文件。

(6) Job(作业)：一个作业在执行过程中可以被拆分成多个 Map 和 Reduce 任务来完成，是 MapReduce 程序指定的一个完整计算过程。

(7) Task(任务)：任务分为 Map 和 Reduce 任务，一个作业通常会包含多个任务，它是 MapReduce 框架中并行计算的基本单元。

4. MapReduce 作业运行流程

用图 5-21 来分析 MapReduce 作业的运行流程。

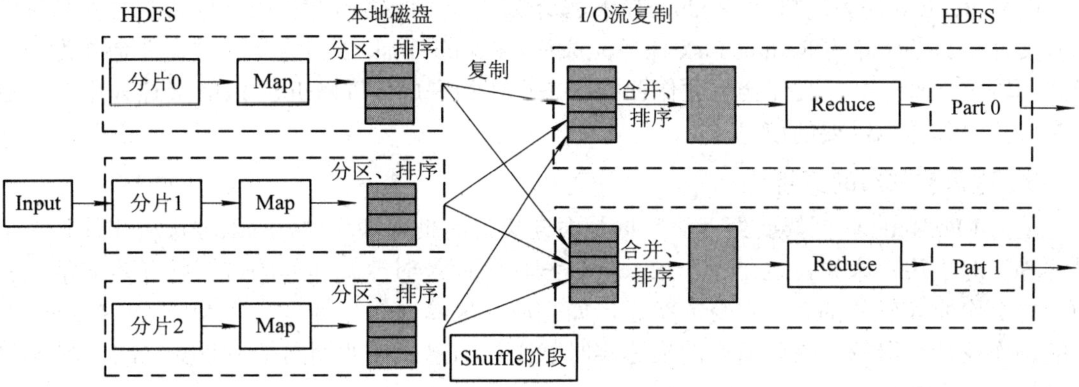

图 5-21 MapReduce 作业运行流程

1) 作业提交

当使用者编写完成 MapReduce 程序后会新建一个 JobClient 的实例，新建完成后 JobClient 会向主控节点(JobTracker)申请一个新的作业号(JobID)，用来标记此次作业。在主控节点检查此次作业输入数据和输出目录没有问题后，便开始调度本次作业需要使用的相关资源和配置，如作业的相关配置和分片次数等。当以上工作全部完成后，JobClient 就向主控节点发出作业的提交申请。

2) 作业初始化

因为主控节点在一个集群中只有一个，所以它会收到一系列由 JobClient 发出的作业请求，因而主控节点在其内部建立了一个处理队列的机制。将放入内部队列的请求经过作业调度器进行调度，而后主控节点为作业进行初始化调度。

3) 任务分配

在 MapReduce 处理框架中的任务分配机制可以形象地称为“Pull”(拉)，在任务开始执行分配之前，主要负责 Map 和 Reduce 任务的 TaskTracker 节点已经启动，它会向主控节点不断发送心跳(Heartbeat)消息来询问是否有任务可以执行。如果 TaskTracker 的作业队列非空，则其会收到主控节点发来的任务。在通常情况下，优先将 Map 任务槽填满，而后执行 Reduce 任务槽的分配。

4) Map 任务执行

当 Map TaskTracker 节点收到主控节点分配的 Map 任务后，会经历一系列的操作。其中，重点是在完成准备工作后，TaskTracker 会新建一个 TaskRunner 实例来执行此 Map 任务；同时，TaskRunner 为了避免 MapTask 的运行异常影响 TaskTracker 正常运行，会单独启动一个 Java 虚拟机(Java Virtual Machine，JVM)，而后在其中运行指定的 Map 任务。最终直到任务执行完成，所有的计算结果将会被存入本地磁盘中。

5) Reduce 任务执行

和 Map 任务执行的过程相类似，Reduce 在执行时同样也会生成单独的 Java 虚拟机来执行任务，但不同的是只有当所有的 Map 任务全部执行完成后，主控节点才会通知 Reduce TaskTracker 节点开始执行 Reduce 任务。

6) 作业完成

随着 Reduce 任务的执行，ReduceTask 将计算结果不断输出并存放到分布式文件系统的临时文件中。当全部的 ReduceTask 任务完成后，ReduceTask 会将这些临时文件合并为一个最终的输出文件。主控文件会将此作业的状态设置为完成，进而 JobClient 会通知用户作业的完成情况并显示需要的信息。

5. 进程和状态的更新

因为 MapReduce 框架要处理的数据是面向集群的批处理作业，所以时长从几秒到几小时不等。对于用户来说，这是一个很长的过程，因而及时获知作业的进展状况是非常重要的。每个作业和任务都有其自身的状态，如完成、失败、运行等，还有 Map 和 Reduce 的进度、作业计数器等，这些所有的描述实时状态的信息在作业期间是不断变化的。图 5-22 为进程和状态的更新。

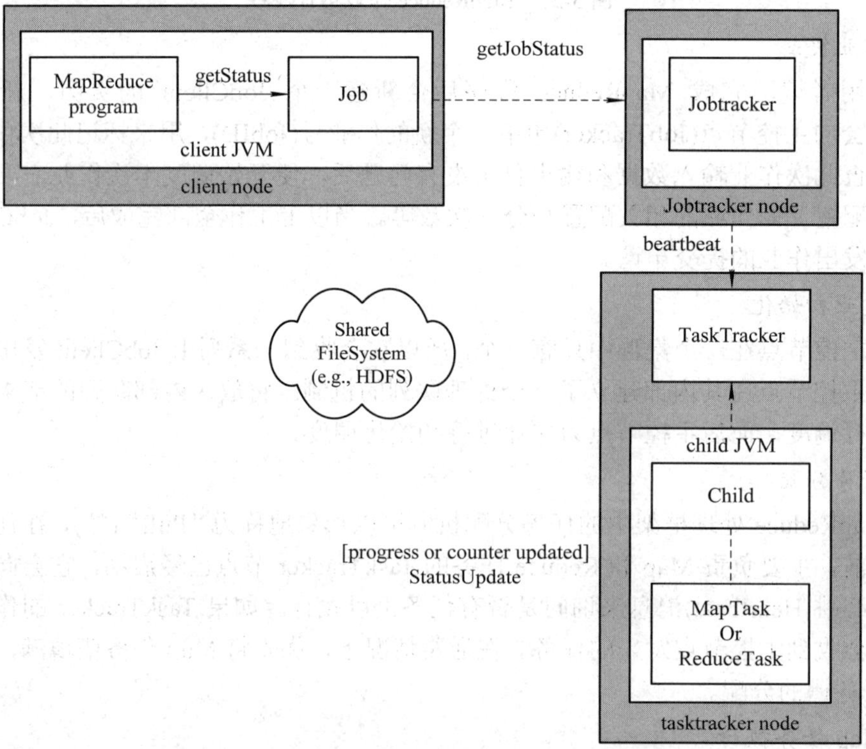

图 5-22　进程和状态的更新

在 Map 任务中，任务进度是指已处理输入占整个输入的比例；而对于 Reduce 任务，系统仍旧会估计已处理 Reduce 输入占整个输入的比例，但是会稍显复杂一些。如果任务报告了进度，则主控节点会设置标志来表明状态变化并将其发送到 TaskTracker 主控节点，将这些更新信息合并起来，就产生了一个表明所有的运行作业和其所包含的任务状态的全体视图。

最后，JobClient 每秒查询 JobTracker 从而来接收最新的状态。客户端也可以通过 JobClient 中的 GetJob 方法得到一个 RunningJob 的实例，其中也包含作业的全部状态信息。

6. Hadoop 提供的 3 种作业调度

在 MapReduce 作业运行到第 2 步时，有一个重要的工作就是作业调度。Hadoop 中的作业调度是由作业调度器控制完成的，其功能是将集群计算资源中闲置的部分按一定策略分配给作业。对作业调度的实现，Hadoop 为了支持用户扩展自己的调度器而采用了可插拔的设计。Hadoop 提供了 3 种默认的调度器，分别为先进先出(First In First Out，FIFO)调度器、公平(Fair)调度器和能力(Capacity)调度器。

1) 先进先出调度器

先进先出调度器是 Hadoop 默认的调度器，其通过设置 Mapred. job. priority 属性或调用 JobClient 的 setJobPriority 方法设置作业的优先级。作业的优先级分为 VERY_HIGH、HIGH、NORMAL、LOW、VERY_LOW 5 个等级，级别依次降低。先进先出调度器提供的优先级机制不支持资源抢占，因为只要已经开始执行的作业，不论其优先级高低，都不会被未执行的作业所打断。

尽管先进先出调度算法比较简单，但如果通过这种算法调度，在调度队列位于最后的作业要等到前面所有的作业全部执行结束后才能被轮到。如果此作业是交互式作业，则会由于它长时间得不到解决而严重影响用户的体验和效率。

2) 公平调度器

公平调度器的设计目的是避免单个用户独占集群的计算能力，其通过调度方法使所有用户能够公平地共同使用集群计算。

整个集群的计算资源按照用户的设定被公平地分配到这些资源池中，而公平调度器为每个用户维护一个计算资源池。每个用户可以提交多个作业，这些作业会按照公平共享的方式分享该用户占有的资源池中的计算能力。当分配给某个用户的子任务延迟没有被任何作业使用时，这些资源也可以被其他用户共享。公平调度器还具有支持资源抢占、每个资源池自定义调度方式等高级特性。合理地利用公平调度器能够使作业响应时间降低，还能够使系统的整体吞吐量得到提高。

3) 能力调度器

能力调度器使用多队列的方式对集群中的计算资源进行组织，在分配给每个队列一定的计算资源的同时使用先进先出调度方式在队列内部完成作业的调度。能力调度器还会对用户所提交的作业占的资源总量进行限制，目的是防止一个队列中一个用户的作业单独占用这个队列中的所有资源。进行作业调度时，能力调度器会通过计算每个队列中正在运行的任务数与其应分得的计算资源之间的比值选择一个数值最小的队列进行作业的分配，而后从中选择一个作业来执行。其工作方式是首先通过提交作业的优先级别的高低来调度，而后通过作业提交的时间来调度，与此同时还会考虑用户的内存和资源量的限制。

由于影响作业执行效率、系统吞吐量的关键是作业调度，而且 Hadoop 支持自定义的调度器，因此在现实中也产生了一些针对已调度机制某方面缺陷而改进的新机制，如适用于集群环境的 LATE 调度器、适用于时延要求作业的 Deadline 调度器和 Constraint-based 调度器等。

7. MapReduce 容错机制

因为 MapReduce 在通常情况下是在大型集群系统中进行海量数据的处理，所以容错机制对其来说也是必不可少的。在一般情况下，MapReduce 是通过将失效节点的任务进行重新执行来实现容错的。

1) Master 容错

Master 节点控制任务调度。Master 节点用来保存元数据，其会周期性地设置检查点(CheckPoint)，随之将 Master 中的数据信息导出。每当有一个任务失效时，系统就会从最靠近的设置的那个检查点来恢复数据信息，与此同时重新运行任务。然而，由于集群中通常只有一个 Master 节点，因此一旦 Master 节点失效，就只能通过终止整个 MapReduce 程序的运行来完成容错并重新开始。

2) Worker 容错

Worker 节点负责计算任务的执行。Worker 失效比较常见，如果 Master 向所有 Worker 节点发送的 ping 命令没有得到回应，就说明该 Worker 节点已经失效，Master 会将此节点状态设置为空闲并把该 Worker 任务分配给其他的 Worker 节点再次执行。

由于 Map 输出的中间状态结果一般存储在本地的节点上，因此对于那些在失效节点上已经执行完的 Map 任务来说，它们所产生的中间结果是没有办法访问的，因而它们同样也需要被重新执行。不同的是，Reduce 任务执行所得的结果保存在全局文件系统中，因而那些已经执行完成的 Reduce 任务将不必再重新执行。

对于大规模节点的失效情形，MapReduce 相应地也具有高效的容错机制。举例如下，在集群进行网络方面维护时，一般就会使几十个甚至成百上千个计算节点在一定的时间段内无法使用。Master 节点可以把这些不能访问节点上的任务重新执行，同时继续调度任务，从而最终完成 MapReduce 程序的正常运行。

5.2.5 云计算的主要特征与核心特性

1. 云计算的主要特征

云计算具有以下几个主要特征。

1) 资源配置动态化

根据消费者的需求动态划分或释放不同的物理和虚拟资源，当增加一个需求时，可通过增加可用的资源进行匹配，实现资源的快速弹性提供。如果用户不再使用这部分资源，可释放这些资源。云计算为客户提供的这种能力是无限的，实现了 IT 资源利用的可扩展性。

2) 需求服务自助化

云计算为客户提供自助化的资源服务，用户无需同提供商交互就可自动得到自助的计算资源能力。同时，云系统为客户提供一定的应用服务目录，客户可采用自助方式选择满足自身需求的服务项目和内容。

3) 以网络为中心

云计算的组件和整体构架由网络连接在一起并存在于网络中，同时通过网络向用户提供服务。客户可借助不同的终端设备，通过标准的应用实现对网络的访问，从而使云计算的服务无处不在。

4) 服务可计量化

在提供云服务过程中，针对客户不同的服务类型，可通过计量方法自动控制和优化资源配置，即资源的使用可被监测和控制，是一种即付即用的服务模式。

5) 资源的池化和透明化

对云服务的提供者而言，各种底层资源(计算、储存、网络、资源逻辑等)的异构性(如果存在某种异构性)被屏蔽，边界被打破，所有的资源可以被统一管理和调度，成为“资源池”，从而为用户提供按需服务；对用户而言，这些资源是透明的、无限大的，用户无须了解内部结构，只关心自己的需求是否得到满足即可。

2. 云计算的核心特性

云计算的核心特性如下。

(1) 使用户得以快速地，且以低价格获得技术架构资源。

(2) 具有 API，允许软件与云以类似“人机交互”的方式进行信息交换。云计算系统的其中一个典型案例就是基于 REST 网络架构的 API 应用。

(3) 允许用户通过网页浏览器获取资源而无需关注用户自身通过何种设备或在何地介入资源(如 PC、移动设备等)。通常设施是在非本地的(典型的是由第三方提供的)，并且通过 Internet 获取，用户可以从任何地方连接。

(4) 一种称为多租户的软件架构技术允许在多用户池下共享资源与消耗：体系结构的中央化使得本地的耗用更少(如不动产、电力等)，峰值负载能力增加(用户无需建造最高可能的负载等级)，原先利用率只有 10%～20%的系统利用效率增加。

(5) 如果多个冗余站点被使用，则改进了可靠性。

(6) 由于云计算是按需开通服务资源、接近实时的自服务，因此无需用户对峰值负载进行工程构造。

5.2.6 云计算的发展趋势

云计算意味着数据被转移到用户主权掌控范围外的机器上，即云计算服务提供商的手中。CSA(Cloud Security Alliance，云安全联盟)作为云计算的主要推动者，其发布了九大安全问题：特权用户访问、法规遵从、数据位置、数据隔离、可用性、灾难恢复、调查支持、存活能力、降低风险。

尽管存在一定的安全风险，但是云计算还是如火如荼地发展了下去，具体发展趋势如下。

1. 私有云不会消失，而会获得大发展

许多人认为私有云并不是“真正的云”，而公共云才是改善 IT 部门服务的真正方法。

公共云服务提供商甚至认为私有云并不该存在，因为它缺乏灵活性，而且价格昂贵。但实际上，IT 部门使用私有云就是为了给他们的组织提供灵活的、随时调用的计算环境。另外，在现有的数据中心部署私有云服务实际上更为便捷，也更为便宜。在将来，私有云不仅不会消失，而且会获得更大的发展。

2．混合云仍将是大多数组织的务实选择

公共云的使用在计算领域掀起了一场革命，对于难以预测的面向消费者的应用程序来说尤其如此。对于需要处理各种规章制度、标准和其他非技术问题的组织来说，私有云不可或缺，这取决于企业的实际需要。但是，混合云服务，即综合有公共云和私有云的服务，仍将是大多数组织的务实选择。

3．PaaS 将赢得开发者的芳心

以开发者为中心的云基础架构 IaaS 通过为应用程序的快速开发和部署提供高效率的工作环境而获得了快速发展。PaaS 通过滤除虚拟机、操作系统和其他与应用程序开发不相关的多余细节，进一步简化了应用程序的开发过程，从而促使开发者的工作效率和灵活性均得到了很大的提高。对于修改现有应用程序或者开发新的应用程序，PaaS 就是开发者的一个更高效的工作环境。相对于以开发者为中心的 IaaS 云服务来说，PaaS 的开发过程更加简单。

4．服务中断事故将使消费者意识到服务质量的差异

有人认为云计算是一种像电一样的商品，实际上并不是这样的。对于云计算来说，细节问题非常重要，不知道的东西也可能会损害云应用程序。云服务的某些特性，如高可用性，可通过投资基础设施、人力资源和工作流程来实现，这也是区分云服务提供商的关键所在。在高可用性方面投资较少或几乎没有投资的云服务表面上看起来可能很便宜，但是必须花钱从零开始设计、编写和操作自己的可用性系统。

5.3 大 数 据

5.3.1 概述

随着网络信息化时代的到来，移动互联、社交网络、电子商务大大拓展了互联网的疆界和应用领域，我们正处在一个数据爆炸性增长的“大数据”(Big Data)时代。大数据在社会经济、政治、文化、人们生活等方面产生了深远的影响，大数据时代为人类的数据驾驭能力带来了新的挑战与机遇。

大数据是时下极为火热的 IT 行业的词汇，随之而来的数据仓库、数据安全、数据分析、数据挖掘等围绕大数据的商业价值的利用逐渐成为行业人士争相追捧的利润焦点。

进入 2012 年以来，“大数据”一词越来越多地被提及与使用，人们用它来描述和定义信息爆炸时代产生的海量数据，它已经出现在《纽约时报》《华尔街时报》的专栏封面，进入美国白宫网的新闻，现身在国内一些互联网主题的讲座沙龙中，甚至被嗅觉灵敏的证券公司写进了投资推荐报告，大数据时代已经来临。

21 世纪是数据信息时代，我们在享受便利的同时，也无偿贡献了自己的“行踪”。现在互联网不但知道对面是一只狗，而且知道这只狗喜欢什么食物、几点出去遛弯、几点回窝睡觉等。我们不得不接受这一现实，大数据时代，每个人都将是透明的。各种数据正在迅速膨胀并变大，它决定着企业的未来发展，虽然现在企业可能并没有意识到数据爆炸性增长带来的隐患，但是随着时间的推移，人们将越来越多地意识到数据对企业的重要性。大数据时代对人类的数据驾驭能力提出了新的挑战，也为人们获得更为深刻、全面的洞察能力提供了前所未有的空间与潜力。

正如《纽约时报》2012 年 2 月的一篇专栏文章中所称，大数据时代已经降临，在商业经济及其他领域中，决策将日益基于数据和分析而做出，而并非基于经验和直觉。哈佛大学社会学教授加里·金说："这是一场革命，庞大的数据资源使得各个领域开始了量化进程，无论是学术界、商界还是政府，所有领域都将开始这种进程。"

5.3.2 大数据的定义

美国互联网数据中心指出，互联网上的数据每年将增长 50%，每两年便将翻一番，而目前世界上 90%以上的数据是最近几年才产生的。此外，数据又并非单纯指人们在互联网上发布的信息，全世界的工业设备、汽车、电表上有无数的数码传感器，这些传感器随时测量和传递有关位置、运动、震动、温度、湿度乃至空气中化学物质的变化，也产生了海量的数据信息。

对于"大数据"，研究机构 Gartner 给出了如下定义："大数据"是需要新处理模式才能具有更强的决策力、洞察发现力和流程优化能力的海量、高增长率和多样化的信息资产。

"大数据"这个术语最早期的引用可追溯到 Apache Org 的开源项目 Nutch。当时，大数据用来描述为更新网络搜索索引需要同时进行批量处理或分析的大量数据集。随着 Google MapReduce 和 GFS 的发布，大数据不再仅用来描述大量的数据，还涵盖了处理数据的速度。

从一般意义上来说，大数据是指那些超过传统数据库系统处理能力的数据。它的数据规模和传输速度要求很高，或者其结构不适合原来的数据库系统。为了获取大数据中的价值，我们必须选择另一种方式来处理它。数据中隐藏着有价值的模式和信息，在以往需要相当的时间和成本才能提取到这些信息，如沃尔玛或 Google 这类领先企业都要付出高昂的代价才能从大数据中挖掘信息。而当今的各种资源，如硬件、云架构和开源软件使得大数据的处理更为方便和廉价，即使是在车库中创业的公司也可以用较低的价格租用云服务时间。对于企业组织来说，大数据的价值体现在两个方面：分析使用和二次开发。对大数据进行分析能揭示隐藏其中的信息，如零售业中对门店销售、地理和社会信息的分析能提升对客户的理解。对大数据的二次开发则是那些成功的网络公司的长项。例如，Facebook 通过结合大量用户信息定制出高度个性化的用户体验，并创造出一种新的广告模式。这种通过大数据创造出新产品和服务的商业行为并非巧合，Google、雅虎、亚马逊和 Facebook 都是大数据时代的创新者。

随着云时代的来临，大数据也吸引了人们越来越多的关注。《著云台》的分析师团队认为，大数据通常用来形容一个公司创造的大量非结构化和半结构化数据，这些数据在下载到关系型数据库后用于分析时会花费过多时间和金钱。大数据分析常和云计算联系到一起，因为实时的大型数据集分析需要像 MapReduce 一样的框架来向数十、数百甚至数千的计算机分配工作。

从某种程度上来说，大数据是数据分析的前沿技术。简言之，从各种各样类型的数据中快速获得有价值信息的能力就是大数据技术。明白这一点至关重要，也正是这一点促使该技术具备走向众多企业的潜力。

大数据可分成大数据技术、大数据工程、大数据科学和大数据应用等领域，目前人们谈论最多的是大数据技术和大数据应用，而工程和科学问题尚未被重视。其中，大数据工程指大数据的规划、建设、运营和管理的系统工程，大数据科学关注的是在大数据网络发展和运营过程中发现和验证大数据的规律及其与自然和社会活动之间的关系。

1. 大数据的4个特性

1) 海量性

企业面临着数据量的大规模增长。例如，国际数据公司(Internet Data Center，IDC)最近的报告预测称，到2025年，全球数据量将比2016年的16.1 ZB增加10倍，达到163 ZB。目前，大数据的规模尚是一个不断变化的指标，单一数据集的规模范围从几十百万兆字节到数千万亿字节不等。简而言之，存储1 PB数据将需要两万台配备50GB硬盘的个人计算机。此外，各种意想不到的来源都能产生数据。

2) 多样性

一个普遍观点认为，人们使用互联网搜索是形成数据多样性的主要原因，这一看法部分正确。其实，数据多样性的增加主要是新型多结构数据以及包括网络日志、社交媒体、互联网搜索、手机通话记录及传感器网络等在内的数据类型造成的。其中，部分传感器安装在火车、汽车和飞机上，每个传感器都增加了数据的多样性。

3) 高速性

高速性描述的是数据被创建和移动的速度。在高速网络时代，通过基于实现软件性能优化的高速计算机处理器和服务器创建实时数据流已成为流行趋势。企业不仅需要了解如何快速创建数据，还必须知道如何快速处理、分析并返回给用户，以满足他们的实时需求。根据IMS Research关于数据创建速度的调查，据预测，到2025年全球物联网设备将达到252亿个。

4) 易变性

大数据具有多层结构，这意味着大数据会呈现出多变的形式和类型。相对于传统的业务数据，大数据存在不规则和模糊不清的特性，导致很难甚至无法使用传统的应用软件进行分析。传统业务数据随时间演变已拥有标准的格式，能够被标准的商务智能软件识别。目前，企业面临的挑战是处理并从各种形式呈现的复杂数据中挖掘价值。

2. 大数据的3个特征

除了有4个特性之外，大数据时代的数据还呈现出其他3个特征：

(1) 数据类型繁多，包括网络日志、音频、视频、图片、地理位置信息等，多类型的数据对数据的处理能力提出了更高的要求。

(2) 数据价值密度相对较低，如随着物联网的广泛应用，信息感知无处不在，信息海量，但价值密度较低，如何通过强大的机器算法更迅速地完成数据的价值“提纯”是大数据时代亟待解决的难题。

(3) 处理速度快，时效性要求高，这是大数据区分于传统数据挖掘最显著的特征。

5.3.3　大数据对生活、工作的影响

大数据技术的战略意义不在于掌握庞大的数据信息，而在于对这些含有意义的数据进行专业化处理。换言之，如果把大数据比作一种产业，那么这种产业实现盈利的关键在于提高对数据的“加工能力”，通过“加工”实现数据的“增值”。中国物联网校企联盟认为，物联网的发展离不开大数据，依靠大数据可以提供足够丰富的资源。

大数据除对经济带来影响外，同时也能在政治、文化等方面产生深远的影响。大数据可以帮助人们开启循“数”管理的模式，这也是我们当下“大社会”的集中体现，“三分技术，七分数据，得数据者得天下”。

大数据的影响增加了对信息管理专家的需求。事实上，大数据的影响并不仅仅限于信息通信产业，其正在“吞噬”和重构很多传统行业，广泛运用数据分析手段管理和优化运营的公司其本质上都是数据公司。麦当劳、肯德基以及苹果公司等旗舰专卖店都是在数据分析基础之上进行精准选址的。而在零售业中，数据分析的技术与手段更是得到广泛的应用，如沃尔玛通过数据挖掘重塑并优化供应链，电商如淘宝等则通过对海量数据的掌握和分析为用户提供更加专业化和个性化的服务。在个人隐私方面，大量数据经常含有一些详细的、潜在的、能够展示个人信息的内容，这逐渐引起了人们对个人隐私的担忧。

5.3.4　数据挖掘技术

1．数据仓库的概念

数据仓库就是面向主题的、集成的、不可更新的(稳定的)、随时间不断变化的数据集合。与其他数据库应用不同的是，数据仓库更像一种过程，即对分布在企业内部各处的业务数据的整合、加工和分析的过程，而不是一种可以购买的产品。

2．数据仓库的特征

1) 面向主题

数据仓库中的数据是按照一定的主题域进行组织的。主题是一个抽象的概念，是指用户使用数据仓库进行决策时所关心的重点方面。一个主题通常与多个操作型信息系统相关。

2) 集成性

数据仓库中的数据是在对原有分散的数据库数据抽取、清理的基础上，经过系统加工、汇总和整理得到的。因此，必须消除源数据中的不一致性，以保证数据仓库内的信息是关于整个企业的一致的全局信息。

3) 相对稳定

数据仓库的数据主要供企业决策分析之用，所涉及的数据操作主要是数据查询。某个数据进入数据仓库以后，一般情况下将被长期保留，即数据仓库中一般就有大量的查询操作，但修改和删除操作很少，通常只需要定期地加载、刷新即可。

4) 反映历史变化

数据仓库中的数据通常包含历史信息，系统记录了企业从过去某时到目前各个阶段的信息，通过这些信息可以对企业的发展历程和未来趋势做出定量分析和预测。

3．数据仓库的分析技术

1) OLAP 的概念

OLAP(Online Analytical Processing，联机分析处理)是数据处理的一种技术概念。OLAP 的基本目的是使企业的决策者能灵活地掌握企业的数据，以多维的形式从多角度来观察企业的状态，了解企业的变化，通过快速、稳定、一致、交互地访问各种可能的信息视图，帮助管理人员掌握数据中存在的规律，实现对数据的归纳、分析和处理，帮助组织完成相关的决策。

根据 OLAP 产品的实际应用情况和用户对 OLAP 产品的需求，人们提出了一种对 OLAP 更简单明确的定义，即共享多维信息的快速分析。OLAP 通过对多维信息以很多种可能的观察方式进行快速、稳定、一致和交互性的存取，允许管理决策人员对数据进行深入的观察。基于操作型数据环境的 OLTP(Online Transaction Processing，联机事务处理)，其基本操作是通过经典的 SQL(Structured Query Language，结构化查询语言)语句实现的。而 OLAP 多维数据分析是指对多维数据采取切片、切块、钻取、旋转等各种分析操作，以求剖析数据，使最终用户能从多角度、多侧面观察数据库中的数据，从而深入地了解包含在数据中的信息、内涵。数据仓库系统一般支持 OLAP 的这些基本操作，也可以认为是一种扩展了的 SQL 操作。

OLAP 直接仿照用户的多角度思考模式，预先为用户组建多维的数据模型。在这里，“维”指的是用户的分析角度。例如，对销售数据的分析，时间周期是一个维度，产品类别、分销渠道、地理分布、客户群类也分别是一个维度。一旦多维数据模型建立完成，用户就可以快速地从各个分析角度获取数据，也能动态地在各个角度之间切换或者进行多角度综合分析，具有极大的分析灵活性。这也是 OLAP 近年来被广泛关注的根本原因，它从设计理念和真正实现上都与旧有的管理信息系统有着本质的区别。

2) OLAP 与数据仓库的关系

事实上，随着数据仓库理论的发展，数据仓库系统已逐步成为新型的决策管理信息系统的解决方案。数据仓库系统的核心是 OLAP，但数据仓库包括更为广泛的内容。

概括来说，数据仓库系统是指具有综合企业数据的能力，能够对大量企业数据进行快速和准确分析，辅助做出更好的商业决策的系统(图 5-23)。

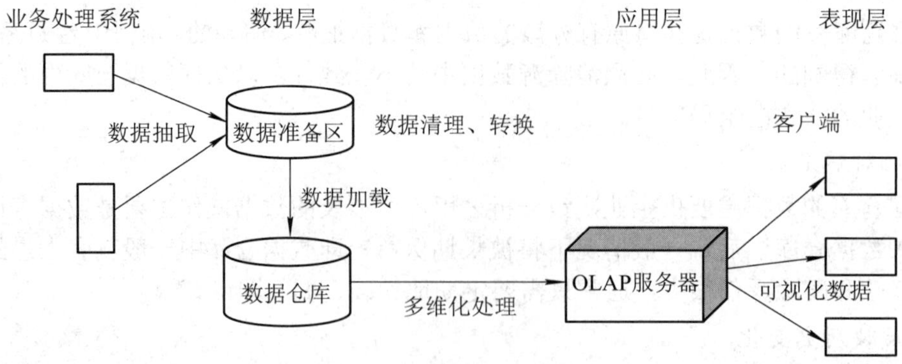

图 5-23 数据仓库系统

数据仓库包括 3 部分内容：

(1) 数据层：实现对企业操作数据的抽取、转换、清洗和汇总，形成信息数据，并存储在企业级的中心信息数据库中。

(2) 应用层：通过 OLAP，甚至是数据挖掘等应用处理，实现对信息数据的分析。

(3) 表现层：通过前台分析工具，将查询报表、统计分析、多维联机分析和数据发掘的结论展现在用户面前。

3) OLAP 的应用

从应用角度来说，数据仓库系统除了 OLAP，还可以采用传统的报表，或者采用数理统计和人工智能等数据挖掘手段，涵盖的范围更广；就应用范围而言，OLAP 往往根据用户分析的主题进行应用分割，如销售分析、市场推广分析、客户利润率分析等，每一个分析的主题形成一个 OLAP 应用，而所有的 OLAP 应用实际上只是数据仓库系统的一部分。

OLAP 的用户是企业中的专业分析人员及管理决策人员，他们在分析业务经营的数据时，从不同的角度来审视业务的衡量指标是一种很自然的思考模式。例如，分析销售数据时，可能会综合时间周期、产品类别、分销渠道、地理分布、客户群类等多种因素来考虑。这些分析角度虽然可以通过报表来反映，但每一个分析的角度可以生成一张报表，各个分析角度的不同组合又可以生成不同的报表，使得 IT 人员的工作量相当大，而且往往难以跟上管理决策人员思考的步伐。

4．数据挖掘的处理过程

数据挖掘(Data Mining)又称数据库中的知识发现，是指从大型数据库或数据仓库中提取隐含的、未知的、非平凡的及有潜在应用价值的信息或模式。数据挖掘是数据库研究中的一个很有应用价值的新领域，融合了数据库、人工智能、机器学习、统计学等多个领域的理论和技术。随着人工智能技术在专家咨询、语言处理、娱乐游戏等模式识别领域的应用日益广泛，从选取专业学习、研究方向的实际出发，将数据挖掘应用于辅助选取专业学习、研究方向的数据挖掘技术流程模型被提出。

数据挖掘是一个多步骤、可能需多次反复的处理过程。其主要包括以下几步：数据选取、数据预处理、数据挖掘、模式解释、知识评价，如图 5-24 所示。其中，最重要的一个步骤是数据挖掘，其利用某些特定的知识发现算法，在可接受的运算效率的限制下，从有效数据中发现有关的知识。

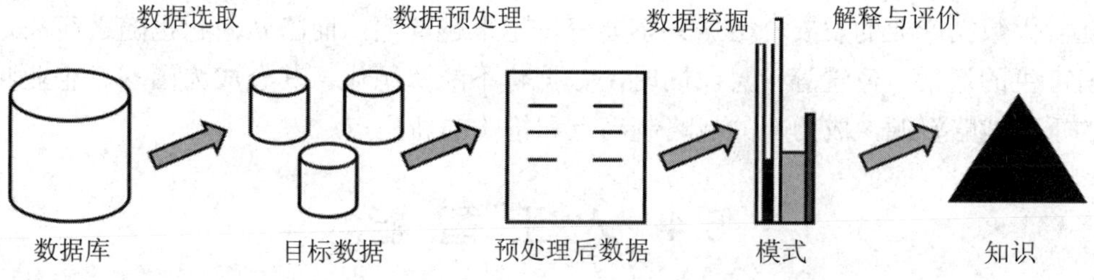

图 5-24　数据挖掘过程

数据挖掘技术主要有 4 种开采任务：

(1) 数据总结：对数据进行浓缩，给出它的紧凑描述。数据挖掘是从数据泛化的角度来讨论数据总结的。

(2) 分类发现：一项非常重要的任务，即运用分类器把数据库中的数据项映射到给定类别中的某一个，用于对未来数据进行预测。

(3) 聚类：把一组个体按照相似性归成若干类别，它的目的是使属于同一类别的个体之间的距离尽可能小，而不同类别的个体之间的距离尽可能大。

(4) 关联规则：事物之间的联系具有多大的支持度和可信度。有意义的关联规则必须给定两个阈值，即最小支持度和最小可信度。

数据挖掘的结果只有经过业务决策人员的认可才能实际利用。因此，要将通过数据挖掘得出的预测模式和各个领域的专家认识结合在一起，构成一个可供不同类型的人使用的应用程序。也只有通过对挖掘知识的应用，才能对数据挖掘的结果做出正确的评价。但是，在应用数据挖掘的结果时，决策人员所关心的是数据挖掘的最终结果与其他候选结果在实际应用中的差距。如果结果是根据某种类型的得分或权值计算的，则可以按照公式“获选边际率 = (最终结果得分 − 候选结果得分)/最终预测结果得分 × 100%”进行决断。一般情况下，获选边际率的值越高，则预测结果为真的可能性越大。

因此，在实际决策应用中，通常只选用那些获选边际率超过一定百分比的数据。为使数据挖掘结果能在实际中得到应用，需要将分析所得到的知识集成到业务信息系统的组织机构中。

5.3.5 大数据的发展方向

虽然大数据目前在国内还处于初级阶段，但是其商业价值已经显现出来。未来，数据可能成为最大的交易商品。但数据量大并不能算是大数据，大数据的特征是数据量大、数据种类多、非标准化数据的价值最大化。因此，大数据的最大价值是通过数据共享、交叉复用后获得的。据预测，未来大数据将会如基础设施一样，有数据提供方、管理者、监管者，数据的交叉复用将大数据变成一大产业。

大数据的发展趋势主要体现在以下几个方面：大数据与学术、大数据与人类活动、大数据的安全隐私、大数据的系统处理等。整体态势上，大数据的数据规模将变得更大，数据将进一步资源化，数据的价值越来越凸显，数据呈现出私有化和联盟共享等特点。

随着大数据产业的发展，数据共享会变得越来越普遍，而隐私问题也随之而来，如每天手机产生的通话、位置等信息。同时，数据将不断资源化，其会成为国家、企业和社会发展的重要战略资源，成为新的战略制高点和抢购的新焦点。

5.4 人 工 智 能

继蒸汽时代、电气时代、信息时代和互联网时代后，人类正掀起新一轮的人工智能革命，进入人工智能时代。人工智能将成为推动人类进入智能时代的决定性力量。世界各国已经认识到人工智能技术引领新一轮产业变革的重大意义，纷纷转型发展，把发展人工智能作为提升国家竞争力、维护国家安全的重大战略，抢先布局人工智能创新生态。我国也认识到了人工智能对国家的巨大影响，2017 年 7 月 20 日，国务院出台《新一代人工智能发展规划》(后文简称《规划》)，提出了面向 2030 年我国新一代人工智能发展的指导思想、战略目标、重点任务和保障措施。《规划》提出，坚持科技引领、系统布局、市场主导、开源开放的基本原则，制定三步走的战略目标，抢占人工智能发展的先发优势，加快建设创新型国家和世界科技强国。

5.4.1　人工智能的诞生

在 20 世纪四五十年代，来自数学、心理学、工程学、经济学和政治学等不同领域的科学家开始探讨制造电子大脑的可能性。从维纳的控制论探索到游戏 AI(Artifical Intelligence，人工智能)初探，再到图灵的计算理论，这些密切相关的想法暗示了构建电子大脑的可能性，但直至 1956 年，人工智能才被确立为一门学科。

1．控制论与早期神经网络

20 世纪 30 年代末到 50 年代初，一系列科学进展交汇引发最初的人工智能研究。神经学研究发现大脑是由神经元组成的电子网络，其激励电平只存在“有”和“无”两种状态，不存在中间状态。维纳的控制论描述了电子网络的控制和稳定性，克劳德 • 香农(Claude Shannon)提出的信息论则描述了数字信号(高低电平代表的二进制信号)，图灵的计算理论证明数字信号足以描述任何形式的计算。

这一阶段的工作包括一些机器人的研发，如威廉 • 格雷 • 沃尔特(W. Grey Walter)的“乌龟”(Turtles)、“约翰 • 霍普金斯兽”(Johns Hopkins Beast)。这些机器并未使用计算机，它们使用纯粹的模拟电路控制数字电路和符号推理。最早描述所谓“神经网络”的学者沃尔特 • 皮茨(Walter Pitts)和沃伦 • 麦卡洛克(Warren Mcculloch)分析了理想化的人工神经元网络，并且指出了它们进行简单逻辑运算的机制。他们的学生马文 • 闵斯基(Marvin Lee Minsky)在 1951 年与迪恩 • 艾德蒙兹(Dean Edmonds)一同建造了第一台神经网络机，称为 SNARC。1953 年 IBM 推出 IBM702，成为第一代 AI 研究者使用的计算机，如图 5-25 所示。

图 5-25　IBM702——第一代 AI 研究者使用的计算机

2．游戏 AI

游戏 AI 一直被认为是评价 AI 发展水平的一种标准。1951 年，克里斯・托弗(Christopher Strachey)使用曼彻斯特大学的 Ferranti Mark1 机器编写了一个西洋跳棋(Checkers)程序，迪特里希・普林茨(Dietrich Prinz)编写了一个国际象棋程序。20 世纪 50 年代中期和 60 年代初，亚瑟・塞缪尔(Arthur Samuel)开发的国际象棋程序的棋力已经可以挑战具有相当高水平的业余爱好者。

3．图灵测试

1950 年，图灵发表了一篇划时代的论文，文中预言了创造具有真正智能机器的可能性。他提出了著名的图灵测试：如果一台机器能够与人类展开对话(通过电传设备)而不被辨别出其机器身份，那么称这台机器具有智能。这一简化使得图灵能够令人信服地说明“思考的机器”是可能的。论文中还回答了对这一假说的各种常见质疑。图灵测试是人工智能在哲学方面第一个严肃的提案。

4．符号推理与“逻辑理论家”程序

20 世纪 50 年代中期，随着数字计算机的兴起，一些科学家直觉地感到可以进行数字操作的机器应当也可以进行符号操作，而符号操作可能是人类思维的本质。这是创造智能机器的一条新思路。

1955 年，纽厄尔(Newell)和西蒙(Simon)开发了“逻辑理论家”程序，该程序能够证明《数学原理》中前 2 个定理中的 38 个，其中某些证明比原著更加新颖和精巧。西蒙认为他们已经“解决了神秘的心/身问题，解释了物质构成的系统如何获得心灵的性质”。

5．1956 年达特茅斯会议：AI 的诞生

1956 年，达特茅斯会议召开，其组织者是马文・明斯基(Marvin Minsky)、约翰・麦卡锡(John McCarthy)，参与会议的人员还有克劳德・香农以及尼尔・罗切斯特(Nathan Rochester)。该会议提出的断言之一是“学习或者智能的任何其他特性的每一个方面都应能被精确地加以描述，使得机器可以对其进行模拟”。与会者包括雷・索洛莫洛夫(Ray Solomonoff)、奥利弗・赛尔弗里纪(Oliver Selfridge)、特仑查德・更多(Trenchard More)、亚瑟・塞缪尔、纽厄尔和西蒙，他们中的每一位都在 AI 研究的第一个 10 年中做出过重要贡献。会上麦卡锡说服与会者接受将“人工智能”一词作为本领域的名称，从此 AI 的名称和任务得以确定，这一事件标志着人工智能学科的诞生。

随后，人们对“人工智能”的概念有了更深刻的认知和定义，如图 5-26 所示。人工智能是研究开发能够模拟、延伸和扩展人类智能的理论、方法、技术及应用系统的一门新的技术科学，研究目的是促使智能机器会听(语音识别、识别人说话、机器翻译)、会看(图像识别、文字识别、车牌识别)、会说(语音合成、人机对话)、会思考(人机对弈、定理证明、医疗诊断)、会学习(机器学习、知识表示)、会行动(机器人、自动驾驶汽车、无人机)。

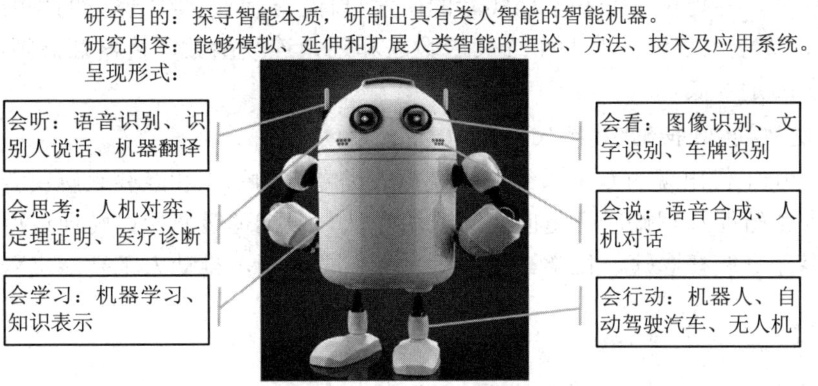

图 5-26　“人工智能”的概念

5.4.2　人工智能的发展

1．人工智能的发展阶段

人工智能的发展并不是一帆风顺的，其在充满未知的探索道路上经历了兴起与低迷。然而，人工智能又以新的面貌迎来了新一轮的发展。我们将人工智能的发展历程划分为 6 个阶段：起步发展期、反思发展期、应用发展期、低迷发展期、稳步发展期和蓬勃发展期。人工智能的发展历程如图 5-27 所示。

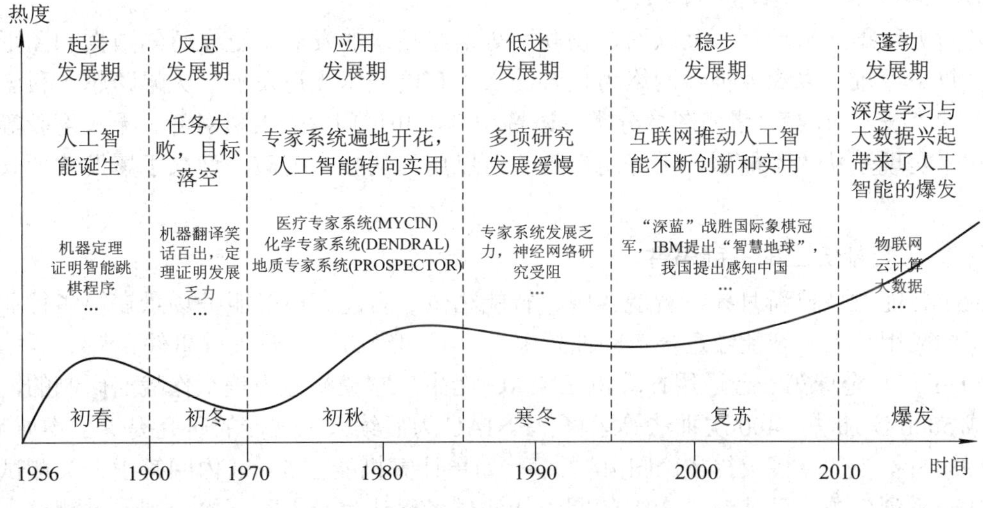

图 5-27　人工智能的发展历程

1) 起步发展期(1956 年至 20 世纪 60 年代初)

“人工智能”概念提出后，人们相继取得了一批令人瞩目的研究成果，如机器定理证明、智能跳棋程序等，掀起了人工智能发展的第一个高潮。

2) 反思发展期(20 世纪 60 年代至 70 年代初)

人工智能发展初期的突破性进展大大提高了人们对人工智能的期望，人们开始尝试更具挑战性的任务，并提出了一些不切实际的研发目标。然而，接二连三的失败和预期目标的落空(例如，无法用机器证明两个连续函数之和还是连续函数、机器翻译闹出笑话等)使人工智能的发展走入低谷。

3) 应用发展期(20 世纪 70 年代初至 80 年代中)

20 世纪 70 年代出现的专家系统通过模拟人类专家的知识和经验来解决特定领域的问题，实现了人工智能从理论研究走向实际应用、从一般推理策略探讨转向运用专门知识的重大突破。专家系统在医疗、化学、地质等领域取得成功，推动人工智能走入应用发展的新高潮。

4) 低迷发展期(20 世纪 80 年代中至 90 年代中)

随着人工智能的应用规模不断扩大，专家系统存在的应用领域狭窄、缺乏常识性知识、知识获取困难、推理方法单一、缺乏分布式功能、难以与现有数据库兼容等问题逐渐暴露出来。

5) 稳步发展期(20 世纪 90 年代中至 2010 年)

网络技术特别是互联网技术的发展加速了人工智能的创新研究，促使人工智能技术进一步走向实用化。1997 年国际商业机器公司 IBM 的“深蓝”(Deep Blue)超级计算机战胜了世界国际象棋冠军卡斯帕罗夫，2008 年 IBM 提出“智慧地球”的概念，这些都是这一时期的标志性事件。

6) 蓬勃发展期(2011 年至今)

随着大数据、云计算、互联网、物联网等信息技术的发展，泛在感知数据和图形处理器等计算平台推动以深度神经网络为代表的人工智能技术飞速发展，大幅跨越了科学与应用之间的“技术鸿沟”，诸如图像分类、语音识别、知识问答、人机对弈、无人驾驶等人工智能技术实现了从“不能用、不好用”到“可以用”的技术突破，迎来了爆发式增长的新高潮。

2. 人工智能史上的关键事件

人工智能发展日新月异，智能客服、智能医生、智能家电等服务场景在很多行业都有了广泛的应用。人工智能经过多年的曲折发展，其中经历了一些关键事件。

1946 年，全球第一台通用计算机 ENIAC 诞生。它最初是为美军作战而研制的，每秒能完成 5000 次加法、400 次乘法等运算。ENIAC 为后续人工智能的研究提供了物质基础。

1950 年，艾伦 · 图灵提出“图灵测试”。如果计算机能在 5 min 内回答由人类测试者提出来的一系列问题，且其超过 30%的回答让测试者误认为是人类所答，则通过测试。这篇论文预言了创造真正意义上的智能机器的可能性。

1956 年，“人工智能”概念首次被提出。在美国达特茅斯大学举行的一场为期两个月的讨论会上，“人工智能”概念首次被提出。

1959 年，首台工业机器人诞生。美国发明家乔治 · 德沃尔与约瑟夫 · 英格伯格发明了首台工业机器人。该机器人借助计算机读取示教存储程序和信息，发出指令控制一台多自由度的机械设备，但其对外界环境没有感知。

1964 年，首台聊天机器人诞生。美国麻省理工学院 AI 实验室的约瑟夫 · 魏岑鲍姆教授开发了 ELIZA 聊天机器人，实现了计算机与人通过文本进行交流，但其只是用符合语法的方式将问题复述一遍。

1965 年，专家系统首次亮相。美国科学家爱德华·费根鲍姆等研制出化学分析专家系统程序 DENDRAL，它能够根据实验数据判断分析未知化合物的分子结构。

1968 年，首台人工智能机器人诞生。美国斯坦福研究所(Stanford Research Institute，SRI)研发的机器人 Shakey 能够自主感知、分析环境、规划行为并执行任务，可以感知人的指令，发现并抓取积木。Shakey 具备一定的类似人的感觉，如触觉、听觉等。

1970 年，能够分析语义、理解语言的系统诞生。美国斯坦福大学计算机教授维诺格拉德(Winograd)开发的人机对话系统 SHRDLU 具备分析指令的能力，如理解语义、解释不明确的句子并通过虚拟方块操作来完成任务。SHRDLU 能够正确理解语言，被视为人工智能研究的一次巨大成功。

1976 年，专家系统广泛使用。美国斯坦福大学肖特里夫等人发布的医疗咨询系统 MYCIN 可用于对传染性血液病患者进行诊断。接下来陆续出现了生产制造、财务会计、金融等各领域的专家系统。

1981 年，第 5 代计算机项目研发。日本率先拨款支持，目标是制造出能够与人对话、翻译语言、解释图像并能像人一样推理的机器。随后，英美等国也开始为 AI 和信息技术领域的研究提供大量资金。

1984 年，大百科全书(Cyc)项目启动。Cyc 项目试图将人类拥有的所有一般性知识都输入计算机，建立一个巨型数据库，并在此基础上实现知识推理，让人工智能的应用能够以类似人类推理的方式工作。其已经成为人工智能领域的一个全新研发方向。

1997 年，“深蓝”战胜国际象棋世界冠军。IBM 公司的国际象棋计算机“深蓝”战胜了世界国际象棋冠军卡斯帕罗夫。其运算速度为 2 亿步棋/s，并存有 70 万份大师对战的棋局数据，可搜寻并估计随后的 12 步棋。

2011 年，沃森(Watson)参加智力问答节目。IBM 开发的人工智能程序“沃森”在一档智力问答节目中战胜了两位人类冠军。“沃森”存储了 2 亿页数据，能够将与问题相关的关键词从看似相关的答案中抽取出来。这一程序已被 IBM 广泛应用于医疗诊断领域。

2016—2017 年，AlphaGo 战胜围棋冠军。AlphaGo 是由 Google DeepMind 开发的人工智能围棋程序，具有自我学习能力，它能够搜集大量围棋对弈数据和名人棋谱，进行自主学习并模仿人类下棋。

2017 年，深度学习大热。AlphaGo Zero(第 4 代 AlphaGo)在无任何数据输入的情况下，自学围棋 3 天后，便以 100∶0 的好成绩横扫了第 2 个版本的“旧狗”；学习 40 天后，又战胜了在人类高手看来不可企及的第 3 个版本“大师”。

2018 年 6 月，IBM 开发的辩论机器人 BM Project Debater 向以色列国家辩论冠军 Noa Ovadia 发起了挑战。在 40 名观众投票中，IBM Project Debater 以 9 票的优势战胜人类选手。

2020 年 7 月，2020 世界人工智能大会云端峰会在线上举行。世界人工智能大会云端峰会以“智联世界 共同家园”为主题，以“高端化、国际化、专业化、市场化、智能化”为特色，集聚全球智能领域最具影响力的科学家和企业家，以及相关政府的领导人，围绕智能领域的技术前沿、产业趋势和热点问题发表演讲和进行高端对话。

2021 年，“元宇宙”(Metaverse)成为热门话题，频繁出现在人们的视野中。随着 5G 时代的到来，构建一个平行的全息数字世界也不再是想象。而在元宇宙的发展中，人工智能扮演着重要角色。2021 年被誉为“元宇宙元年”，虽然关于元宇宙的定义和具体形态社会各界各执一词，没有统一定论，但是各界代表与巨头企业纷纷跑步下场，试图抢先一步掘金元宇宙。2021 年初，Soul App 在行业内首次提出构建“社交元宇宙”；3 月，被称为元宇宙第一股的罗布乐思(Roblox)正式在纽约证券交易所上市；5 月，微软首席执行官萨蒂亚·纳德拉表示公司正在努力打造一个“企业元宇宙”。

2022 年 6 月，Google 工程师布莱克·莱莫宣称在经过长期训练之后，Google AI LaMDA 已经拥有了自我意识，但这个观点遭到了 Google 公司和许多人工智能专家的反对。

3. 人工智能产业链的关键技术

人工智能产业链的关键技术如图 5-28 所示，其主要分为 3 个核心层：基础层、技术层和应用层。

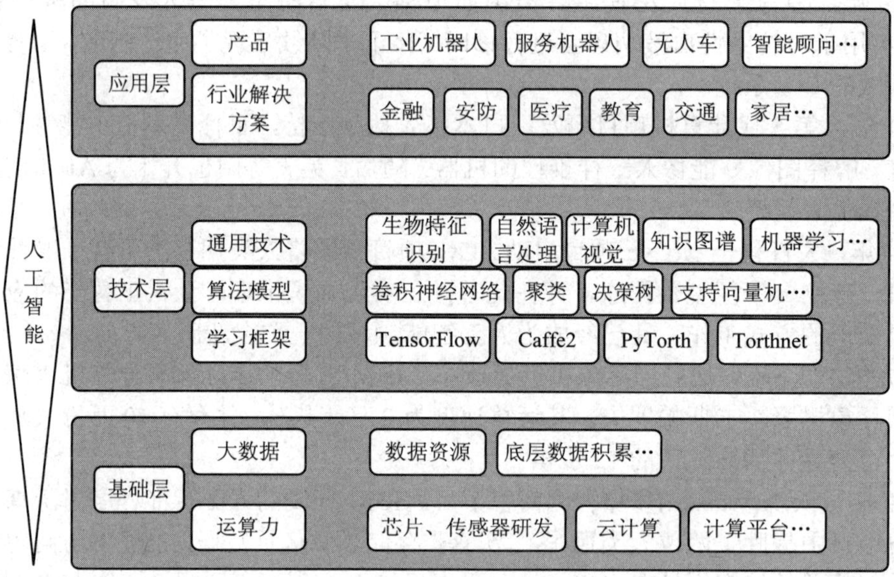

图 5-28　人工智能产业链的关键技术

在基础层，大数据管理和云计算技术得到广泛的运用，为人工智能技术的实现和人工智能应用的落地提供了基础的后台保障，是一切人工智能应用得以实现的大前提；技术层聚焦于人机交互、计算机视觉、深度学习等领域；应用层聚焦于智能语音、智能医疗、机器人、智能家居、汽车电子等领域，当前正处于由专业应用向通用应用过渡的发展阶段。

从语音识别到智能家居，从人机大战到无人驾驶，人工智能已经深入我们的生活和工作中。如今人工智能已经发展成一个庞大的技术体系。人工智能技术包含机器学习(Machine Learning，ML)、知识图谱、自然语言处理(Nature Language Processing，NLP)、人机交互(Human-Computer-Interaction，HC)、计算机视觉、生物特征识别、VR(Virtual Reality，虚拟现实)/AR(Augmented Reality，增强现实)七个关键技术。

1) 机器学习

机器学习是一门涉及统计学、系统辨识、逼近理论、神经网络、优化理论、计算机科学、脑科学等诸多领域的交叉学科，研究计算机怎样模拟或实现人类的学习行为，以获取新的知识或技能。基于数据的机器学习是现代智能技术的重要方法之一。例如，当浏览商城的网站时，经常会出现商品推荐的信息，这是商城根据用户以往的购物记录和收藏清单识别出的用户可能真正感兴趣且愿意购买的产品。这种决策模型使得商城可以为客户提供建议并鼓励产品消费。根据学习模式、学习方法以及算法的不同，机器学习存在不同的分类方法。根据学习模式不同，可以将机器学习分为监督学习、无监督学习、半监督学习和强化学习等；根据学习方法不同，又可以将机器学习分为传统机器学习和深度学习。

2) 知识图谱

前 Google 杰出工程师阿米特·辛格(Amit Singhal)博士在介绍知识图谱时是这样讲的："The world is not made of strings，but is made of things." (构成这个世界的是实体，而非字符串。)简单地说，知识图谱达到的主要目标是描述真实世界中存在的各种实体和概念以及它们之间的关联关系，如国家间的知识图谱，如图 5-29 所示。

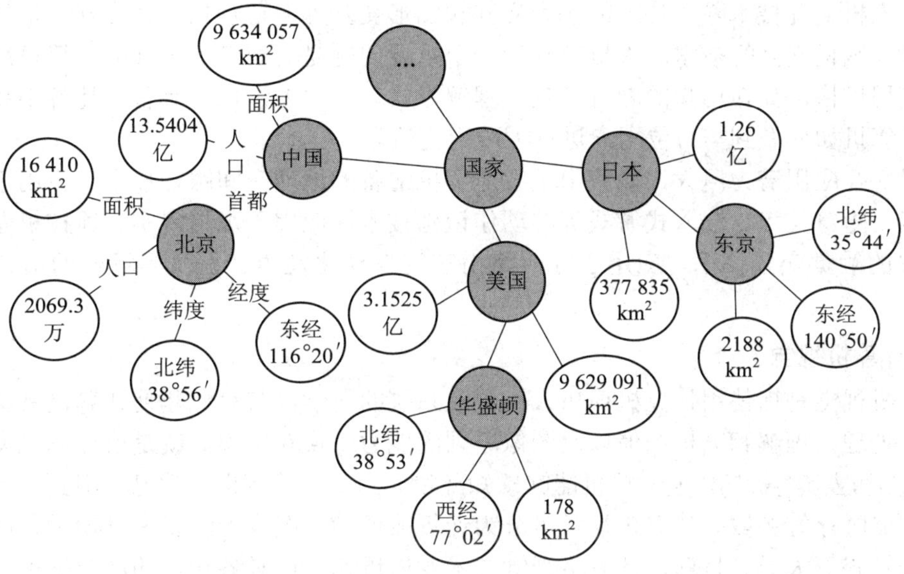

图 5-29　国家间的知识图谱

知识图谱本质上是结构化的语义知识库，是一种由节点和边组成的数据结构，以符号形式描述物理世界中的概念及其相互关系。其基本组成单位是"实体—关系—实体"三元组以及实体及其相关"属性—值"对。不同实体之间通过"关系"相互联结，构成网状的知识结构。在知识图谱中，每个节点表示现实世界的"实体"，每条边为实体与实体之间的"关系"。通俗地讲，知识图谱就是把所有不同种类的信息连接在一起而形成的一个关系网络，提供了从"关系"的角度分析问题的能力。知识图谱的应用有 Google 最早提出的将知识图谱用于搜索引擎、微软的聊天机器人小冰、IBM 的自动问答机器人 Watson。

3) 自然语言处理

自然语言处理就是开发能够理解人类语言的应用程序或服务，实现人机间的信息交流。自然语言处理机制涉及两个流程，分别为自然语言理解和自然语言生成。自然语言理解是指计算机能够理解自然语言文本的意义，自然语言生成则是指计算机能以自然语言文本来表达给定的意图。自然语言库涉及的领域较多，主要包括机器翻译(如译星、金山词霸、有道词典、百度翻译、谷歌翻译等)、机器阅读理解(如百度阅读理解等)、问答系统(如 Tipask、Google Answers、百度知道、新浪爱问、天涯问答、雅虎知识堂、果壳、知乎等)。

自然语言处理面临的四大挑战如下：

(1) 在词法、句法、语义、语用和语音等不同层面存在不确定性。

(2) 新的词汇、术语、语义和语法导致未知语言现象的不可预测性。

(3) 数据资源的不充分使其难以覆盖复杂的语言现象。

(4) 语义知识的模糊性和错综复杂的关联性难以用简单的数学模型描述，语义计算需要参数庞大的非线性计算。

4．人机交互

人机交互是指人与计算机之间使用某种对话语言，以一定的交互方式完成确定任务的人与计算机之间的信息交换过程。人机交互主要包括人到计算机和计算机到人的信息交换两部分。人机交互技术除了传统的基本交互和图形交互外，还包括语音交互、情感交互、体感交互及脑机交互等技术。人机交互的一个重要问题是：要考虑不同的计算机用户具有不同的使用风格，如在用户的教育背景、理解方式、学习方法以及具备技能都不相同的情况下，计算机如何做到与每位用户进行无障碍交流。

人机交互应用潜力巨大，如应用于智能手机配备的地理空间跟踪技术，应用于可穿戴式计算机、隐身技术、浸入式游戏等的动作识别技术，应用于虚拟现实、遥控机器人及远程医疗等的触觉交互技术，应用于呼叫路由家庭自动化及语音拨号等场合的语音识别技术等。

5．计算机视觉

计算机视觉是指使用计算机模仿人类视觉系统的科学，其目标是使计算机具备类似人类提取、处理、理解和分析图像以及图像序列的能力。换句话说，就是给计算机安装上眼睛(照相机)和大脑(算法)，使计算机能够感知环境。当前，计算机视觉已应用到自动驾驶机器人、智能医疗等领域。计算机视觉可分为计算成像学、图像理解、三维视觉、动态视觉和视频编解码五大类。目前，计算机视觉技术发展迅速，已具备初步的产业规模。但是，计算机视觉技术的发展仍面临以下挑战：

(1) 如何在不同的应用领域与其他技术更好地结合。计算机视觉利用大数据来解决某些问题时，虽已经非常智能，但仍然无法达到很高的精度。

(2) 如何降低开发时间和人力成本。目前，计算机视觉算法需要大量的数据和人工标注，需要较长的研发周期，要满足应用领域的要求仍有一些难度。

(3) 如何加快新型算法的设计开发。多样化的成像硬件与人工智能芯片的不断出现，对于计算机视觉的算法设计与开发也是挑战之一。

6．生物特征识别

生物特征分为生理特征(如指纹、面相、虹膜、掌纹等)和行为特征(如步态、声音、笔迹等)。生物特征识别就是依据每个个体之间独一无二的生物特征对其进行识别与身份认证，具体而言，生物特征识别是计算机利用人体所固有的生理特征(指纹、虹膜、面相、DNA等)或行为特征(步态、击键习惯等)来进行个人身份鉴定的技术。生物特征识别技术涉及的内容十分广泛，目前已经发展了指纹识别、掌纹与掌形识别、虹膜识别、人脸识别、手指静脉识别、声音识别、签字识别、步态识别、键盘敲击习惯识别、DNA 识别等，在指纹机和手形机市场占有率最高。目前，生物特征识别作为重要的智能化身份认证技术，在金融、公共安全、教育、交通等领域得到了广泛的应用。

7．VR/AR

VR/AR 是指以计算机为核心的新型视听技术。利用 VR/AR 技术可以在一定范围内生成与真实环境在视觉、听觉、触感等方面高度近似的数字化环境。用户借助显示设备、跟踪定位设备、触力觉交互设备、数据获取设备、专用芯片等必要的装备与数字化环境中的对象进行交互，相互影响，获得近似真实环境的感受和体验。目前，VR/AR 面临的挑战主要体现在智能获取、普适设备、自由交互和感知融合 4 个方面，在硬件平台与装置、核心芯片与器件、软件平台与工具、相关标准与规范等方面存在一系列科学技术问题。总体来说，VR/AR 呈现虚拟现实系统智能化、虚实环境对象无缝融合、自然交互全方位与舒适化的发展趋势。

5.4.3　新一代人工智能

随着互联网的普及、传感器的涌现、大数据的助力、电子商务的充分发展，数据和知识在人类社会、物理空间和信息空间之间交叉融合、相互作用，人工智能已经进入一个新的发展阶段。世界各国纷纷将人工智能作为抢抓下一轮科技革命先机的重要举措，如人工智能成为德国“工业 4.0”、美国“工业互联网”、日本“超智能社会”、中国“中国制造 2025”等重大国家战略的核心技术。2017 年 7 月 20 日，国务院发布了《新一代人工智能发展规划》，开启了我国新一代人工智能的新征程。

1．新一代人工智能的主要驱动因素

当前，随着移动互联网、大数据、云计算等新一代信息技术的加速迭代演进，人类社会与物理世界的二元结构正在进阶到人类社会、信息空间和物理世界的三元结构，人与人、机器与机器、人与机器的交流互动愈加频繁。人工智能发展的信息环境和数据基础发生了深刻的变化，数据的愈加海量化、运算力的持续提升、算法模型的不断优化、结合多种场景的新应用已构成相对完整的闭环，这些成为推动新一代人工智能发展的四大要素。

1) 人机物互联互通成为趋势，数据量呈现爆炸性增长

互联网、社交媒体、移动设备和传感器的大量普及，以及大数据技术的广泛应用，为通过深度学习训练人工智能提供了良好的土壤。目前，全球数据总量每年都以倍增的速度增长，预计到 2025 年，全球数据量将达到 163 ZB。海量的数据将为人工智能算法模型提供源源不断的素材，人工智能正从监督学习向无监督学习演进，人们不断优化机器学习算法，从而积累经验、发现规律。

2) 数据处理技术加速演进，运算能力实现大幅提升

人工智能领域富集了海量数据，传统的数据处理技术难以满足高强度、高频次的处理需求，而人工智能芯片的出现加速了深层神经网络的训练迭代速度，极大地促进了人工智能行业的发展。目前，出现了 GPU(Graphics Processing Unit，图形处理器)、NPU (Neural-network Processing Unit，嵌入式神经网络处理器)、FPGA(Field Programmable Gate Array，

现场可编程逻辑门阵列)和各种各样的 AIPU(Artificial Intelligence Processing Unit，人工智能处理器)专用芯片，它们采用“数据驱动并行计算”架构，用于处理视频、图像类的海量多媒体数据，具有高线性运算效率，同时拥有更低的功耗。

3) 深度学习研究成果卓著，带动算法模型持续优化

2006 年，加拿大多伦多大学教授杰弗里·辛顿(Geoffrey Hinton)提出了“深度学习”的概念，极大地发展了人工神经网络算法，提高了机器自学习的能力。2012 年，Google 大脑团队使用深度学习技术，成功让计算机从视频中认出了猫。算法模型的重要性进一步凸显，全球科技巨头纷纷成立实验室，通过开源算法框架、打造生态体系等方式推动算法模型的优化和创新。目前，深度学习等算法已经广泛应用于自然语言处理、语音处理以及计算机视觉等领域，并在某些特定领域取得了突破性进展，从监督学习演化为半监督、无监督学习。

4) 资本与技术深度耦合，助推行业应用快速兴起

在技术突破和应用需求的双重驱动下，人工智能已走出实验室，并迅速向各个产业领域渗透，产业化水平大幅提升。在此过程中，资本成为产业发展的加速器：一方面，跨国科技巨头以资本为杠杆，展开投资并购活动，不断完善产业链布局；另一方面，各类资本对初创型企业的支持，使得优秀的技术型公司迅速脱颖而出。据美国风投数据公司 CB Insights 发布的《2021 年第二季度人工智能报告：融资趋势、退出和企业活动》报告，疫情刺激了绝大多数行业对人工智能进行投资，全球人工智能相关创企融资总金额超过 200 亿美元(约 1296 亿元人民币)，“过亿轮(mega-round)”融资，即融资金额达到 1 亿美元(约 6.48 亿元人民币)或者超过 1 亿美元多达 50 次。目前，人工智能已在智能机器人、无人机、金融、医疗、安防、驾驶、搜索、教育等领域得到了较为广泛的应用。

2．新一代人工智能的主要发展特征

在数据、运算能力、算法模型、多元应用的共同驱动下，人工智能正从用计算机模拟人类智能演进到协助引导提升人类智能，通过推动机器、人与网络相互连接融合，更为密切地融入人类生产生活中，从辅助性设备和工具进化为协同互动的助手和伙伴。新一代人工智能的主要发展特征如图 5-30 所示。

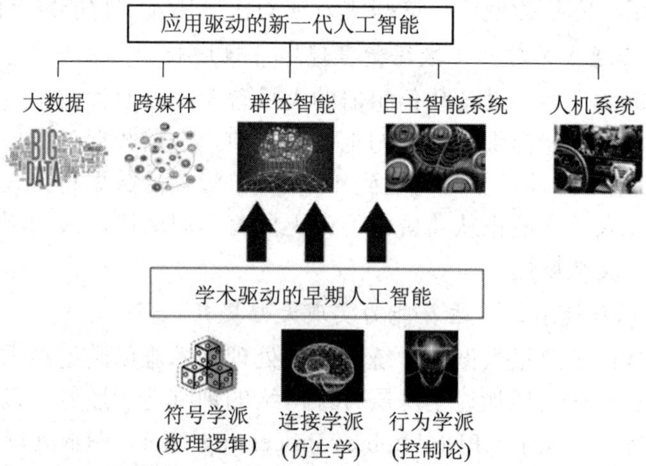

图 5-30 新一代人工智能的主要发展特征

1) 大数据成为人工智能持续快速发展的基石

随着新一代信息技术的快速发展，计算能力、数据处理能力和处理速度有了极大提升，机器学习算法快速演进，大数据的价值逐渐凸显。新一代人工智能以大数据为驱动，基于给定的学习框架，不断优化参数设置及环境信息，具有高度的自主性。例如，在输入 30 万张人类对弈棋谱并经过 3000 万次的自我对弈后，人工智能 AlphaGo 具备了媲美顶尖棋手的棋力。

2) 文本、图像、语音等信息实现跨媒体交互

计算机图像识别、语音识别和自然语言处理等技术的不断发展，使得计算机在准确率及效率方面取得了明显进步，目前在无人驾驶、智能搜索等垂直行业得到了广泛应用。与此同时，文本、图像、语音、视频等信息突破了各自的局限，实现了跨媒体交互，进一步推进了智能化搜索、个性化推荐的发展。未来，人工智能将逐步向人类智能靠近，并模仿人类综合利用视觉、语言、听觉等感知信息，实现识别、推理、设计、创作、预测等功能。

3) 基于网络的群体智能技术开始萌芽

随着互联网、云计算等新一代信息技术的快速应用及普及，人工智能研究的焦点已从打造具有感知智能及认知智能的单个智能体向打造多智能体协同的群体智能转变。群体智能充分体现了“通盘考虑、统筹优化”的思想，具有去中心化、自愈性强和信息共享高效等优点，相关的群体智能技术已经开始萌芽并成为研究热点。例如，我国研究开发了固定翼无人机智能集群系统，并于 2017 年 6 月实现了 119 架无人机的集群飞行。

4) 自主智能系统成为新兴发展方向

在长期以来的发展历程中，人工智能一直尝试与仿生学结合，如美国军方曾经研制的机器骡以及各国科研机构研制的一系列人形机器人等。但受技术水平的制约和应用场景的局限，其没有被大规模应用推广。当前，随着生产制造智能化改造升级的需求日益凸显，通过嵌入智能系统对现有的机械设备进行改造升级成为更加务实的选择，也是“中国制造2025”“德国工业 4.0”“美国工业互联网”等国家战略的核心举措。在此引导下，自主智能系统正在成为人工智能的重要发展及应用方向。例如，沈阳机床以 i5 智能机床为核心打造了若干智能工厂，实现了“设备互联、数据互换、过程互动、产业互融”的智能制造模式。

5) 人机协同正在催生新型混合智能形态

人类智能在感知、推理、归纳和学习等方面具有机器智能无法比拟的优势，机器智能则在搜索、计算、存储、优化等方面领先于人类智能，两种智能具有很强的互补性。人与计算机协同，互相取长补短，将形成一种新的“1+1>2”的增强型智能，即混合智能。混合智能是一种双向闭环系统，既包含人，又包含机器组件，人可以接受机器的信息，机器也可以读取人的信号，两者相互作用，相互促进。在此背景下，人工智能的根本目标已经演进为提高人类智力活动能力，更智能地为人类完成复杂多变的任务。

参考文献

[1] 大卫·汉斯，冈萨洛·萨尔盖罗. 物联网(IoT)基础：网络技术+协议+用例[M]. 北京：人民邮电出版社，2021.

[2] 王珏，方正，范磊，等. 基于电力物联网的智慧建筑能耗管理研究进展[J]. 上海电力大学学报，2021，37(3)：235-240，262.

[3] 聂鹏程，张慧，耿洪良，等. 农业物联网技术现状与发展趋势[J]. 浙江大学学报(农业与生命科学版)，2021，47(2)：135-146.

[4] 高泽华，孙文生. 物联网：体系结构、协议标准与无线通信[M]. 北京：清华大学出版社，2020.

[5] 武传坤. 物联网技术概论[M]. 北京：科学出版社，2020.

[6] 李良玉，杨林. 物联网技术在水环境监测中的研究进展[J]. 环境保护与循环经济，2020，40(12)：59-64，74.

[7] 李屹. 环保物联网技术应用研究综述[J]. 中国电子科学研究院学报，2019，14(12)：1249-1252.

[8] 薛亮，黄新，任超. 物联网技术在林业中的应用研究综述[J]. 传感器与微系统，2019，38(11)：1-3，7.

[9] 郭志鹏，李娟，赵友刚，等. 物联网中的无线传感器网络技术综述[J]. 计算机与应用化学，2019，36(1)：72-83.

[10] 李方园. 物联网应用基础[M]. 北京：机械工业出版社，2017.

[11] 刘云浩. 物联网导论[M]. 北京：科学出版社，2017.

[12] 刘华君，刘传清. 物联网技术[M]. 北京：电子工业出版社，2015.

[13] 刘丽军，邓子云. 物联网技术与应用[M]. 北京：清华大学出版社，2012.

[14] 刘幺和. 物联网原理与应用技术[M]. 北京：机械工业出版社，2011.

[15] 刘纪红，潘学俊，梅栴. 物联网技术及应用[M]. 北京：国防工业出版社，2011.

[16] 颜军. 物联网概论[M]. 北京：中国质检出版社，2011.

[17] 刘海涛，马建，熊永平. 物联网技术应用[M]. 北京：机械工业出版社，2011.